Megatrend
Wasserstoff!

Wichtige Vorbemerkung des Autors:
Die Aussagen in diesem Buch entsprechen meiner freien Meinung und sind allein meine Ansichten. Meine Werturteile stellen daher eine bloße Meinungsäußerung dar. Fremdbehauptungen werden durch Quellen belegt. Ich weise ferner darauf hin, dass ich keine Finanzberatung oder Ähnliches ausübe und sich jeder Leser individuell informieren und seine Entscheidungen eigenverantwortlich treffen muss. Die in diesem Buch genannten finanziellen Alternativen stellen lediglich meine persönliche Meinung dar. Wenden Sie sich für rechtlich verbindliche Empfehlungen bitte an lizenzierte Finanzberater oder andere Institutionen.

1. Auflage November 2022

Lektorat: Klara Louber
Umschlaggestaltung, Satz und Layout: Nicole Lechner

ISBN: 978-3-86445-890-3

FSC www.fsc.org MIX Papier | Fördert gute Waldnutzung FSC® C014496

Gerne senden wir Ihnen unser Verlagsverzeichnis
Kopp Verlag
Bertha-Benz-Straße 10
72108 Rottenburg
E-Mail: info@kopp-verlag.de
Tel.: (0 74 72) 98 06-10
Fax: (0 74 72) 98 06-11

Unser Buchprogramm finden Sie auch im Internet unter:
www.kopp-verlag.de

Michael Grandt

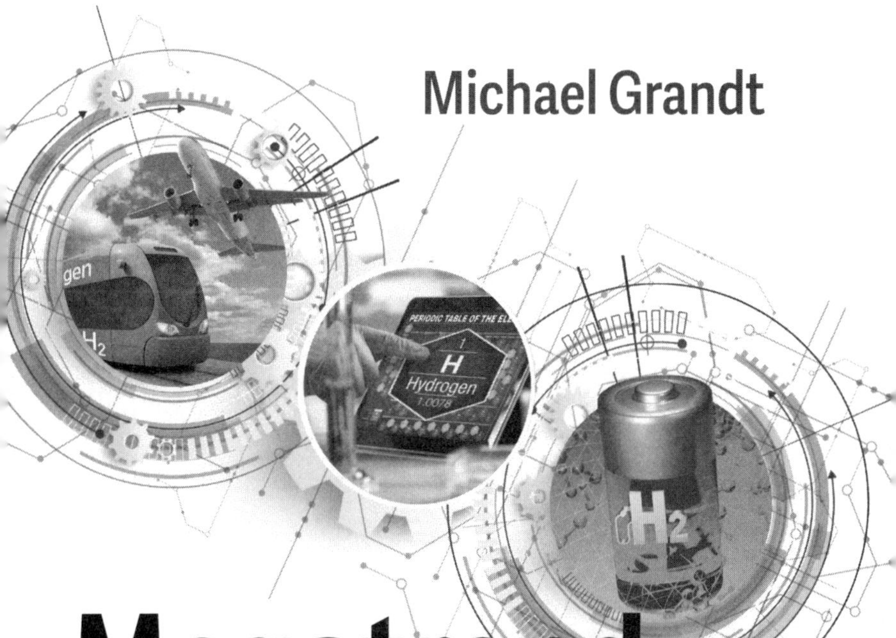

Megatrend Wasserstoff!

Gestalten Sie Ihre ganz persönliche Energiewende

KOPP VERLAG

Para Maria,
minha esposa
Obrigada por estar
na minha vida

»Wasser ist die Kohle der Zukunft. Die Energie von morgen ist Wasser, das durch elektrischen Strom zerlegt worden ist. Die so zerlegten Elemente des Wassers, Wasserstoff und Sauerstoff, werden auf unabsehbare Zeit hinaus die Energieversorgung der Erde sichern.«[1]

Jules Verne,
französischer Schriftsteller
und Visionär

»Wir wollen Deutschland zur Wasserstoffrepublik machen.«[2]

Bundesforschungsministerin
Bettina Stark-Watzinger

»Bundesregierung beschließt nationale Wasserstoffstrategie. Neun Milliarden Euro will die Regierung in den Bau von Wasserstoffanlagen investieren.«[3]

ZEIT ONLINE

»Energie und Klimaschutz: Deutschland soll Wasserstoff-Land werden. Bis 2030 sollen in einem ersten Schritt Erzeugungsanlagen für Wasserstoff von bis zu fünf Gigawatt Gesamtleistung in Deutschland stehen.«[4]

Handelsblatt

»Wir wollen bei den neuen Wasserstofftechnologien hin zu grünem Wasserstoff weltweit führend sein, als Ausrüster für die Welt, aber auch als Produzenten.«[5]

Peter Altmaier,
ehemaliger Bundesminister für
Wirtschaft und Energie

Inhalt

Vorwort

»Wasserstoff ist das Erdöl von morgen!«

Wir stecken in der schlimmsten Energiekrise seit Ende des Zweiten Weltkriegs. Noch ist unklar, wie und vor allem ob wir im Winter weiterhin so heizen können wie all die Jahre zuvor. In Berlin kommt langsam Panik auf, denn ein frierendes Volk könnte schnell wütend und dadurch unberechenbar werden. Um diesen Energie-GAU zu verhindern oder zumindest abzuschwächen, hat längst eine hektische Suche nach Alternativen eingesetzt. Und dabei soll Wasserstoff eine zunehmende Rolle spielen. Viele sprechen schon von einem »Wundermittel« für die Energiewende.

Die Idee einer globalen Wasserstoffwirtschaft ist allerdings nicht neu. Sie kam schon zur Zeit der Ölkrise in den späten 1970er-Jahren auf. Doch dann wurde Erdöl wieder billig, und die Visionen von Wasserstoff verschwanden in der Schublade.

Durch die politische und mediale Hysterie um den angeblich ausschließlich »menschengemachten« Klimawandel befeuert, ist die Reduktion der weltweiten CO_2-Emissionen zu einer der zentralen

Herausforderungen unseres Jahrhunderts geworden (die Lügen des Weltklimarats beschreibe und **beweise** ich ausführlich in meinem Buch *Kommt die Klima-Diktatur?*). Dafür sind aber ein tiefgreifender Umbau unserer Energiesysteme und eine weitreichende Umstellung auf innovative emissionsfreie Technologien notwendig. Was das für die einzelnen Menschen bedeuten wird, beschreibe ich in dem vorliegenden Buch in den Kapiteln 1.II und III »Der ökonomische und soziale Selbstmord Deutschlands« und »Für Hausbesitzer wird der Klimawahn bis 2030 sehr teuer!«.

Die selbst verursachte Energiekrise unter dem Motto »Raus aus Atom, Kohle, Öl und Gas« und die Auswirkungen des Ukraine-Krieges haben unser reiches Land in nur wenigen Monaten an den Rand des Abgrunds gebracht. Die Hoffnungen vieler ruhen nun auf der schnellen Entwicklung von Energiealternativen auf der Basis von Wasserstoff. Das kleinste Element des Universums soll unsere Wirtschaft und unser Privatleben so schnell wie möglich umweltfreundlicher und vor allem auch von Gasimporten unabhängiger machen.

Das Wasserstoffzeitalter soll grün und leise sein: »Flugzeuge schweben mit Wasserstoff im Tank, Frachtschiffe gleiten schwerölfrei über die Meere«[6], und Lkw, die mit ihrem Diesel die Luft verpesten, sind von den Straßen verbannt. »Stattdessen surren auf den Baustellen Nutzfahrzeuge angetrieben mit Brennstoffzellen – CO_2-neutral und umweltfreundlich«[7], und in den Häusern liefern solar- und wasserstoffbetriebene Heizungen Wärme. So stellen sich die Wasserstoff-Befürworter die kommenden Jahrzehnte vor. Und solche Szenarien sind keine Fantasien aus einem Science-Fiction-Roman, sondern könnten in wenigen Jahren tatsächlich eintreten. Wie und wann das geschehen soll, ist Gegenstand dieses Buches.

Wasserstoff ist in unserem Sonnensystem das häufigste chemische Element. Anders jedoch als im Fall der Sonne und der meisten Planeten kommt Wasserstoff auf der Erde fast nur in gebundener Form vor, etwa im Wasser, und nur sehr selten als reines Gas. Dadurch ist Wasserstoff zwar in unbegrenzten Mengen verfügbar, um aber genutzt werden zu können, muss er bearbeitet werden.

Als Gas mit unglaublichem Potenzial ist Wasserstoff die Antwort auf viele Herausforderungen, wobei daran das Beste ist, dass seine Möglichkeiten noch bei Weitem nicht ausgeschöpft sind. Wasserstoff wird unsere Zukunft fantastischer gestalten, als wir es uns vorstellen können. Deshalb lade ich Sie zu einer aufregenden Reise in eine nicht allzu ferne Zeit ein.

Was bedeutet die Wasserstoffentwicklung für den normalen Bürger? Kann er damit wirklich der Energie- und Kostenfalle entkommen?

Diese Fragen und viele andere werde ich in diesem Buch beantworten:

- Was ist Wasserstoff eigentlich und wo kommt er her?
- Ist Wasserstoff wirklich das Wundermittel, das unseren Planeten vor der Erderwärmung retten kann?
- Kann Wasserstoff den ökonomischen Selbstmord Deutschlands stoppen?
- Warum werden wir so schamlos über das E-Auto belogen?
- Ist Wasserstoff gesundheitsschädigend und gefährlicher als andere Energieträger?
- Werden die Autos bald mit Wasserstoffpatronen »betankt«?
- Sind Wasserstoffautos teuer und was kostet ihr Unterhalt?
- Fliegen wir bald mit Wasserstoffflugzeugen?

- Wird Afrika bald zum reichsten Kontinent der Erde?
- Kann man aus Pflanzenresten, Kartonagen, Altholz, Abwasser und Metallschrott tatsächlich Wasserstoff gewinnen?

Hinzu kommen weitere wichtige Themen, die jeden Einzelnen von uns betreffen:

- Hat jeder bald ein Minikraftwerk im Keller?
- Kann man Wasserstoff auch selbst herstellen?
- Was hat es mit der angekündigten Wasserstofffabrik für den eigenen Garten auf sich?
- Kann man heute schon vollkommen energieautark leben?
- Gibt es bald die Mini-Wasserstofftankstelle für zu Hause?
- Genügen 2,4 Liter Wasser wirklich, um einen ganzen Haushalt mit Strom zu versorgen?
- Ist das Investment in Wasserstoff-Aktien jetzt sinnvoll?

Die Energiekrise macht Wasserstofflösungen für den privaten Gebrauch attraktiver denn je, denn diese bieten viele Vorteile. Nutzen Sie deshalb dieses Buch als Informationsvorsprung und treffen Sie Ihre eigenen Entscheidungen. Der Megatrend Wasserstoff hat nämlich gerade erst begonnen.

Ich wünsche Ihnen und Ihren Familien in diesen schweren Zeiten das Allerbeste.

Ihr
Michael Grandt, Brasilien, Herbst 2022

Anmerkung: Da die Forschung zu Wasserstofftechnologien rasant voranschreitet, kann dieses Buch nur punktuelle Beispiele geben und den Stand bis zur Manuskriptabgabe wiedergeben.

Kapitel 1

Deutsche Energiepolitik – dümmer geht's nimmer!

I. Wie die rot-grüne Regierung mit ihrer irren Klimapolitik unseren Wohlstand zerstört

Ausstieg aus Kohle, Öl, Gas und Atomkraft. Genauso wollten es die grünen Klimaschisten. Doch jetzt bekommen wir die Rechnung dafür: Das *Wall Street Journal* nannte diesen Irrsinn »die dümmste Energiepolitik der Welt«[8] und traf damit den Nagel auf den Kopf.

Diese Politik »Dummer« haben nun die Verbraucher auszubaden. Sie müssen sich nicht nur auf weitere Strom- und Gaskostenexplosionen einstellen, sondern sogar darauf, im Winter zu frieren. Denn Deutschland bezog bisher mehr als die Hälfte seiner Gasimporte aus Russland.[9] Doch jetzt haben das Aus von Nord Stream 2, die nicht durchdachten Sanktionen gegen Russland und die Drosselung beziehungsweise Einstellung russischer Gaslieferungen selbst verschuldete Panik in der grün-roten »Nicht-weiter-Denker-Regierung« ausgelöst, und Gas soll sogar aus Katar und anderen autoritären Ländern gekauft werden, die es mit den Menschenrechten nicht besonders genau nehmen[10] (siehe Kapitel 6 »Wasserstofftechnologien weltweit«).

Die Frage unter den Menschen dieses Landes ist völlig berechtigt: Muss ich im nächsten Winter frieren? Denn Habecks Pläne, mit Flüssiggasterminals die Wende zu bringen, scheitern an den Klimaschützern in seiner eigenen Partei, die die schlechte CO_2-Bilanz dieses Energieträgers anprangern. Zudem dürfte es Jahre dauern, bis eine flächendeckende Anzahl solcher Terminals gebaut worden ist. Und auch das umweltzerstörende Fracking-Gas aus den USA ist keine langfristige Alternative.

Selbst das Wirtschaftsministerium geht davon aus, dass der Ausbau von erneuerbaren Energien erst 2028 mit voller Kraft laufen wird.[11] Ein weiteres Eigentor, das sich die grünen »Nicht-Weiter-Denker« geschossen haben, ist die Tatsache, dass China 83 Prozent des globalen Bedarfs an Zellen und drei Viertel des Weltmarktbedarfs an Modulen dominiert, die dringend für den Solarfaktor benötigt werden.[12] Dank der nicht durchdachten Anti-Russland-Politik des Westens nähert sich Peking aber immer mehr Moskau an. Das bedeutet im Klartext: Die Chinesen haben noch viel größere wirtschaftliche Druckmittel gegen uns als die Russen. Nicht umsonst sagte Gunter Erfurt, Chef der Schweizer Firma Meyer Burger:

> *»Würden Russland und China jetzt gemeinsame Sache machen, könnten sie unsere Energieversorgung plattmachen.«*[13]

Dieser Meinung ist auch Gabriel Felbermayr, der Direktor des Österreichischen Instituts für Wirtschaftsforschung:

»Wenn China und Russland noch enger zusammenrücken, haben wir schlechte Karten.«[14]

Um das zu begreifen, muss man allerdings geostrategisch denken können, was ich unserer rot-grünen Regierung aber abspreche, denn sie gibt sich lediglich als billiger Vasall der USA her. Der Zustand unseres Landes ist das beste Beispiel dafür und – so fürchte ich – erst der Anfang.

Fakt ist: Mit den Energiepreisen steigen für die Firmen auch die Produktionskosten an. Dies bedeutet für die Verbraucher, dass im Rahmen einer verstärkten Inflation die Preise in die Höhe schnellen und ausgerechnet jener Teil des monatlichen Budgets teurer wird, bei dem das Sparen am schwersten fällt, denn niemand will frieren. Schon im Sommer 2022 war für die Bundesnetzagentur klar, dass sich die monatlichen Abschlagszahlungen für Erdgasverbraucher im Jahr 2023 mindestens verdreifachen werden.[15] Doch wenn das Gas für die Produktion staatlich rationiert wird, droht auch ein ökonomischer Zusammenbruch, wovor die Unternehmen berechtigte Angst haben.

II. Der ökonomische und soziale Selbstmord Deutschlands

Zu der verstärkten Inflation, den höheren Preisen und den gigantischen Energiepreisabgaben, die die rot-grünen Klimaschisten in der Regierung durch die Verteuerung des CO_2-Preises eingeleitet haben, kommen jetzt auch noch die Auswirkungen des Ukraine-Krieges. Denn infolge dieser Krise haben sich Öl und Gas deutlich verteuert. Das Münchner Ifo-Institut rechnet bei Gas, Strom, Heizöl, Kraftstoffen und Kohle mit einem weiteren Preisschock, den auch staatliche Hilfen irgendwelcher Art nicht abfedern können. Auch das Autofahren wird immer teurer, sodass es sich viele Menschen schon oder bald nicht mehr leisten können.

Am 8. Juli 2022 kam dann die panikartige Kehrtwende der grünen Klimahysteriker, die Kohle bisher immer als Teufelszeug denunziert hatten: Alte Kohlekraftwerke, die gegenwärtig nur eingeschränkt verfügbar sind, vor der Stilllegung stehen oder sich in der Reserve befinden, sollen bis Ende März 2024 reaktiviert werden. Hinzu kommen Kraftwerke, für die in den Jahren 2022 und 2023 eigentlich ein Verbot der Kohleverfeuerung wirksam werden würde.[16] Und das alles, um den »Gas-GAU«[17] zu verhindern, denn nun soll uns laut Bundeswirtschaftsminister Robert Habeck die verpönte und verhasste Kohlekraft über den Winter bringen: »Das bedeutet – so ehrlich muss man sein – dann für eine Übergangszeit mehr Kohlekraftwerke. Das ist bitter, aber es ist in dieser Lage schier notwendig, um den Gasverbrauch zu senken. Wir müssen und wir werden alles daransetzen, im Sommer und Herbst so viel Gas wie möglich einzuspeichern.«[18]

Eines der Probleme liegt darin, dass Deutschland vor Jahren seine Steinkohleförderung eingestellt hat. 2021 kamen gut 50 Prozent Kohle aus Russland. Jetzt müssen lange Wege – zum Beispiel aus Südafrika oder Kolumbien – zurückgelegt werden.[19]

Abgelehnt hingegen wurde vom Bundestag – mit einer Mehrheit von SPD und Grünen – eine verlängerte Laufzeit der drei noch verbliebenen deutschen Atomkraftwerke. Darüber wird bis heute in der Ampel gestritten.

Am 12. Juli 2022 erstellten die Ministerien für Bau und Wirtschaft einen **Sofortplan** zum »Erreichen der Klimaziele«, der besagte, dass ab 2024 keine neuen reinen Gasheizungen mehr verbaut werden dürfen. Es dürfen nur noch Heizungen eingebaut werden, die zu mindestens 65 Prozent mit erneuerbaren Energien arbeiten.[20]

Am 21. Juli 2022 verkündete Wirtschaftsminister Habeck ein weiteres Paket zum Energiesparen. Dazu gehören schärfere Vorgaben zur Befüllung der Gasspeicher, eine Aktivierung der Braunkohlereserve, Einsparmaßnahmen in öffentlichen Gebäuden und ein verbindlicher »Heizungscheck«. Außerdem sind Maßnahmen vorgesehen, um beim Beheizen von Wohnungen Gas einzusparen.[21]

So sollten gemäß dem Grünen Habeck die Speicher am 1. September 2022 zu 75 Prozent gefüllt sein, am 1. Oktober statt wie bisher zu 80 Prozent zu 85 Prozent und bis zum 1. November statt wie bisher zu 90 zu 95 Prozent. Bereits Ende September 2022 betrug der Gasfüllstand mehr als 90 Prozent. Am 1. Oktober sei – wie bereits die Reserve von Steinkohlekraftwerken – auch die Braunkohlereserve zu aktivieren. Alsdann sprach Habeck von einer »Gaseinsparverordnung«, die bedeutet, nach Möglichkeit Gas aus dem Markt zu nehmen, aber auch das Heizen in Räumen einzustellen, in denen man sich nicht regelmäßig aufhalte. Überhaupt solle insgesamt in Wohngebäuden mehr Energie eingespart werden, im Klartext: Die Temperatur solle gesenkt werden, auch wenn die Mieter dagegen sind.[22] Soweit sind wir schon im Grünen-Deutschland gekommen!

Aber nicht nur hier. Auch die EU bekam Panik und rief am 26. Juli 2022 den »Gas-Notfallplan« aus. Dieser Plan sieht vor, den nationalen Konsum im Zeitraum vom 1. August 2022 bis zum

31. März 2023 freiwillig um 15 Prozent zu senken. Zudem soll die Möglichkeit geschaffen werden, bei weitreichenden Versorgungsengpässen einen Unionsalarm auszulösen und verbindliche Einsparziele vorzugeben.[23] Das zeigt einmal mehr die ganze Idiotie unserer Politik: Vollmundig anpreisen, man könne Putin mit Sanktionen besiegen, und dann das eigene Volk frieren lassen und die Wirtschaft zerstören! Am 10. August 2022 erfolgte dann die nächste »Bekloppt-Aktion« der EU: Seit diesem Tag darf kein Mitgliedsland mehr Kohle aus Russland importieren.[24] Nach dem Gas-GAU, jetzt also auch noch ein selbst verursachter Kohle-GAU, und das, obwohl man weiß, dass die Bürger der EU höchstwahrscheinlich im Winter frieren werden! Dennoch sagte Bundeskanzler Olaf Scholz Anfang Juli 2022 in der ZDF-Sendung *Maybrit Illner*, er sehe Deutschland keineswegs in einer Gasmangellage. Es sei auch »nicht ausgemacht«, dass es dazu komme.[25] Einfach die Augen zumachen! Bekloppter geht's nicht!

Alles, was wir und vor allem unsere Eltern und Großeltern in den letzten Jahrzehnten so mühsam aufgebaut haben, machen die Grünen und ihre Genossen in nur wenigen Monaten kaputt. Es ist einfach unfassbar! Der ökonomische und soziale Selbstmord unseres Landes schreitet Tag für Tag voran. Wohl nicht umsonst sagte Arbeitgeberpräsident Rainer Dulger Mitte Juli 2022: »Wir müssen uns ehrlich machen und sagen: ›Wir werden den Wohlstand, den wir jahrelang hatten, erst mal verlieren‹.«[26]

Deshalb wiederhole ich auch an dieser Stelle, was ich bereits in meinen anderen Publikationen gesagt habe: Wer rot-grün wählt, sollte zum Psychiater gehen.

III. Für Hausbesitzer wird der Klimawahn bis 2030 sehr teuer!

Doch frieren und bibbern gegen Putin ist noch lange nicht alles, was sich die »Deutschland-Zerstörer« in der Regierung haben einfallen lassen. Auch die EU überzeugt mit vollkommen unrealistischen Maßnahmen. Nach dem Einmarsch Russlands in die Ukraine rief sie beinahe panikartig die Initiative REPowerEU[27] ins Leben. Die aber hat es in sich: Um die Null-Emissionen-Ziele zu erreichen, müssen wir unsere Energiequellen und unseren Energieverbrauch unbedingt ändern, denn auch die Gebäude, in denen wir leben, und die Energie, die diese verbrauchen, spielen bei der Dekarbonisierung eine wichtige Rolle.[28] Die Häuser **müssen** »netto null« werden. Deshalb »fordert« die EU-Initiative die Haushalte auf, mehr Solarzellen auf den Dächern, Wärmepumpen und Energieeinsparungen zu nutzen. Die Begründung dafür lautet: Gebäude zählen mit einem Anteil von 40 Prozent am Gesamtenergieverbrauch nach wie vor zu den größten Energieverbrauchern in Europa und stoßen 36 Prozent der Treibhausgase aus. Bis 2050 **müssen** deshalb alle in Europa existierenden Gebäude klimaneutral werden.[29] Das war der Plan. Doch im Dezember 2021 erklärte die Europäische Kommission, sie wolle dieses Zieldatum vorverlegen, und forderte, alle neuen Gebäude sollten bereits bis zum Jahr 2030 emissionsfrei sein. Außerdem will sie die Verwendung fossiler Brennstoffe ganz verbieten.[30]

Das heißt für Privathaushalte: Bis 2030 die Gaskessel austauschen, elektrische Wärmepumpen installieren, am besten noch Solarpanels aufs Dach und ein E-Auto vors Haus. Wer das bezahlen soll, ist klar: Jeder Einzelne von uns, wer denn sonst.

Kapitel 2

Das Märchen vom E-Auto

I. Die dreisten Lügen über das E-Auto

Bevor ich auf das Thema Wasserstoff komme, möchte ich noch eine weitere Politlüge entlarven: jene vom E-Auto (Elektroauto). Denn mit dieser Lüge hängt zusammen, ob wir demnächst elektrische Autos fahren oder auf die Wasserstoff- und Brennstoffzellen-Technologie umsatteln werden.

Es ist unglaublich, welch ein politischer Hype um das E-Auto gemacht wird! Diese Mobilitätsform wird von der Regierung favorisiert, und die Grünen brechen schon seit Jahren nahezu in Hysterie aus, sobald dieses Thema zur Sprache kommt. Um das Klima zu retten, würden sie am liebsten alle Diesel und Benziner auf der Stelle verdammen, denn angeblich verbrauchen E-Autos weniger CO_2. Trifft das wirklich zu?

Nein, beim näheren Hinsehen erweist sich dieser Hype als Lüge – und zwar in vielerlei Hinsicht. Die Bilanz des ADAC ergab: Der CO_2-Nachteil von Batterieautos kann durch E-Autos erst ab einer Fahrleistung von 50 000 bis 100 000 Kilometern (!) ausgeglichen werden.[31] Folgt man jedoch einer Mobilitätsstudie des Bundesverkehrsministeriums von 2019, so sind die meisten privaten E-Autobesitzer im Tagesdurchschnitt nur 22 Kilometer unterwegs und bleiben selbst im ländlichen Raum in der Regel unter 37 Kilometern, was einen ungefähren Gesamtdurchschnitt von täglichen 30 Kilometern und jährlichen 11 000 Kilometer ergibt.[32] Somit schlägt der CO_2-Vorteil von E-Autos gegenüber Verbrennern erst nach 4–9 Jahren zu Buche, und so lange ist das E-Auto ein größerer Verschmutzer als der Verbrenner! Das sind Fakten, die E-Auto-Hysteriker am liebsten verschweigen.

Am CO_2-schädlichsten aber sind die Batterien und Akkus, die E-Autos benötigen, denn deren Produktion ist ein wahrer Schadstoff-GAU. Den dafür verwendeten Strom gewinnt das Hauptproduktionsland China fast ausschließlich aus Kohle, und das für die Akkus ebenfalls notwendige Lithium wird zu rund 70 Prozent in den Anden von Peru, Chile und Bolivien abgebaut. Für eine **einzige** Batterie werden bis zu **80 000 Liter Wasser** benötigt![33]

Die Zeitschrift *auto motor und sport* resümiert: »Der große CO_2-Rucksack des Elektroautos stammt vor allem von der energieintensiven Herstellung der Akkus, bei denen wiederum die Fertigung der Elektroden und Separatoren die meiste Energie braucht. Ob und wie schnell deren Produktion dank neuen Methoden künftig mit weniger Strom auskommen kann, ist unklar.«[34] Und das Ifo-Institut stellte bereits im April 2019, also noch vor Beginn des großen Hypes, in einer Studie[35] fest, dass Elektrofahrzeuge tatsächlich mehr CO_2 produzieren als Dieselfahrzeuge:

- **Begründung:** Berücksichtige man in den Berechnungen den deutschen Strommix sowie den CO_2-Ausstoß, der bei der Herstellung der Batterien zustande kommt, so wäre die Klimabelastung durch ein E-Auto um 11–28 Prozent höher als die durch ein Dieselauto. Denn das für die Batterien notwendige Lithium, Kobalt und Mangan ließe sich nur mit hohem Energieeinsatz gewinnen und verarbeiten.

- **Die Rechnung:** Eine Batterie für einen Tesla Model 3 belaste das Klima mit 11–15 Tonnen CO_2. Bei einer Haltbarkeit des Akkus von 10 Jahren und einer jährlichen Fahrleistung von 15 000 Kilometern bedeute allein das schon 73–98 Gramm CO_2 je Kilometer.
  Hinzu kommen die CO_2-Emissionen des Strombetriebs. In Wirklichkeit stoße der Tesla zwischen 156 und 181 Gramm CO_2 pro Kilometer aus und damit deutlich mehr als ein vergleichbarer Diesel-Mercedes.

Das ernüchternde **Fazit** der Studie lautet: Die Politik, die Elektroautos als »Null-Emissions-Autos« einstufe, arbeite mit einer Täuschung. Das Klima weniger belasten würden mit Methan betriebene Ottomotoren, deren CO_2-Ausstoß um ein Drittel niedriger als der eines Diesels sei.[36]

Natürlich wurde die Studie des Ifo-Instituts von Befürwortern der Elektromobilität mit dem Verweis auf andere Studien kritisiert. Und inzwischen gibt es zu diesem Thema zahlreiche Studien und Erhebungen mit unterschiedlichen Herangehens- und Betrachtungsweisen, die viele verschiedene Faktoren heranziehen.[37] Die E-Auto-Hysteriker arbeiten zumeist mit dem Trick, dass sie ihren Untersuchungen einen Strommix zugrunde legen, der auf den EU-Klimaplänen für die Jahre 2021–2038 und damit auf Zukunftswünschen basiert,[38] und die setzen selbstverständlich verstärkt auf Stromerzeugung aus erneuerbaren Energien. Auf diese Weise kann man alles schönrechnen. Ein Argument können die E-Auto-Fans bisher allerdings nicht widerlegen: den CO_2-schädlichen Abbau von Rohstoffen, die für die Herstellung der Akkus und Batterien erforderlich sind (von der Ausbeutung der Menschen in den betroffenen Ländern ganz zu schweigen).[39]

Sogar *Der Spiegel* musste angesichts der hinzugekommenen Fakten das Eingeständnis machen: »Laut einer schwedischen Studie[40] aus dem Jahr 2017 entstehen bei der Produktion von Lithium-Ionen-Batterien für Elektroautos zwischen 145 und 195 Kilogramm CO_2 je Kilowattstunde Batteriekapazität. In der großen Tesla-Batterie mit 75 kWh stecken demnach 11 bis 15 Tonnen CO_2. Verteilt man diese über eine Laufzeit von 150 000 Kilometern, kommt man auf 73 bis 98 Gramm CO_2 je Kilometer allein durch die Batterie. Dazu muss noch das CO_2 addiert werden, das im Ladestrom steckt. Ergebnis sind die bereits genannten Werte von 155 bis 180 Gramm pro Kilometer.«[41] Und eine Untersuchung des Vereins Deutscher Ingenieure (VDI) kam zu dem Schluss, dass die CO_2-Bilanz von Elektroautos keineswegs grundsätzlich besser sei als die von Autos mit Verbrennungsmotoren.[42] Die Produktion der Batterie »verhagle« die CO_2-Bilanz über den gesamten Lebenszyklus eines Fahrzeugs, resümierte VDI-Präsident Volker Kefer.[43]

Das E-Auto unter dem Motto von CO_2-Einsparungen zu heroisieren ist angesichts all dieser Tatsachen also geradezu absurd und – bis keine CO_2-neutrale Produktion von Akkus gefunden wird – eine unter vielen Politlügen mehr. Doch die Problematik mit den E-Autos geht noch weiter.

Zunächst einmal **legt Kälte E-Autos lahm!** Dabei gilt die Faustformel: Je kälter es draußen wird, desto schwächer wird auch der Akku von Elektroautos. So geht es jedenfalls aus einer Studie der American Automobile Association (AAA) hervor, dem US-amerikanischen Pendant zum ADAC. Wer nämlich als Elektrofahrer im Winter sein Auto beheizen möchte, muss laut der Studie viel mehr Akkuleistung einplanen. Da die Akkuleistung aber bei niedrigeren Außentemperaturen ohnehin eingeschränkt ist, wirkt sich dies schnell auf die Reichweite aus.[44]

Alsdann gibt es nicht nur zu wenig Lademöglichkeiten, sondern auch der Strompreis an den Ladestationen wird immer teurer, ja mittlerweile ist der **Strompreis an Ladestationen** völlig überhöht! Bereits Ende Januar 2022 schlugen die Ladestationanbieter bis zu 140 (!) Prozent auf den Strom-Normalpreis drauf[45] und zockten die E-Autofahrer in ähnlicher Weise ab wie für den fossilen Sprit. So schrieb die Kreiszeitung (*kreiszeitung.de*):

Und das liegt nicht nur an drastisch steigenden Strompreisen und einem regelrechten Tarifchaos an Ladestationen für E-Autos oder der Tatsache, dass an Ladesäulen für Elektroautos oft zu viel abgerechnet wird, weil sie nicht richtig geeicht sind. Offenbar langen die Betreiber öffentlich verfügbarer Ladestationen beim Strompreis nahezu willkürlich hin. Das geht aus dem aktuellen Ladesäulencheck des Öko-Energieversorgungsunternehmens LichtBlick hervor. Das Fazit der Erhebung: Strom tanken ist für E-Auto-Fahrer »draußen« oftmals mehr als doppelt so teuer wie es mit eigenem Haushaltsstrom wäre.[46]

Dies kommentiert Ralph Kampwirth, der Unternehmenssprecher von LichtBlick, mit den Worten: »Die völlig willkürliche Preistreiberei der Ladesäulenbetreiber gegenüber Wettbewerbern verstößt gegen das Kartellrecht.«[47] Dass das Stromgeschäft inzwischen zu einem lukrativen Markt geworden ist, belegt auch die Offensive des Mineralölunternehmens BP, das bis zum Jahr 2030 in Deutschland insgesamt 70 000 Ladestationen für Fahrzeuge installieren will. Shell verspricht bis 2025 weltweit sogar 500 000 neue Lademöglichkeiten.[48] Doch die Mehrheit der Deutschen will gar keine E-Autos. Außerdem weiß angesichts der Energiekrise niemand so recht, woher der Strom für Millionen E-Autos überhaupt kommen soll.

II. Die Ängste der Deutschen vor einem E-Autokauf

Die Studie »Electric Car Market & Innovation Report 2021« von YouGov und dem Center of Automotive Management (CAM)[49] erwies, welche Bedenken die Deutschen vor dem Kauf eines E-Autos haben:

- ungenügende Anzahl an Ladesäulen (30 Prozent)
- lange Ladezeit der Fahrzeuge (30 Prozent)
- hohe Anschaffungskosten von Elektrofahrzeugen (23 Prozent)
- geringe Lebensdauer der Batterien (21 Prozent)
- geringe Reichweite (11 Prozent)[50]

Hier noch einmal im Schaubild:

Top 5 Gründe gegen den Kauf eines Elektroantriebs

	EU-5	DE	ES	FR	IT	UK
Anschaffungskosten sind höher	23	27	27	19	22	20
Es gibt nicht ausreichend Ladesäulen	22	30	25	15	19	18
Ladezeit	21	30	22	15	17	17
Batterielebensdauer	15	21	15	14	12	15
Geringe Kilometerleistung bei voller Ladung	11	8	17	11	12	10

Basis: Haushaltsentscheidender Pkw-Kauf; Fragestellung: »Aus welchen Gründen könnten Sie sich vorstellen/nicht vorstellen, ein gebrauchtes oder neues Auto mit dem genannten Antrieb zu kaufen? Mehrfachantwort möglich.«; dargestellt sind Prozentwerte.

Quelle: business.yougov.com/de/content/40034-kaufgrunde-fur-e-fahrzeuge-umweltschutz-ist-aussch

Das zeigt wieder einmal, dass politische Diktate von oben und der freie Wille der Menschen völlig auseinanderdriften können. Trotzdem wird das von vielen unserer sogenannten Volksvertreter – wie in so vielen anderen Fällen auch – einfach ignoriert (siehe dazu auch Kapitel 4.II »Wasserstoff und Brennstoffzellen im Verkehr«).

III. Der Untergang des E-Autos

Im Frühjahr 2022 sorgte Renault-Chef Luca De Meo für großes Aufsehen, als er die Menschen aufforderte: »Kaufen Sie sich kein Elektroauto.«[51] Denn diese Worte liefen der Polit- und Mainstream-Gehirnwäsche vom »notwendigen E-Auto« zuwider, mit dem sich der »menschengemachte« Klimawandel angeblich aufhalten ließe. Nur wenig später meldete sich auch der Chef des Unternehmens Stellantis, Carlos Tavares, zu Wort, hinter dem Marken wie Opel, Fiat und Peugeot stehen. Er sagte: »Wir müssen uns vor dem Moment fürchten, ab dem sich die Mittelschicht kein Auto mehr leisten kann. Wenn ein 25 000-Euro-Auto morgen zu einem 45 000-Euro-Auto wird, dann tut das der Mittelschicht weh.«[52] Und damit warnte er vor dem Zusammenbruch des Marktes: Würden Elektrofahrzeuge nicht billiger werden, so sei die ganze Branche dem Untergang geweiht.[53]

Doch die Politik bleibt stur und übt weiterhin unnachgiebigen Druck auf die Autobauer aus: Erst vor Kurzem hat die EU das Verbrenner-Aus bis 2035 beschlossen und damit das E-Auto favorisiert.[54]

IV. Die Energiekrise bringt den Wasserstoffantrieb nach vorn

Im Zuge der hohen Inflation und der Auswirkungen des Ukraine-Krieges explodieren die Sprit- und Gaspreise und damit auch der Strompreis für E-Autos, und Wasserstoff, vor allem grüner, gewinnt massiv an Boden. Denn nachhaltig und aus erneuerbaren Energien gewonnener grüner Wasserstoff ist mittlerweile günstiger als grauer Wasserstoff, der aus fossilen Brennstoffen hergestellt wird (siehe das Kapitel 3.IV »Wichtiges Basiswissen«). Da die Gasmärkte in Anbetracht zu erwartender weiterer Krisen auch in Zukunft mit wesentlich höheren Preisen konfrontiert werden könnten, wäre es denkbar, grünen Wasserstoff sowohl aus Gründen des Umweltschutzes als auch der Energiesicherheit als attraktive Alternative zu Gas zu betrachten.[55]

Aber ist Wasserstoff für Autos wirklich die Treibstoffalternative? Könnten Wasserstoffautos nach batteriebetriebenen E-Autos der nächste Schritt auf dem Weg zu einer weniger umweltbelastenden Mobilität sein? Das sind spannende Fragen, die ich in Kapitel 4.II »Wasserstoff und Brennstoffzellen im Verkehr« beantworten werde. Doch zunächst möchte ich auf wichtige Hintergründe zum Thema Wasserstoff eingehen, die Sie unbedingt kennen sollten.

Kapitel 3

Der große Gewinner: Wasserstoff

I. Weshalb Wasserstoff die Alternative in der Energiewende sein kann

Manche Fachleute stufen Wasserstoff als »das Öl von morgen«, als »Champagner unter den Energieträgern« oder als »Schlüssel zum Gelingen der Energiewende« ein.[56] Doch wie begründet ist diese Begeisterung?

Zunächst ein paar Fakten, die ich im Unterkapitel 3.IV »Wichtiges Basiswissen« vertiefen werde:

- Wasserstoff (H_2) ist das simpelste und zugleich häufigste chemische Element im Universum.
- Auf der Erde kommt er überwiegend als Wasser vor, also in gebundener Form.
- Da gasförmiger Wasserstoff gut brennt, ist die Idee keineswegs neu, dieses so reichhaltig vorkommende Element zur Energieerzeugung zu nutzen.

- Eine weitere positive Eigenschaft von H_2 besteht in seiner sauberen, rückstandslosen Verbrennung.
- Die praktische Verwendung von Wasserstoff wird schon seit vielen Jahren erprobt.
- Für viele Prozesse der chemischen Industrie sowie in Raffineriebetrieben wird dieses Element bereits als Grundstoff verwendet.[57]

Dass Wasserstoff eine bedeutende Rolle bei der Dekarbonisierung der Wirtschaft spielen wird, ist also unbestritten. Dies gilt besonders für Bereiche, in denen es bislang keine praktikablen Alternativen zu den verwendeten fossilen Brennstoffen gibt, wie etwa in der Luft- und Schifffahrt (siehe Kapitel 4 »Wasserstoff in der Praxis«).[58]

Es ist kaum zu glauben, dass Umweltverbände wie der BUND, Wissenschaftler vom Deutschen Institut für Wirtschaftsforschung (DIW) oder Politikberater wie der europäische Thinktank E3G noch vor etwa 2 Jahren der Überzeugung waren, Wasserstoff sei **kein** Mittel für den Klimaschutz, und den Aktivismus und Optimismus der Bundesregierung apropos Wasserstoff für übertrieben hielten.[59]

Die Kritik entzündete sich damals in erster Linie daran, dass angesichts der zahlreichen vorgesehenen Einsatzmöglichkeiten die bestehenden und geplanten Ökostromkapazitäten bei Weitem nicht ausreichen würden, um die entsprechende Menge grünen (CO_2-freien) Wasserstoffs herzustellen.[60]

In diesem Punkt hatten die Kritiker recht, denn die Ökostromkapazitäten reichen aktuell nicht einmal aus, um den heute schon in der Industrie verwendeten grauen Wasserstoff durch klimaneutralen grünen Wasserstoff zu ersetzen.[61] Dennoch ist Pessimismus immer ein schlechter Ratgeber, denn, wie ich im Verlauf des Buches zeigen werde, wird an dieser Technologie mit großem Aufwand geforscht.

Auch das Problem, den eigenen Bedarf hierzulande nicht durch erneuerbare Energien abdecken zu können, wird angegangen. Dazu gibt es bereits konkrete Überlegungen und Projekte. Unternehmen und Teile der Politik plädieren nämlich dafür, grünen Wasserstoff in sonnenreichen südlichen Ländern – zum Beispiel in Nordafrika – zu produzieren und dann nach Europa mit Tanklastern oder über eine Pipeline zu importieren (mehr dazu in Kapitel 5 »Wasserstoff und Politik« und Kapitel 6 »Wasserstofftechnologien weltweit«). Die Effizienzverluste im Vergleich zur heimischen Produktion seien gering, meinen auch die Experten der Unternehmensberatung Arthur D. Little.[62]

Wie viele Millionen Tonnen Wasserstoffimporte Deutschland bis ins Jahr 2050 benötigen wird, verdeutlicht das folgende Schaubild des VDI-Technologiezentrums:

Wasserstoff-Importbedarf Deutschland

in Mio. Tonnen

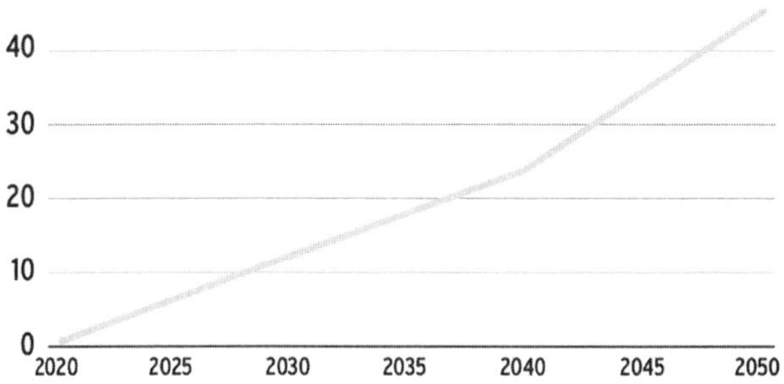

Umgerechnete Daten; Terawattstunden (TWh) in Mio. Tonnen Wasserstoff

Quellen: VDI, Technologiezentrum und www.tagesschau.de/wirtschaft/technologie/tuerkiser-wasserstoff-basf-101.html

II. »Wundermittel« Wasserstoff?

Bringt das Ökogas auch mehr Klimaschutz? Das ist die Frage aller Fragen, wenn es die Welt vor der Erderwärmung retten soll. Fakt ist, dass grüner Wasserstoff sauber brennt (siehe Kapitel 3.IV »Wichtiges Basiswissen«).

Viel spricht dafür, und ich werde Ihnen in diesem Buch zeigen, welche Vorteile grüner Wasserstoff auf dem Weg zur Klimaneutralität mit sich bringen kann. Doch zunächst das große Aber: Die Technik steckt noch in den Kinderschuhen. Und: Zur Herstellung wird weitaus mehr Ökostrom benötigt, als bisher vorhanden ist. Denn derzeit wird Wasserstoff noch fast ausschließlich aus Erdgas hergestellt,[63] und dabei entsteht das Treibhausgas CO_2. Grüner Wasserstoff hingegen ist sauber, denn er wird mithilfe von Ökostrom aus Wasser gewonnen (siehe unten).

Schaffen wir es hingegen, das wertvolle Gas in Zukunft umweltfreundlich zu gewinnen und so Anspruch und Wirklichkeit miteinander zu vereinbaren, dann wird sich Wasserstoff tatsächlich als **die** Chance für eine klimaneutrale Zukunft und damit unsere Erde schlechthin erweisen – und die »Wasserstoffwende« kann gelingen.

Die alte Bundesregierung hatte die »Nationale Wasserstoffstrategie« auf den Weg gebracht (siehe Kapitel 5 »Wasserstoff und Politik«), und die Nachfolgeregierung drückt aufs Tempo: Bis 2030 soll die Leistung von Stromerzeugung durch Wasserstoff auf 10 Gigawatt steigen, was eine Verdopplung des bisher Geplanten bedeutet. Ganz wichtig dabei ist es allerdings, den grünen Wasserstoff wirtschaftlich wettbewerbsfähig zu machen.[64]

Karsten Pinkwart, der Wasserstoffexperte der Hochschule Karlsruhe, hat dazu eine klare Meinung: »Wir müssen uns unbedingt auf den Weg machen, und wir können nicht mehr warten. Alle unsere Industriezweige basieren ja letztendlich auf den fossilen Energieträgern.«[65] Denn die fossile Energie ist im Vergleich günstiger, und noch fehlt es beim Wasserstoff an Produktionskapazitäten, aber: »Wir sind ein Land der Ingenieure, wir sind ein Land der Maschinenbauer«, so Pinkwart, »diese Karte können wir wesentlich besser spielen als die des Rohstofflieferanten«. Deshalb habe Deutschland hier durchaus etwas mitzureden.[66]

Da ist was dran, denn in Universitäten, in Unternehmen und auch im Ausland laufen derzeit unzählige Wasserstoffprojekte, wobei die Stahlindustrie ganz vorne mitspielt (siehe Kapitel 4.I »Wasserstoff und Brennstoffzellen in der Industrie«).[67] Hinzu kommen als starkes Argument die 9 Milliarden Euro, welche die Bundesregierung insgesamt für Wasserstoffprojekte zur Verfügung stellt.

III. Hintergründe

Japan ist dic treibende Kraft im Wasserstoffsektor. Doch die Wasserstofftechnologie ist gerade für rohstoffarme Industrienationen, also auch für Deutschland, eine große Chance, weil H_2 prinzipiell unbegrenzt vorhanden ist. Wichtig sind kluge Köpfe, die die besten technischen Lösungen finden,[68] weshalb Länder mit gut ausgebildeten Ingenieuren im Vorteil sind. Sie können die nationale Energieversorgung absichern und eine moderne Industriebranche mit vielen Arbeitsplätzen schaffen.[69]

Deshalb wurde 2017 – zu einer Zeit, in der noch wenig Interesse für das Thema Wasserstoff herrschte – der Hydrogen Council für Unternehmen gegründet, die dieses Thema vorantreiben wollen. Aktuell aber hat der Council schon über 134 gewichtige Mitglieder, darunter Airbus, Air Liquide, Audi AG, BMW GROUP, BP, CF Industries, Bosch, China Energy, Mercedes-Benz Group (zuvor Daimler AG), General Motors, Honda, Hyundai Motor, Linde, Michelin, Microsoft, Shell, Siemens Energy, Thyssen Krupp, Total Energies und Toyota.[70] Das ist eine globale Wasserstoff-Wirtschaftsmacht!

Der Hydrogen Council schreibt: »Es gibt über 30 Länder mit Wasserstoff-Roadmaps und 228 angekündigte große Wasserstoffprojekte entlang der Wertschöpfungskette, von denen 85 Prozent in Europa, Asien und Australien angesiedelt sind. Wenn alle Projekte verwirklicht werden, werden die Gesamtinvestitionen bis 2030 Ausgaben von mehr als 300 Milliarden US-Dollar erreichen, einschließlich 80 Milliarden US-Dollar, die als ›ausgereift‹ gelten können – was bedeutet, dass eine endgültige Investitionsentscheidung (FID) getroffen wurde und sich diese Projekte in der Planungsphase oder im Aufbau befinden oder bereits in Betrieb genommen sind. Regierungen weltweit haben mehr als 70 Milliarden US-Dollar an öffentlichen Mitteln bereitgestellt.«[71]

Und weiter: »Auf Unternehmensebene planen die Mitglieder des Hydrogen Council eine Versechsfachung ihrer Gesamtinvestitionen in Wasserstoff bis 2025 und eine Verzehnfachung bis 2030. [...] Prognosen zeigen, dass die Kosten der erneuerbaren Wasserstoffproduktion bis 2030 zwischen 2,3 US-Dollar pro Kilogramm und 1,4 US-Dollar pro Kilogramm liegen könnten (die Spanne ergibt sich aus Unterschieden zwischen optimalen und durchschnittlichen Regionen). Kohlenstoffarmer Wasserstoff kann zwischen 2028 und 2034 bei Kosten von etwa 35 bis 50 US-Dollar pro Tonne Kohlendioxidäquivalent mit grauem Wasserstoff die Gewinnschwelle erreichen.«[72]

Und über die Verteilung: »Um Wasserstoffanwendungen freizusetzen, ist eine kosteneffiziente Übertragung und Verteilung erforderlich. Langfristig bietet ein Pipelinenetz die kosteneffizienteste Verteilungsmöglichkeit, während kurz- bis mittelfristig die wettbewerbsfähigste Einrichtung darin besteht, die Wasserstoffproduktion direkt an oder in der Nähe von Standorten zu lokalisieren, die per Lastwagen, Zügen, Tankstellen und kleinerer industrieller Nutzer rohstoffreiche Regionen mit Bedarfszentren verbinden. Weitere Entfernungen können per Schiff zurückgelegt werden, wofür Wasserstoff umgewandelt werden muss, damit seine Dichte erhöht wird. Während es mehrere potenzielle Ansätze für Wasserstoffträger gibt, gewinnen drei kohlenstoffneutrale Träger – flüssiger Wasserstoff (LH2), flüssig-organische Verbindungen (LOHC) und Ammoniak (NH3) – am meisten an Zugkraft. Um die kostenoptimalste Lösung zu ermitteln, muss die Endverwendung von Wasserstoff berücksichtigt werden.«[73]

Das sind ambitionierte Ziele, und es zeigt, dass in Sachen Wasserstoff tatsächlich etwas geschieht.

IV. Wichtiges Basiswissen

Bereits im Jahr 1766 entdeckte der britische Naturwissenschaftler Henry Cavendish (1731–1810) ein Gas, das durch Einwirken von Säure auf Metalle entstand. Da er nicht erkannte, dass es sich dabei um ein chemisches Element handelte, nannte er das Gas »inflammable air« (brennbare Luft). Seiner Interpretation nach entwich diese »brennbare Luft« aus dem Metall. Cavendish begann, die Eigenschaften des Gases genauer zu bestimmen und kam 1781 zu der Erkenntnis, dass Wasser nicht elementar ist und das lange gesuchte Oxid der entzündlichen Luft eine aus den Elementen Wasserstoff und Sauerstoff zusammengesetzte Substanz ist.[74]

Die Geschichte der **Nutzung von Wasserstoff** reicht 200 Jahre zurück:

Im Jahr 1806 wurde von dem französischen Politiker und Unternehmer sowie späterem Schweizer Staatsbürger François Isaac de Rivaz (1752–1828) eine Art Wasserstofffahrzeug mit einem Zweitakt-Gasmotor gebaut, welches mithilfe eines Gemischs aus Steinkohlegas, Wasserstoff und Luft in Bewegung gesetzt werden konnte. Am 30. Januar 1807 erhielt Isaac de Rivaz das Patent Nr. 394 in Paris für einen explosionsartigen Verbrennungsmotor als Antrieb der verschiedenen Maschinen. 6 Jahre später unternahm de Rivaz Versuche mit einem großen Handwagen, der von seinem Motor angetrieben wurde. Dieser konnte 26 Meter mit einer Geschwindigkeit von 3 Stundenkilometern fahren und war mit vier Personen beziehungsweise einem Gewicht von 700 Kilogramm beladen. Diese Fahrt gilt in der Technikgeschichte als die erste Fahrt eines Kraftfahrzeugs mit einem Explosions- oder Gasmotor.[75]

1838/39 erfanden der britische Physikochemiker William Robert Grove (1811–1896) und der Deutschschweizer Chemiker und Physiker Christian Friedrich Schönbein (1799–1868) die Brennstoffzelle, in der sie aus Wasserstoff und Sauerstoff Elektrizität herstellten.[76] Schönbein stellte eine einfache Brennstoffzelle her, indem er zwei Platindrähte in Salzsäure mit Wasserstoff beziehungsweise Sauerstoff umspülte und zwischen den Drähten eine elektrische Spannung bemerkte.[77] Grove baute darauf auf.

Was ist Wasserstoff?

Wie schon beschrieben ist Wasserstoff das häufigste chemische Element auf der Erde und in unserem Sonnensystem. Doch anders als auf der Sonne, dem Saturn oder Jupiter kommt das farb- und geruchlose Gas auf der Erde fast ausschließlich in gebundener Form vor. So steckt es nicht nur in fossilen Rohstoffen wie Erdgas und Erdöl, sondern auch in über der Hälfte aller bekannten Mineralien und ganz besonders, wie sein Name und sein chemisches Symbol H_2 besagen, in Wasser: H_2O.[78] Da aber Wasser und andere wasserstoffhaltige Materialien wie Öl, Gas, Mineralien, Biobrennstoffe und Klärschlamm in fast unendlicher Fülle zur Verfügung stehen (siehe Kapitel 4 »Wasserstoff in der Praxis«), ist der Energieträger Wasserstoff de facto in unbegrenzten Mengen verfügbar.

Doch Wasserstoff ist nicht gleich Wasserstoff, denn er kann auf verschiedene Weise hergestellt werden, und mit der jeweiligen Herstellungsart gehen unterschiedliche CO_2-Emissionen einher. Um Wasserstoff besser klassifizieren zu können, wird er in verschiedene Farbkategorien eingeteilt.

Grauer Wasserstoff

wird aus fossilen Brennstoffen gewonnen, indem Erdgas durch einen Prozess namens Dampfreformierung unter Hitze in Wasserstoff und Kohlendioxid umgewandelt wird. Dabei entweicht CO_2 ungenutzt in die Atmosphäre und verstärkt somit den Treibhauseffekt. In der Praxis bedeutet dies: Bei der Produktion von 1 Tonne Wasserstoff entstehen je nach Quelle und Strommix rund 10 Tonnen CO_2.[79]

Weißer Wasserstoff

heißt jenes H_2, das als Abfallprodukt von chemischen Verfahren anfällt.[80]

Brauner Wasserstoff

entsteht aus der Vergasung von Kohle.[81]

Grüner Wasserstoff

wird aus Wasser im Elektrolyseverfahren mit regenerativen Energien erzeugt. Dabei wird das Wassermolekül in Sauerstoff und Wasserstoff aufgespalten. Sobald das Wasser aufgespalten ist, entweicht Sauerstoff in die Atmosphäre. Der verbleibende Wasserstoff wird auf minus 253 Grad heruntergekühlt oder mit bis zu 700 bar zusammengepresst. Dann erst kann er in flüssiger Form transportiert oder gespeichert werden, etwa in Tanks oder unterirdischen Röhrenfeldern.[82] Wenn dafür ausschließlich Strom aus erneuerbaren Quellen verwendet wird, gilt Wasserstoff als CO_2-frei, also »grün« (im wörtlichen wie im übertragenen Sinn), »auch wenn die Produktion beispielsweise einer Windenergieanlage natürlich nicht völlig klimaneutral ist«.[83] Chemisch gesehen unterscheidet sich grüner nicht von grauem Wasserstoff, er ist aber umweltfreundlicher und auch erheblich teurer. Und es gibt derzeit noch folgendes Problem: Um den vom Fraunhofer-Institut errechneten Wasserstoffbedarf für ganz Deutschland im Jahr 2050 zu produzieren, müsste eine den Niederlanden vergleichbare Fläche zum Windpark werden.[84] Die EU hat in ihrem RED II Delegated Act mittlerweile festgelegt, wann grüner Wasserstoff auch wirklich als »grün« gilt. Demnach muss bis 2026 »eine monatliche Korrelation zwischen der Erzeugung der Erneuerbaren-Anlage und der Herstellung des grünen Wasserstoffs erreicht werden. Ab 2027 gilt diese Festlegung auf Stundenbasis. Zudem darf die Erneuerbaren-Erzeugungsanlage maximal 36 Monate vor oder nach Inbetriebnahme des Elektrolyseurs fertiggestellt sein.«[85] Solche Beschränkungen und Vorschriften erschweren selbstverständlich den globalen Wettbewerb (siehe Kapitel 6.XII »China: Der Wasserstoffgigant erwacht«).

Blauer Wasserstoff

ist eigentlich grauer Wasserstoff, da er ebenfalls durch fossile Brennstoffe erzeugt wird, jedoch gekoppelt mit einem CO_2-Abscheidungs- und Speicherungsverfahren namens Carbon Capture and Storage (CCS).[86] »Das anfallende CO_2 wird abgeschieden, aufgefangen und in geeignete geologische Formationen tief unter der Erde verpresst. Es entweicht also nicht in die Atmosphäre. [...] In der Bilanz gilt blauer Wasserstoff demnach als CO_2-neutral.«[87] Doch Umweltverbände problematisieren, dass bereits die Förderung, die Verarbeitung und der Transport von Erdgas mit hohen Treibhausgasemissionen verbunden sind. Deshalb sei blauer Wasserstoff nicht klimaneutral. Da sich CO_2-Emissionen bei der Förderung und Verarbeitung von Erdgas nicht völlig verhindern lassen, ist blauer Wasserstoff tatsächlich nicht komplett klimaneutral.[88]

Türkiser Wasserstoff

wird über die thermische Spaltung von Methan hergestellt (Methanpyrolyse), wobei der Ausgangsstoff ebenfalls Erdgas ist, anstelle von CO_2 aber fester Kohlenstoff entsteht. Auch hier ist das Verfahren nur dann CO_2-neutral, wenn der Hochtemperaturreaktor mit erneuerbaren Energiequellen betrieben und der anfallende Kohlenstoff dauerhaft gebunden wird. Der Vorteil liegt darin, dass sich Kohlenstoff leichter lagern lässt als CO_2, er könnte beispielsweise in der Chemie- und Elektronikindustrie oder im Straßenbau verwendet werden. Überdies soll die Methanpyrolyse nur ein Fünftel der Energie benötigen, welche die Elektrolyse bei der Herstellung von grünem Wasserstoff verbraucht.[89]

Roter Wasserstoff

wird mit Strom aus Atomkraftwerken gewonnen. Diese Methode kommt unter anderem in Japan zum Einsatz.[90] Bundesfinanzminister Christian Lindner setzte sich Ende Juni 2022 in einer Talkshow für den Import von rotem Wasserstoff aus französischen Atomkraftwerken ein, bei dem die Elektrolyseure mit Atomstrom betrieben werden.[91]

Vor allen anderen Wasserstoffarten jedoch **steht der grüne Wasserstoff im Mittelpunkt des politischen Handelns.** Generell sollten allerdings nicht ideologisierte Farben, sondern eine sichere und gesicherte Energieversorgung im Fokus stehen. Als Übergangstechnologie werden wir auf unterschiedliche Weisen gewonnenen Wasserstoff brauchen, denn wir verfügen in Deutschland noch nicht über genügend erneuerbare Energien, um für den Gesamtbedarf grünen Wasserstoff zu produzieren. Dies ist auch einer der Gründe dafür, dass die Bundesregierung grünen Wasserstoff im Ausland produzieren und dann nach Deutschland importieren will (siehe Kapitel 5.I »Deutschlands Wasserstoffstrategie«).[92]

Wie wird Wasserstoff erzeugt?

Mit Wasserstoff können schwere Maschinen wie Busse, Baustellenfahrzeuge, Containerschiffe und Flugzeuge angetrieben werden. So weit, so gut, doch Wasserstoff schwirrt nicht in ausreichender Menge als frei verfügbares Element durch die Natur, sondern ist in der Regel chemisch gebunden.[93] Wie kommt man also an ihn heran?

Wasserstoff ist ein Energieträger, der Energie speichern und transportieren kann. Als Sekundärenergie muss er aber unter Verwendung von Primärenergie erst hergestellt werden.[94] Wasserstoff befindet sich in Wasser, aber auch in Erdöl, Erdgas oder in Biomasse. Um reinen Wasserstoff zu isolieren, müssen diese

Grundstoffe getrennt werden. Das geschieht mithilfe von Hitze, Bewegung oder Strom.[95] Wasserstoff kann durch chemische Verfahren hergestellt werden, zu denen vor allem das **Reformierungsverfahren** und die **Elektrolyse** gehören.

Wasserstoffherstellung durch Reformierung: Der größte Wasserstoffanteil wird von der chemischen Industrie zur sofortigen Verwendung im sogenannten »Reformierungsverfahren« hergestellt. Dabei werden kohlenwasserstoffhaltige Energieträger (beispielsweise Erdgas, Methanol und Biogas) mit Wasser und Sauerstoff erhitzt und unter hohem Druck in Wasserstoff umgewandelt. Dazu sind mehrere Arbeitsschritte erforderlich.

Das Dampfreformierungsverfahren hat einen Erdgas-zu-Wasserstoff-Wirkungsgrad von 60–70 Prozent. Dieses Wasserstoff-Herstellungsverfahren ist bis heute am weitesten verbreitet.[96] Doch die Reformierungsverfahren haben folgende Nachteile:

- Es kommen vor allem fossile, also nur begrenzt verfügbare Rohstoffe zum Einsatz.
- Es fallen hohe CO_2-Emissionen an.[97]

Wasserstoffherstellung durch Elektrolyse: Hier wird Wasser mit einer leitfähigen Flüssigkeit wie Salzlösung, Säure oder Base versetzt, was den Ionentransport ermöglicht. Mithilfe von Strom wird Wasser dann in seine Bestandteile Wasserstoff und Sauerstoff zerlegt.[98] Dafür braucht man jedoch Strom – und der kann und sollte aus erneuerbaren Energien gewonnen werden.[99] Der Wirkungsgrad liegt bei diesem Verfahren bei über 70 Prozent.[100]

Aussichtsreiche Elektrolyseprojekte

Shell Nederland B.V. und Shell Overseas Investments B.V., die beiden Tochtergesellschaften der in Texas ansässigen Shell Inc., haben sich im Sommer 2022 zusammengetan, um Holland Hydrogen I zu errichten, die größte Anlage für erneuerbaren Wasserstoff in Europa. Das Projekt, das 2025 in Betrieb genommen werden soll, sieht den Bau eines 200-MW-Elektrolyseurs auf der Tweede Maasvlakte im Rotterdamer Hafen vor, der bis zu 60 000 Kilogramm erneuerbaren Wasserstoff pro Tag produzieren soll.[101]

Anna Mascolo, Executive Vice President, Emerging Energy Solutions bei Shell, äußerte sich dazu folgendermaßen: »Das Projekt Holland Hydrogen I zeigt, wie neue Energielösungen zusammenarbeiten können, um den Bedarf der Gesellschaft an sauberer Energie zu decken. Es ist auch ein weiteres Beispiel für die eigenen Bemühungen und das Engagement von Shell, bis 2050 ein Netto-Null-Emissionsunternehmen zu werden. Erneuerbarer Wasserstoff wird im Energiesystem der Zukunft eine entscheidende Rolle spielen, und dieses Projekt ist ein wichtiger Schritt, um Wasserstoff dabei zu helfen, dieses Potenzial auszuschöpfen.«[102]

Der aus dieser Anlage erzeugte erneuerbare Wasserstoff soll dann über die HyTransPort-Pipeline an den Shell Energy and Chemicals Park Rotterdam geliefert werden, um einen Teil des Einsatzes von grauem Wasserstoff in der Raffinerie zu ersetzen. Dadurch soll die Produktion von Energieprodukten wie Benzin, Diesel- und Düsentreibstoff in der Anlage teilweise dekarbonisiert werden.[103]

Ziel von Shell ist es, durch die Entwicklung von Produktions-, Speicherungs-, Transport- und Lieferungsmöglichkeiten von Wasserstoff den Aufbau einer globalen Wasserstoffwirtschaft zu unterstützen. Die Zulassung von Holland Hydrogen I markiert aber auch einen wichtigen Meilenstein auf dem Weg zur Energiesicherheit in den Niederlanden.[104]

Seinem Ziel entsprechend, bis 2050 ein »Netto-Null-Unternehmen« werden zu wollen, ging der Konzern im Sommer 2022 mit dem Unternehmen Ceres, das sich auf die Brennstoffzellen-Technologie und -technik spezialisiert hat, eine Kooperation ein. Deren Ziel ist es, kostengünstigen grünen Wasserstoff für die industrielle Dekarbonisierung zu liefern.[105] Diese Kooperation hat durchaus Gewicht, denn Shell ist eines der größten Mineralöl- und Erdgasunternehmen weltweit. Um emissionsfrei zu werden, soll das Geschäft radikal transformiert und darüber hinaus auch insgesamt mehr CO_2-arme Energie bereitgestellt werden. Dazu gehören zum Beispiel Wasserstoff und Strom aus Solar- und Windenergie.[106]

Laut der Vereinbarung zwischen Shell und Ceres soll im Jahr 2023 eine Demonstrationsanlage im Megawattmaßstab für Festoxidelektrolyseure (SOEC-Technologie: solid oxide electrolyzer cell technology) geliefert werden. »Shell und Ceres bauen diese Partnerschaft auf, um die SOEC-Technologie für die Bereitstellung von hocheffizientem, kostengünstigem grünen Wasserstoff zu nutzen, der inzwischen weithin als glaubwürdiger Weg zur Dekarbonisierung der schwer abbaubaren Teile des Energiesystems angesehen wird, die heute auf fossile Brennstoffe angewiesen sind«[107], hieß es in der Pressemitteilung. Eingesetzt werden soll das System im Shell-Forschungs- und Entwicklungstechnologiezentrum in Bangalore, Indien, und zwar für industrielle Prozesse vor Ort. Das Testprogramm ist auf mindestens 3 Jahre angesetzt.[108]

Ceres hat ebenfalls einen großen Anteil bei dieser Kooperation. So hat das Unternehmen für die Entwicklung der SOEC-Technologie bereits 100 Millionen Pfund bereitgestellt, mit deren Hilfe bis 2025 marktführende Wasserstoffkosten von 1,5 US-Dollar pro Kilogramm erreicht werden sollen[109] (siehe Unterkapitel 3.IV »Wie viel kostet die Herstellung von Wasserstoff?«).

Doch auch in Deutschland geht es mit Shell voran. So nahm der Mineralölkonzern bereits 2020 in seiner Rheinland Raffinerie in Wesseling bei Köln einen

Elektrolyseur mit einer Leistung von 10 Megawatt in Betrieb,[110] und vor einiger Zeit weihte das deutsche Spezialchemie-Unternehmen H&R GmbH & Co. in Hamburg-Neuhof die weltgrößte regelflexible Elektrolyse-Wasserstoff-Anlage ein.[111] Im oberfränkischen Wunsiedel wurde unlängst Bayerns größte Elektrolyseanlage zur CO_2-neutralen Wasserstofferzeugung fertiggestellt, die Stromüberschüsse aus Wind- und Photovoltaikanlagen in grünen Wasserstoff umwandeln soll – zum Start mit 8,75 Megawatt, mittelfristig aber knapp 20 Megawatt elektrischer Leistung. Der Elektrolyseur soll mit überschüssigem Wind- und Solarstrom laufen, den das Stromnetz nicht aufnehmen kann. Der so gewonnene Wasserstoff soll regional genutzt werden, etwa für Tankstellen, für die Industrie, aber auch zur Rückverstromung. Wenn zu wenig Sonnen- und Windkraft zur Verfügung stehen, könnte das normalerweise mit Holzgas betriebene Blockheizkraftwerk neben der Elektrolyseanlage den Wasserstoff wieder in Strom und Nahwärme verwandeln.[112]

An einem Standort in Köln/Dormagen soll zukünftig im großen Stil grüner Wasserstoff erzeugt werden, der unter anderem im Verkehrsbereich zum Einsatz kommen könnte. Dazu soll am Ineos-Standort eine 100-Megawatt-Wasserelektrolyse gebaut werden, die Teil des 2-Milliarden-Euro-Pakets für grüne Wasserstoffprojekte der Ineos-Gruppe ist.[113] Der in der neuen Anlage unter Einsatz von erneuerbarer Energie hergestellte Wasserstoff soll direkt in der von Ineos in Köln betriebenen Ammoniakanlage eingesetzt und perspektivisch zur Produktion von Methanol genutzt werden. Darüber hinaus können auch Bedarfe an klimaneutralem Wasserstoff im Chempark und beispielsweise in der regionalen Mobilität gedeckt werden. Das Projekt soll insgesamt zu einer Reduzierung der Treibhausgasemissionen von über 100 000 Tonnen pro Jahr führen.[114]

Wasserstoffproduktion allgemein: Der Hauptanteil von Wasserstoff entsteht als Neben- oder Koppelprodukt in Prozessen der (petro-)chemischen Industrie. Diese ist auch der Hauptabnehmer von Wasserstoff. So werden weltweit aktuell über 570 Milliarden Kubikmeter Wasserstoff pro Jahr durch Reformierung und circa 15 Milliarden Kubikmeter durch Elektrolyse erzeugt, in Deutschland insgesamt jährliche 20 Milliarden Kubikmeter. Tendenz steigend.[115]

Nebenprodukte: Bei der Wasserstoffgewinnung entstehen Wasserdampf, Kohlenmonoxid, Schwefeldioxid, Stickoxide,[116] Kohlendioxid und – je nach Verfahren – auch Stickstoff[117].

Speicherung und Transport: Wasserstoff lässt sich zusammengepresst oder in flüssiger Form relativ leicht transportieren. Druckspeicher gibt es in unterschiedlichen Ausführungen, von 10 Liter fassenden Gasflaschen bis hin zu Großspeichern mit 100 000 Kubikmetern. Langfristig soll auch das bestehende Erdgasnetz zur Speicherung genutzt werden[118] (siehe das Unterkapitel 3.IV »Ist Wasserstoff kompatibel mit der bestehenden Erdgasnetzinfrastruktur?«). Auch an alternativen Speichermöglichkeiten wird eifrig geforscht (siehe »Wasserstoff in der Praxis«, Kapitel 4).

Nutzung: Wasserstoff wird vornehmlich von den Industrien verbraucht, die ihn in ihren Produktionsprozessen als Nebenprodukt erzeugen. Dies gilt beispielsweise für die chemische Industrie, die den Wasserstoff für die Düngerproduktion und die Erdölraffinerien zum Cracken von Kohlenwasserstoffen verwendet.[119]

Brennstoffzellen: Aber auch als ökologischer Energieträger in Brennstoffzellen findet Wasserstoff Verwendung. Brennstoffzellen wandeln im Rahmen einer chemischen Reaktion unter Zusatz von Sauerstoff die im Wasserstoff gebundene Energie in elektrische

Energie um. Dies bedeutet im Klartext: Brennstoffzellen produzieren aus Wasserstoff und Sauerstoff Strom. Oder anders herum gesagt: In einer Brennstoffzelle bildet Wasserstoff mit Sauerstoff aus der Luft eine Reaktion. Dabei entstehen Strom, Wärme und als Abfallprodukt Wasser.[120]

Ein großer Vorteil der Nutzung von Wasserstoff zur Energieherstellung in Brennstoffzellen liegt in ihrer großen Umweltfreundlichkeit, denn dabei werden keine umweltschädlichen Stoffe wie CO_2, Stickstoff oder Feinstaub freigesetzt. Da aber für die Abtrennung und Gewinnung von Wasserstoff elektrische Energie benötigt wird, kann es bei deren Herstellung zu umweltschädlichen Emissionen kommen. Wird der Strom hingegen aus erneuerbaren Energien gewonnen, ist der gesamte Herstellungsprozess weitgehend emissionsfrei und man spricht vom sogenannten »grünen Wasserstoff«[121] (siehe oben).

Auch Solarstrom wird zur Abtrennung/Herstellung von Wasserstoff genutzt. In Wasserstoff umgewandelt kann Strom aus erneuerbaren Energien transportabel und zeitversetzt nutzbar gemacht werden.[122]

In Raffinerien und in der chemischen Industrie wird das flüchtige Gas bereits in großen Mengen verwendet. Grüner Wasserstoff aus Ökostrom kann im Verkehr und in der Industrie eine elementare Rolle für die Energiewende spielen (siehe Kapitel 4 »Wasserstoff in der Praxis«).

Wie effizient ist die Herstellung von Wasserstoff?

Das Bundesforschungsministerium geht davon aus, dass die Effizienz von serienmäßig hergestellten Elektrolyseuren zur Wasserstoffherstellung bei rund 70 Prozent liegen wird. Das heißt: Rund

70 Prozent der Energie, die für die Elektrolyse aufgewendet wird, wird auch in Wasserstoff gebunden.[123]

Wie viel kostet die Herstellung von Wasserstoff?

Der Preis für die Herstellung von **grauem** Wasserstoff aus fossilen Ressourcen liegt hierzulande bei etwa 2 Euro pro Kilogramm, wohingegen die Kosten für **grünen** Wasserstoff, der aus Elektrolyse gewonnen wird, je nach Technologie, Strompreis und Auslastung erheblich höher sind.[124] Doch die in Zukunft zu erwartende vermehrte Nutzung und Produktion von Elektrolyseanlagen wird dazu führen, dass die Investitions- und Betriebskosten sinken werden.

Die Kosten für Solar- und Windenergie sind in den letzten 10 Jahren weltweit um 82 Prozent beziehungsweise 39 Prozent gesunken. Deshalb liegen die Kosten für die Erzeugung von sauberem Wasserstoff heute nur noch um den Faktor 3 oder 4 unter den Kosten, die erforderlich sind, um mit fossilen Brennstoffen konkurrieren zu können. Die australische Behörde für wissenschaftliche und industrielle Forschung (CSIRO) prognostizierte bis 2040 aufgrund des technischen Fortschritts jedoch einen Rückgang der Kosten für Elektrolysegeräte um 83 Prozent.[125]

Wie im Kapitel »Hintergründe« (3.III) bereits erwähnt, hat der Hydrogen Council in einer Studie ermittelt, dass grüner Wasserstoff bereits 2025 mit kohlenstoffarmem blauem Wasserstoff mit einem Preis von 1,50 Euro bis 2 Euro konkurrieren können wird. Bei einem CO_2-Zertifikatspreis von 50 Euro pro Tonne CO_2 könnte grüner Wasserstoff sogar mit grauem Wasserstoff mithalten. 2030 könnte grüner Wasserstoff dann bereits ohne CO_2-Bepreisung zu den gleichen Kosten wie grauer Wasserstoff hergestellt werden, und zwar zu einem Preis zwischen 1 und 1,5 Euro pro Kilogramm.[126]

Nach Angaben des Bundesforschungsministeriums lässt sich grüner Wasserstoff in großen Teilen Westafrikas bereits heute für einen Preis unter 2,50 Euro pro Kilogramm herstellen (siehe Kapitel 6.II »Wasserstoff aus Westafrika«). Hinzu kommen aber noch die Kosten für den Transport und die Zur-Verfügung-Stellung des Wasserstoffs.[127]

Wie viel Energie steckt in 1 Tonne Wasserstoff?

1 Tonne Wasserstoff enthält eine Energiemenge von 33 330 Kilowattstunden. Das entspricht dem durchschnittlichen jährlichen Stromverbrauch von sieben Drei-Personen-Haushalten in einem Mehrfamilienhaus (ohne Durchlauferhitzer). Wie schon beschrieben kann diese chemische Energie allerdings nicht zu 100 Prozent in nutzbare Energie umgewandelt werden, sondern ein Teil der Energie geht verloren.[128]

Quelle: www.bmbf.de/bmbf/shareddocs/kurzmeldungen/de/wissenswertes-zu-gruenem-wasserstoff.html

Wie viel Strom wird benötigt, um 1 Kilogramm Wasserstoff im Elektrolyseverfahren herzustellen?

Je nach Betriebsmodus und Leistung des Elektrolyseurs variiert die benötigte Strommenge. Sie liegt ungefähr zwischen 40 und

80 Kilowattstunden pro Kilogramm Wasserstoff.[129] Das entspricht ungefähr einem Wirkungsgrad von 80 bis 40 Prozent.[130]

1 Kilowatt (kWh) bedeutet: 1000 Watt pro Stunde = 1 Kilowattstunde (kWh). Anders gesagt: 1 Kilowattstunde entspricht jener Menge an Energie, die ein Gerät mit einer Leistung von 1000 Watt innerhalb 1 Stunde verbraucht.

Wie viel Wasser wird benötigt, um 1 Kilogramm Wasserstoff im Elektrolyseverfahren herzustellen?

Für die Herstellung von 1 Kilogramm Wasserstoff werden etwa 9 Liter Wasser benötigt.[131]

Der Weg des Wasserstoffs

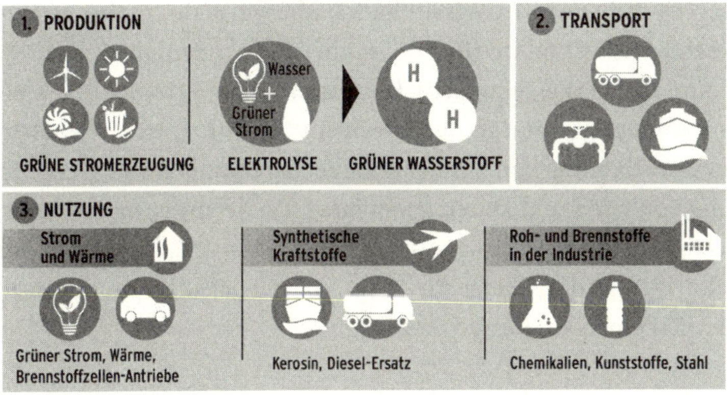

Quelle: www.bmbf.de/bmbf/shareddocs/kurzmeldungen/de/wissenswertes-zu-gruenem-wasserstoff.html

Wie wird Wasserstoff transportiert?

Aufgrund der geringen Dichte, die Wasserstoff unter normalen Bedingungen besitzt, muss er für eine effiziente Logistik entweder komprimiert, durch Abkühlung verflüssigt oder chemisch gebunden werden.[132] Je nach Menge des transportierten Wasserstoffs sind unterschiedliche Transportmethoden sinnvoll:

- Für den Transport großer Mengen über kurze Distanzen sind Wasserstoffleitungen die beste Option.
- Über mittlere und längere Distanzen hinweg lässt sich Wasserstoff auch unter hohem Druck, verflüssigt, gebunden an eine Trägerflüssigkeit oder in Form von Wasserstoff-Folgeprodukten transportieren.[133] Als Transportmittel eignen sich generell alle gängigen straßen-, schienen- oder wasserbasierten Transportmittel. Für Druckwasserstoff und tiefkalt verflüssigten Wasserstoff ist bisher jedoch nur der Straßentransport üblich[134] (mehr dazu in den Kapiteln 4 »Wasserstoff in der Praxis« und 4.II »Wasserstoff und Brennstoffzellen im Verkehr«).

In welchen Bereichen wird Wasserstoff hauptsächlich eingesetzt?

Gegenwärtig wird Wasserstoff noch überwiegend traditionell eingesetzt, insbesondere für die Synthese von Ammoniak und Methanol durch die chemische Industrie. In der Petrochemie – also in Raffinerien – und in der Lebensmittelchemie wird Wasserstoff zur Verarbeitung von konventionellen Kraftstoffen sowie zur Härtung von Ölen und Fetten verwendet, um beispielsweise Margarine herzustellen. Wasserstoff dient aber auch als Brenn- oder Schutzgas in der Glasherstellung, in der Schweißtechnik oder in der Wärmebehandlung von Metallen.[135]

Ist Wasserstoff kompatibel mit der bestehenden Erdgasnetzinfrastruktur?

Das Konzept eines leitungsgebundenen Gastransports ist bei einer Vielzahl von Einspeise- und Entnahmepunkten sowie bei langen Entfernungen in Verbindung mit großen Volumenströmen besonders vorteilhaft. Durch eine schrittweise Umwidmung von bestehenden Parallelleitungen des Erdgasnetzes und durch Leitungszubau kann mittelfristig neben dem Erdgasnetz ein

Fernleitungsnetz für Wasserstoff entstehen. In einem ersten Schritt könnten dem Gasverteilnetz immer größere Anteile Wasserstoff beigemischt werden.[136]

Auch eine vollständige Umrüstung von Erdgaspipelines zu Wasserstoffpipelines ist nicht besonders aufwendig, sondern ist im Gegenteil schnell, einfach und zu moderaten Kosten möglich. Ab einer gewissen Wasserstoff-Beimischungsmenge müssen die Kompressoren der Gasleitungen jedoch ausgewechselt werden. Außerdem wäre es denkbar, ein kleineres Wasserstoffrohr in ein bestehendes Erdgasrohr zu verbauen. Dies würde Zeit und Kosten sparen, und so könnten 1–2 Gigawatt Wasserstoff über weite Distanzen transportiert werden. Doch neben Leitungen könnten auch bereits vorhandene Speicherkapazitäten wie Salzkavernen oder Porenspeicher für die Wasserstoffspeicherung genutzt werden.[137]

Was viele nicht wissen: Wasserstoff wird heute bereits dem bestehenden Gasnetz beigemischt, denn dadurch reduzieren sich die Treibhaus-Gasemissionen unmittelbar. Die Beimischungsquote ist allerdings durch die Gasnetzinfrastruktur und die eingesetzten Brenner eingeschränkt. So dürfen dem Gasnetz aktuell maximal 10 Prozent Wasserstoff zugemischt werden. Darüber hinaus kann reiner Wasserstoff auch in speziell dafür ausgelegten Brennwertkesseln thermisch verwertet werden.[138]

Zusatzinformation der Technischen Hochschule Köln

Als vorteilhaftestes Verteilernetz für Wasserstoff gilt schon länger das bestehende Erdgasnetz. Denn dafür existieren in den meisten Städten und in vielen Industrieanlagen bereits Leitungen, und es wurden auch schon Technologien zur einfachen Auftrennung der beiden Gase am Zielort entwickelt.[139] Doch das zieht gleichzeitig Probleme nach sich:

- Wenn Wasserstoff in das Metall der Leitungen diffundiert, kann dies zur Korrosion und Versprödung des Materials führen.
- Dabei lagert sich atomarer Wasserstoff im Strukturgitter des Materials ein und reagiert an Störstellen zu molekularem Wasserstoff.
- Die H_2-Einlagerung führt zu inneren Spannungen im Gitter und zu einer Druckerhöhung. Dadurch können Mikrorisse im Material entstehen.
- Besonders anfällig für eine solche Versprödung sind Metalle, wenn sie unter mechanischer Druck- oder Zugbelastung verformt werden. Eine solche Verformung kann durch bestimmte Chemikalien wie Schwefelwasserstoff und durch erhöhte Temperatur zustande kommen.
- Daher ist im deutschen Erdgasnetz bislang nur eine Beimischung von maximal 10 Prozent Wasserstoff zulässig.[140]

Im Dezember 2021 durchgeführte Tests ergaben jedoch, dass diese Gefahren nicht so dramatisch sind, wie bislang befürchtet wurde. Denn selbst unter Belastung wiesen die für Leitungen und Industrieanlagen gängigen Metalle keine Anzeichen für eine erhöhte Wasserstoffversprödung auf. Demnach ist eine Beimischung von Wasserstoff zum Erdgas oder auch die Nutzung der Gasleitungen für den Wasserstofftransport durchaus vertretbar.[141]

Welche Rolle kann Wasserstoff zukünftig bei der Stromerzeugung spielen?

Die Umstellung unseres Stromsystems auf erneuerbare Energien erfordert den Einsatz von Stromspeichern. »Für große Mengen und lange Zeiträume sind Wasserstoff und wasserstoffbasierte Speicher optimale Systeme. […] Die Speicherung großer Mengen an Energie ist mit chemischen Speichersystemen besonders günstig, was wasserstoffbasierte Anwendungen zur saisonalen Speicherung prädestiniert. Hierfür wird in Zeiten eines Stromüberschusses Wasserstoff mittels Elektrolyse erzeugt und gespeichert. Wird elektrische Energie benötigt, kann dieser Wasserstoff in Brennstoffzellen oder Gasturbinen rückverstromt werden. Die gute Transportierbarkeit von Wasserstoff und seinen Folgeprodukten schafft darüber hinaus Versorgungssicherheit.«[142]

Ist Wasserstoff als Kraftstoff gefährlicher als Benzin oder Diesel?

Wasserstoff ist brennbar und muss deshalb genauso wie andere Brennstoffe vorsichtig gehandhabt werden. »Um sich zu entzünden, muss der Wasserstoff aber mit einem zusätzlichen Oxidationsmittel (Luft, reinem Sauerstoff, Chlor usw.) in einer bestimmten Konzentration und mit einer Zündquelle (zum Beispiel einem Funken) kombiniert werden.« Beim Entzünden des Wasserstoffs verbrennt er aufgrund seiner geringen Dichte sehr schnell in einer Stichflamme. Dabei entsteht aber »keine gefährliche Wärmestrahlung über der Unfallstelle, wie dies bei Benzin oder Kerosin der Fall ist«.[143]

Zwar ist Wasserstoff mit Sauerstoff bei einem H_2-Anteil von 4 bis 75 Prozent zündfähig, explosiv ist das Gemisch jedoch erst ab einem Anteil von 18 Prozent als Knallgas. Und da Wasserstoff vierzehnmal leichter ist als Luft, verflüchtigt er sich extrem schnell. Daher ist ein Fahrzeug mit Wasserstofftank und Brennstoffzelle keinesfalls explosionsgefährdeter als eines mit Flüssigtank (siehe Unterkapitel 4.II »Sind Wasserstofffahrzeuge sicher?«).[144]

Umfangreiche Studien und Experimente haben zudem gezeigt, »dass die Verwendung von Wasserstoff keine größeren Gefahren birgt als der Einsatz von konventionellen Energieträgern.«[145]

Grundsätzlich ist dessen Verwendung also nicht gefährlicher als die anderer Brennstoffe.

Ist Wasserstoff gesundheitsschädigend?

Diese Frage ist bei meinen Recherchen immer wieder aufgetaucht und wurde immer wieder von Wasserstoffinteressenten gestellt.

Es gibt eine klare Antwort: »Wasserstoff ist ein nicht-toxisches Gas. Es ist nicht giftig und hat weder Geschmack noch Geruch.« Seine Verwendung als Kraftstoffquelle »produziert weder kohlenstoffhaltige Abgase [...] noch entstehen bei der energetischen Verwertung in einer Brennstoffzelle Feinstaub oder Stickoxide. [...] Lediglich bei der Verbrennung von Wasserstoff in Wärmekraftmaschinen, wie Otto-Motoren oder Gasturbinen, können Stickoxide entstehen.«[146] Durch eine erhöhte Luftzufuhr im Verbrennungsprozess kann die Bildung von Stickoxiden allerdings fast vollständig verhindert oder können diese abgetrennt werden.

Kapitel 4

Wasserstoff in der Praxis

I. Wasserstoff und Brennstoffzellen in der Industrie

Im Mainstream wird das Thema Wasserstoff beziehungsweise Brennstoffzelle fast ausschließlich mit dem Wasserstoffauto (und der dazugehörigen Infrastruktur) in Verbindung gebracht. Dabei ist die Wasserstofftechnologie vor allem für die energieintensive Industrie ein wichtiger Hoffnungsträger, denn große Energieverbraucher wie Stahl- und Chemieunternehmen werden ohne Wasserstofflösungen nicht überleben können.[147]

Die wichtigsten Einsatzbereiche von Wasserstoff in der Industrie sind laut dem Nationalen Wasserstoffrat die Stahl- und die Chemieindustrie. In der Stahlindustrie kann Wasserstoff Kohle als Reduktionsmittel ersetzen. In der Chemieindustrie ist Wasserstoff notwendig, um beispielsweise Erdöl als Rohstoff zu ersetzen.[148] Der größte Verbraucher ist dabei die Petrochemie mit 33 Prozent. Dort wird Wasserstoff in großen Mengen zur Hydrierung, zum Hydrocracken und zur Entschwefelung konventioneller Kraftstoffe in Raffinerien eingesetzt. Darüber hinaus verbraucht auch die Synthese von Grundstoffen wie Ammoniak (27 Prozent) und Methanol (11 Prozent) große Wasserstoffmengen. Weitere Anwendungsgebiete sind die Flachglasherstellung, die Fetthärtung oder die Produktion von Halbleitern.[149]

Mit einem Anteil von 24 Prozent war die Industrie im vergangenen Jahr der zweitgrößte CO_2-Produzent Deutschlands, währenddessen der Verkehr »nur« 20 Prozent beisteuerte. Deshalb soll Wasserstoff die Produktion von Stahl, Treibstoffen und Grundchemikalien klimafreundlicher machen.[150]

Weltweit werden pro Jahr 80 Millionen Tonnen Wasserstoff hergestellt und gehandelt, wobei die Tendenz steigt und fast alles davon in die Industrie fließt. Einer der Spitzenverbraucher ist die BASF in Ludwigshafen. Sie allein nutzt 1 Million Tonnen Wasserstoff im Jahr, um zum Beispiel Ammoniak herzustellen.[151]

In zahlreichen Industriebereichen gilt das flüchtige Gas bereits als alternativloser Königsweg zu mehr Klimafreundlichkeit, und viele Stahlhersteller, Chemieunternehmen und Raffinerien wollen mit Wasserstoff aus Ökostrom »grüner« produzieren.

Das Bundesforschungsministerium geht davon aus, dass industrielle Umstellungen zuerst in der Stahlindustrie möglich sind. Später kann Wasserstoff dann Brennöfen der Industrie beheizen – zum Beispiel in der Glas-, Zement- und Stahlindustrie,[152] aber auch in Bereichen, in denen er bislang noch keine Nutzung findet, etwa für die Herstellung verschiedener organischer Grundstoffe, die heute aus fossilen Ressourcen wie Erdöl und Erdgas hergestellt werden und in Zukunft durch CO_2 und erneuerbaren Wasserstoff produziert werden können.[153] Im Industriesektor kann grüner Wasserstoff zur Dekarbonisierung oder als Brennstoffersatz für fossile Brennstoffe beitragen.

So stellt das kleinste Element des Universums sich immer mehr als ein multifunktionaler Rohstoff für Verkehr, Wärme und Industrie heraus. Zumindest gilt dies für grünen Wasserstoff, der durch Ökostrom gewonnen wird.[154]

Bereits über 20 Milliarden (!) Normalkubikmeter Wasserstoff werden hierzulande jährlich produziert. Wie schon erwähnt, wird das meiste davon mittels Dampfreformierung aus Erdgas gewonnen. Zu den großen industriellen Nutzern zählen aber auch die Mineralölkonzerne. Jede Raffinerie verbraucht stündlich mehrere Tonnen Wasserstoff, um Kerosin, Diesel und Benzin zu entschwefeln. Dass sich der graue Wasserstoff aus Erdgas technisch problemlos mit dem grünen aus Ökostrom ersetzen lässt, hat BP bereits 2018 in einem Pilotprojekt demonstriert. In der Raffinerie in Lingen kamen über einen Monat lang 130 000 Kubikmeter klimaneutraler Wasserstoff zum Einsatz.

Selbst wenn der gesamte Wasserstoff für Raffinerien eines Tages aus Elektrolyseuren käme, wären Benzin und Diesel damit nicht plötzlich umweltfreundlich, ihre Herstellung würde nur das Klima etwas weniger belasten. Denn noch entstehen bei der Produktion von 1 Tonne grauem Wasserstoff 10 Tonnen CO_2 (siehe Kapitel 3.IV »Wichtiges Basiswissen«). Und das soll sich ändern.[155]

Robert Bosch will zukünftig eine halbe Milliarde Euro investieren, um Teile für die Massenproduktion von grünem Wasserstoff zu liefern. Das gab das Unternehmen im Mai 2022 bekannt.[156] Bosch-Konzernchef Stefan Hartung argumentiert: »Der Klimaschutz kann nicht warten. Wir werden künftig das Kernstück der Wasserstoffelektrolyse liefern.«[157] Dementsprechend will Bosch auch »europaweit in die Produktion von sogenannten Elektrolyseuren einsteigen, also Geräten, die Wasser in seine Bestandteile Sauerstoff und Wasserstoff aufspalten – durch Strom«[158]. Bereits 2025 sollen diese in den Markt eingeführt werden. Dafür sollen weitere 3 Milliarden Euro in klimaneutrale Techniken fließen. Eine clevere Strategie, denn damit hat Bosch einen Fuß in der Tür bei der Massenproduktion von grünem Wasserstoff und macht sich gleichzeitig ein Stück unabhängiger vom weltweiten Energiemarkt. Die Elektrolyseure sollen in der Stahl- und Chemieindustrie eingesetzt werden, im Schwerlastverkehr, aber auch in privaten Gebäuden. Die Bosch-Vision sieht vor, dass das Haus der Zukunft neben einem Bosch-Geschirrspüler auch über eine Bosch-Brennstoffzelle verfügt, die die Heizung antreibt.[159]

»Das Unternehmen will die Produktion in Europa belassen: Bamberg und Stuttgart-Feuerbach in Deutschland, Tilburg in den Niederlanden, Linz in Österreich sowie Budweis in Tschechien. In den kommenden Jahren sollen mehrere Hundert Beschäftigte im Bereich der Elektrolyse-Komponenten eingestellt werden.«[160]

Mitte Juli 2022 unterzeichneten die Landesregierung von Baden-Württemberg und die Robert Bosch GmbH dann eine Absichtserklärung zur Stärkung der Wasserstoff- und Brennstoffzellen-Technologie.[161] Der grüne Ministerpräsident Winfried Kretschmann sagte: »Das Land wird den Markthochlauf für Wasserstoff bestmöglich unterstützen und damit den Wirtschafts- und Innovationsstandort Baden-Württemberg stärken.«[162] Und weiter: »Besonders vor dem Hintergrund der aktuellen geopolitischen Ereignisse muss die Energie- und Rohstoffversorgung rezipierter und diversifizierter aufgestellt werden. Wir wollen so schnell wie möglich die notwendige Infrastruktur schaffen, um Wasserstoff zu erzeugen, zu speichern und zu transportieren. Mit der Wasserstoffstrategie im Land setzen wir einen wichtigen Rahmen. Die Unternehmen in Baden-Württemberg haben das Potenzial, den nationalen und internationalen Markthochlauf der Wasserstoff- und Brennstoffzellen-Technologien mitgestalten zu können sowie wirtschaftlich davon zu profitieren.«[163] Kretschmann betonte außerdem, dass man mit der Robert Bosch GmbH einen schlagkräftigen Akteur im Land habe, der mit seinem Know-how und Engagement dazu beitrage, Baden-Württemberg zum Wasserstoff-Land zu machen.[164]

Der Vorsitzende der Geschäftsführung der Robert Bosch GmbH, Dr. Stefan Hartung, machte deutlich: »Der Einsatz von Wasserstoff ist in nahezu allen Sektoren sinnvoll – in der Stahl- und Chemieindustrie ebenso wie in Gebäuden und im Verkehr. Technologisch steht dem nichts im Weg. Wir sollten alle Sektoren auf einen Einsatz von Wasserstoff vorbereiten und keinen ausschließen. Bei Bosch sind wir vom Energieträger Wasserstoff überzeugt und für die Entwicklung entsprechender Technologien – angefangen von der Erzeugung bis zur Nutzung in dezentralen Kraftwerken und Fahrzeugen – breit aufgestellt.«[165]

Um dieses Ziel zu erreichen, wurde von Baden-Württemberg bereits im Jahr 2020 eine sogenannte »Wasserstoff-Roadmap« entwickelt. Darin wurden konkrete Ziele und Maßnahmen definiert, etwa die Förderprogramme ZPH2 (Zukunftsprogramm Wasserstoff BW) und KWH2 (Klimaschutz und Wertschöpfung durch Wasserstoff).[166] Baden-Württemberg spielt mit seinen innovativen Unternehmen und seiner hervorragenden Forschungslandschaft eine Schlüsselrolle bei der Fertigung von Elektrolyseuren und Brennstoffzellen sowie deren Komponenten in Deutschland. Die besondere Wirtschafts- und Forschungsstärke ermöglicht insbesondere in den Branchen Maschinenbau und Automotive eine Transformation, die weltweit Impulse für eine erfolgreiche Energiewende setzen kann. Ziel ist es, Baden-Württemberg als einen der wichtigsten Industrie- und Technologiestandorte bei der Herstellung von Komponenten und Systemen für Wasserstoff- und Brennstoffzellen-Technologien zu einem führenden internationalen Leitanbieter und Global Player zu machen.[167]

Bosch spielt eine wichtige Rolle in Sachen Wasserstoff- und Brennstoffzellen-Forschung, denn das Unternehmen verfügt über viel Know-how und wird dieses auch bei der Entwicklung von Komponenten für die Elektrolyse einsetzen.

Wie in der Brennstoffzelle bildet der sogenannte »Stack« – der Stapel mehrerer Hundert einzelner Zellen – auch im Elektrolyseur das zentrale Element. In jeder der in Serie geschalteten Zellen wird Wasser mithilfe von Strom in Wasserstoff und Sauerstoff umgewandelt – umgekehrt zur Brennstoffzelle, in der aus Wasserstoff und Sauerstoff elektrische Energie entsteht. In beiden Systemen erfolgt die chemische Reaktion jeweils über eine Proton-Exchange-Membran (PEM). Bosch kombiniert den Elektrolyseur-Stack mit Steuergerät, Leistungselektronik und Sensoren zum sogenannten »Smart Module«. Bei der Entwicklung will Bosch auch mit anderen Partnern zusammenarbeiten. Von 2025 an sollen die Smart Modules an Hersteller von Elektrolyse-Anlagen sowie Industriedienstleister geliefert werden. Erste Pilotanlagen gehen bereits im kommenden Jahr in Betrieb.[168]

Wasserstoff in der Stahlindustrie

Durch die ehrgeizigen Klimavorgaben der Europäischen Union steht die Stahlindustrie vor einem gewaltigen Umbruch und muss sich gleichsam neu erfinden, und dies wird sie mit Wasserstoff tun. Denn bis 2030 sollen die Treibhausgas-Emissionen gegenüber 1990 um 55 Prozent reduziert werden, bis 2050 will die EU komplett klimaneutral sein.[169] Dabei stehen besonders die energiereichen Branchen im Fokus, allen voran die Stahlindustrie, die einer der großen Kohlendioxidproduzenten in Deutschland ist. Denn jährlich stoßen die Hochöfen und Stahlwerke etwa 58 Millionen Tonnen CO_2 aus, was nach Angaben des Bundesumweltministeriums mehr als 30 Prozent der Industrie- und rund 8 Prozent der gesamten deutschen Treibhausgas-Emissionen sind.[170]

Es gibt bereits vielversprechende Versuche von großen Herstellern wie Thyssenkrupp oder Salzgitter (siehe unten), beim Stahlkochen die Kohle durch Wasserstoff zu ersetzen. Doch so einfach, wie sich das anhört, ist die Umstellung nicht. Hubertus Bardt, Geschäftsführer und wissenschaftlicher Leiter am Institut der deutschen Wirtschaft in Köln wies darauf hin, dass die Dekarbonisierung mithilfe von Wasserstoff eine riesige Herausforderung darstelle, da die Produktionstechnik komplett umgestellt und eine Infrastruktur aufgebaut werden müsse, wofür hohe Investitionskosten nötig seien.[171]

Und die haben es tatsächlich in sich: Experten schätzen den Kapitalbedarf für den Umstieg auf saubere Herstellungsverfahren auf rund 35 Milliarden Euro. Allein Thyssenkrupp bezifferte die Kosten auf etwa 10 Milliarden Euro, und Salzgitter geht von 3 Milliarden Euro aus. Die Unternehmen betonen schon länger, sie könnten die hohen Investitionen nicht alleine stemmen.[172] Dementsprechend forderten die fünf großen Stahlkonzerne Thyssenkrupp, ArcelorMittal, Saarstahl, Georgsmarienhütte und Salzgitter bereits im Frühjahr 2021 in einer ersten Stufe Investitions- und Subventionszusagen der Regierung zwischen 15 und 30 Milliarden Euro. Dafür wollen sie bis zum Jahr 2030 etwa ein Drittel ihrer Primärstahlproduktion auf eine klimafreundliche Erzeugung umstellen und 17 Millionen Tonnen CO_2-Emissionen pro Jahr einsparen.[173]

Thyssenkrupps Konzerntochter Nucera[174] entwickelt Großanlagen zur Herstellung von Wasserstoff, der weltweit eine Schlüsselrolle für den Klimaschutz spielen soll. Das Unternehmen unterstützt seine Kunden auf dem Weg zur Klimaneutralität und zu einer dekarbonisierten Industrie. Mit dem Wasserstoffgeschäft strebt Nucera bis 2026 einen Umsatz von 900 Millionen bis zu 1 Milliarde Euro an, denn die Nachfrage – so das Unternehmen – sei »riesengroß«. Das bestätigen auch unabhängige Experten, deren Ansicht nach sich der Markt in den nächsten 30 Jahren wohl versiebenfachen wird.[175]

Die Thyssenkrupp-Tochter hat zwei Geschäftsfelder:

1. Das Chlor-Akali-Geschäft, bei dem vor allem Chlorgas und Natronlauge herstellt wird und Wasserstoff als Nebenprodukt entsteht. Chlorgas wird vor allem zur Wasserbehandlung genutzt und für Kunststoffe, wohingegen Natronlauge überall in der Industrie eingesetzt wird.
2. Die Alkali-Wasserelektrolyse, bei der Wasserstoff mithilfe erneuerbarer Energie produziert wird.[176]

Im Sommer 2022 gab das Unternehmen **ArcelorMittal** bekannt, dass es in seinem Werk in Bremen zusammen mit der Apex-Gruppe eine Wasserstoffanlage bauen wird, in der dann bald per Elektrolyse aus Ökostrom Wasserstoff produziert werden soll. Laut Apex handelt es sich bei der Anlage um die deutschlandweit erste dieser Art. Ziel sei es, das Stahlwerk in Bremen – den größten CO_2-Produzenten der Stadt – auf Wasserstoff umzustellen. Die Elektrolyseanlage kann bis zu 180 Kilogramm Wasserstoff pro Stunde produzieren, also rund 1560 Tonnen pro Jahr, der dann für die Stahlproduktion genutzt werden soll. Die Montage der Anlage soll im November 2022 beginnen. Die Inbetriebnahme ist für 2024 geplant.[177]

Wie Uwe Braun, der Chef von ArcelorMittal Hamburg, außerdem betonte, will sein Unternehmen eine Pilotanlage mit 100 Prozent Wasserstoff betreiben, und zwar in einem großindustriellen Maßstab von 100 000 Tonnen im Jahr. Hierfür benötige der Konzern allein eine Elektrolysekapazität von 50 Megawatt. Würde die Produktion noch weiter hochgefahren, könnte es sogar sechs- bis siebenmal so viel sein.[178] Und auch Apex war nicht untätig. Bereits im Jahr 2021 hatte die Gruppe nach eigenen Angaben in Laage (LK Rostock) die größte netzwerkgekoppelte Wasserstoffanlage Europas in Betrieb genommen.[179]

Auf jeden Fall fehlt den Stahlkochern grüner Wasserstoff. Deshalb fragt man sich beispielsweise beim Hersteller **Georgsmarienhütte**, woher das Gas eigentlich kommen soll. Denn das klimaneutrale Gas könnte das Erdgas ersetzen, das heute noch im Walzwerkofen verfeuert wird – einem Ofen, der so viel Energie benötigt wie 12 000 (!) Einfamilienhäuser. In der Praxis bedeutet das allerdings, dass das Stahlwerk im Landkreis Osnabrück entweder eine Pipeline für Wasserstoff oder enorme Mengen grünen Strom braucht, um selbst Wasserstoff zu produzieren. Doch dafür gibt es keine Infrastruktur. Daher gehen die Stahlwerker aus Niedersachsen davon aus, dass ein Großteil des Wasserstoffs importiert werden muss, nur fehlen selbst dafür die nötigen Schiffe, Häfen und Leitungen[180] (siehe dazu Kapitel 6.I »Wo soll der Wasserstoff herkommen?«).

Aber nicht nur beim Hersteller Georgsmarienhütte ist die Unsicherheit groß, sondern in der gesamten Stahlindustrie. Deren Manager warnen, es sei bei Weitem noch nicht genug Grünstrom vorhanden, um überhaupt Wasserstoff herzustellen; die Bundesregierung gehe die Umstellung viel zu langsam an.[181] So hat das Thema »Wasserstoff« für die Wirtschaft noch Licht und Schatten (siehe Kapitel 5.II »Die ›grüne‹ Regierung verschleppt den Einstieg in die Wasserstoffwirtschaft«).

Professor Richard Hanke-Rauschenbach von der Universität Hannover ist der Meinung, der Umbau der Wirtschaft in Richtung Wasserstoff werde 1–2 Jahrzehnte dauern. Für die Wirtschaft werde das »ein sehr steiniger Weg«, dieser sei aber »alternativlos«.[182]

Doch trotz der riesigen Herausforderung sind die Experten optimistisch, dass die Transformation Erfolg haben kann. Allerdings müssten dafür einige Faktoren zusammenkommen:

- eine bessere internationale Koordination der CO_2-Preise
- eine wettbewerbsfähige Wasserstoffproduktion
- zahlungswillige Kunden
- ein funktionierender Fördermechanismus[183]

Die Zukunft wird zeigen, ob sich grüner Wasserstoff in diesen Bereichen durchsetzen wird.

Wasserstoff in der Kohle- und Bergbauindustrie

Die Kohleregionen wollen ebenfalls auf den Wasserstoffzug aufspringen. Aber lassen sich die Erwartungen erfüllen?

Werfen wir einen Blick nach Brandenburg. Schon seit 2011 steht in der Uckermark das weltweit erste **Hybridkraftwerk der Firma Enertrag**, das aus überschüssigem Windstrom Wasserstoff erzeugt. Es kann überschüssigen Strom zwischenspeichern und später abgeben, wenn er wieder benötigt wird.[184]

In Süd-Brandenburg soll aus der von Kohle geprägten Energieregion Lausitz eine Wasserstoffregion werden. Bis 2025 soll in der

Nähe des Braunkohletagebaus Schwarze Pumpe ein neues **Wasserstoffkraftwerk** in einer Größe von etwa 2000 Quadratmeter entstehen. In den nächsten 10 Jahren sollen bis zu fünfzig solcher Wasserstoffkraftwerke gebaut werden.[185] Das kommt nicht von ungefähr, denn die Lausitz ist seit 2019 eine von neun HyStarter-Regionen in Deutschland, die vom Bundesverkehrsministerium bei der Entwicklung eines Wasserstoffkonzepts und der Bildung eines Netzwerks gefördert wird. Erklärtes Ziel der Lausitz ist es, auch künftig Energieregion zu bleiben.[186]

Der öffentliche Nahverkehr in und um Cottbus soll in naher Zukunft ebenfalls mit Wasserstoff betrieben werden. Schon Ende 2022 soll die erste Wasserstofftankstelle in Betrieb gehen. Bis dahin sollen auch die ersten beiden **Wasserstoffbusse** in Betrieb genommen worden sein und in 4 Jahren dann neun Wasserstoffbusse in Cottbus und Region fahren.[187]

Kleinere Pilotprojekte wie dieses gibt es viele. Um diese zu bündeln und Synergien zu verstärken, finanzieren die Wirtschaftsverwaltungen von Berlin und Brandenburg jetzt eine Online-Plattform *www.h2-bb.de* [188], die möglichst viele Erzeuger und Verbraucher von Wasserstoff zusammenbringen soll.[189]

Doch auch der **wissenschaftliche Nachwuchs** in Brandenburg soll ausgebildet werden. So hat die Brandenburgische Technische Universität Cottbus-Senftenberg (BTU) zusammen mit der Bundesanstalt für Materialforschung und -prüfung (BAM) das Graduiertenkolleg Trustworthy Hydrogen ins Leben gerufen.[190] Dieses in Deutschland bisher einzigartige Graduiertenkolleg soll künftige Führungskräfte in Industrie, Forschung und öffentlichem Sektor befähigen, den Auf- und Ausbau der Wasserstoffwirtschaft in Deutschland aktiv mitzugestalten.[191]

Wasserstoff in der chemischen Industrie

Auch die Chemiebranche hat grünen Wasserstoff für sich entdeckt und macht erste Schritte, um den grauen Wasserstoff aus Erdgas zu ersetzen. Ein Beispiel dafür sind die H&R Ölwerke Schindler in Hamburg, die ihre Spezialöle für die Reifenindustrie, die Kosmetik- und die Lebensmittelbranche bereits mit Wasserstoff aus einem eigenen Elektrolyseur entschwefeln.[192]

Der Konzern BASF setzt vorerst auf türkisen Wasserstoff, der weitgehend klimaneutral über die thermische Spaltung von Methan hergestellt wird. Das dort angewandte Verfahren der Methanpyrolyse benötigt nur ein Fünftel der Energie, die für die Wasserelektrolyse gebraucht wird. Laut BASF werden bei der Herstellung von 1 Tonne türkisem Wasserstoff mit Methanpyrolyse »nur« 10 Millionen Wattstunden Energie verbraucht. Beim grünen Wasserstoff sind es immerhin 55 Millionen Wattstunden. Bei der konventionellen Produktion von grauem Wasserstoff über das Dampfreformierungsverfahren (siehe Kapitel 3.IV »Wichtiges Basiswissen«) werden noch weniger, nämlich nur 6 Millionen Wattstunden gebraucht. Allerdings entstehen dabei 10 Tonnen Kohlendioxid.[193]

Der bei der Pyrolyse – der thermochemischen Spaltung organischer Verbindungen unter Sauerstoffausschluss – anfallende Kohlenstoff könnte in der Aluminium-, Stahl- oder Bauindustrie oder als Graphitersatz für Batteriematerialien eingesetzt werden. Bis das Verfahren aber in einer Produktionsanlage angewandt werden kann, dürfte es wohl noch bis 2030 dauern. BASF sieht sich selbst als Vorreiter der Methanpyrolyse.[194]

Stefan Stückrad vom Institute for Advanced Sustainability Studies ist der Überzeugung, dass türkiser Wasserstoff für den Klimaschutz unverzichtbar sein wird. Er sagt: »Wir brauchen neben der Elektrolyse auch die Methanpyrolyse, weil sie große Mengen an Wasserstoff bereitstellen kann«, und hält die Methanpyrolyse schon in wenigen Jahren für marktreif.[195]

Enorme Mengen Wasserstoff werden vor allem zur Produktion von Grundchemikalien benötigt. Beispielsweise von Methanol, dem Ausgangsstoff von Formaldehyd, das zur Herstellung von Farbstoffen und Medikamenten verwendet wird. Aber auch von Ammoniak, einer der meistproduzierten Chemikalien überhaupt, das überwiegend in der Düngemittelindustrie Verwendung findet.

Power-to-X heißt das Prinzip beziehungsweise SynFuels (eine Abkürzung für »synthetic fuels«, übersetzt: synthetische Kraftstoffe), bei dem Strom in Wasserstoff und dieser dann in ein Synthesegas oder ein synthetisches Rohöl verwandelt wird. Dabei geht es darum, über den abgespaltenen Wasserstoff durch Hinzufügen von CO_2 einen quasi klimaneutralen, künstlichen Treibstoff zu erzeugen. Dessen Vorteil besteht darin, dass dieser auch in allen konventionellen Fahrzeugmotoren verwendet werden kann.[196] Mehr dazu im folgenden Punkt.

Die »grüne« Hoffnung: Power-to-X-Technologien

Power-to-X oder abgekürzt P2X bedeutet aus Strom (»Power«) gespeicherte Energie (»X«) zu machen. P2X lässt sich auf unterschiedliche Weise erzeugen, speichern, transportieren und weiterverarbeiten. Der dabei gewonnene Wasserstoff kann entweder sofort genutzt oder in weiteren Schritten zu E-Fuels oder Ammoniak umgewandelt oder zur Methanol-Erzeugung verwendet werden. Das soll die Industriezweige »dekarbonisieren, deren Prozesse nicht rein elektrisch funktionieren«. Die Power-to-X-

Technologien sollen der Schlüssel sein, »um die Energiewende zu schaffen, echte Sektorkopplung, mehr Unabhängigkeit und mehr Klimaschutz zu erreichen«[197], sagen Experten. Zentrale Themen dabei sind:

- unterschiedliche Herstellungsverfahren
- Anwendungen im Schwerlastverkehr, in der Schiff- und Luftfahrt oder in den Prozessindustrien Stahl und Chemie
- Sicherheitsfragen, Transport und Logistik
- die technisch-ökonomische Bewertung ganzer Lieferketten und deren Geschäftsmodelle im nationalen und internationalen Kontext[198]

Die Wachstumschancen sind enorm. So hat das Beratungsunternehmen Frontier Economics schon vor einiger Zeit errechnet, dass die weltweite Nachfrage nach P2X bis zum Jahr 2050 Größenordnungen von 20 000 Terrawattstunden erreichen könnte. Das entspricht der Hälfte des derzeitigen weltweiten Rohölmarkts. Denn wie schon erwähnt, wird Stahl traditionell in Hochöfen erzeugt, die mit Kohle beziehungsweise Koks betrieben werden und daher erhebliche Mengen Kohlendioxid verursachen. Auf dem Weg zur Klimaneutralität werden in diesen Betrieben P2X-Produkte dringend benötigt, so soll grüner Wasserstoff künftig bei der Erzeugung von klimaneutralem »grünem« Stahl helfen. Auch in der chemischen Industrie ließen sich mithilfe von P2X die zumeist mineralölbasierten Grundstoffe in Zukunft ersetzen.[199]

Das Kopernikus-Projekt P2X

Das Bundesministerium für Bildung und Forschung (BMBF) hat das Kopernikus-Projekt P2X zum Thema grüner Wasserstoff gestartet. Dieses Projekt erforscht, auf welche Weise sich erneuerbare Energie in Gase, Kraftstoffe und Chemikalien umwandeln lassen, sodass diese Stoffe dann beispielsweise im Verkehr, in der Industrie oder zum Beheizen von Gebäuden verwendet werden können. Dadurch sorgt P2X gerade in jenen Bereichen für eine klimafreundliche Energieversorgung, die das Klima derzeit am stärksten belasten:

- Bei dem Verfahren »Power-to-Gas« (Strom zu Gas) entstehen gasförmige Stoffe wie Wasserstoff oder Methan.
- Bei »Power-to-Chemicals« (Strom zu Chemie) werden Chemikalien produziert, die industriell weiterverarbeitet werden.
- Das Ergebnis von »Power-to-Fuel« (Strom zu Sprit) ist ein klimafreundlicher Kraftstoff.[200]

Die im P2X-Projekt untersuchten Wasserstoffelektrolyseure benötigen derzeit große Mengen des seltenen und teuren Metalls Iridium. Deshalb suchen die P2X-Wissenschaftler nach Möglichkeiten, bei der Elektrolyse so wenig Iridium wie möglich zu verwenden, ohne dass das Verfahren dadurch an Effizienz verliert. Ist der Wasserstoff erst produziert, warten etliche Verwendungen auf ihn. So wird danach geforscht, wie beispielsweise Wasserstoff zusammen mit CO_2 zu den in der Chemieindustrie dringend benötigten Polymerbausteinen umgewandelt werden kann. Eine weitere Verwendungsmöglichkeit für grünen Wasserstoff ist die Nutzung als Kraftstoff für Autos, Busse und Lkw. Dementsprechend entwickelt das P2X-Team auch Konzepte für den optimalen Betrieb von Wasserstoff-Tankstellen (siehe Kapitel 4.II »Wasserstoff und Brennstoffzellen im Verkehr«).

Weil Wasserstoff bei hoher Temperatur verbrennt, untersuchen die Partner von P2X zudem, wie man Öfen der Industrie günstig mit Wasserstoff beheizen könnte, und testen dies in einem Unternehmen, das Glas herstellt.[201] Und da Wasserstoff sich nur unter hohem Druck verflüssigt und sich erst dann gut transportieren lässt, was aber kompliziert und teuer ist, erforscht das P2X-Team auch Möglichkeiten, den Wasserstoff zwischenzeitlich an Flüssigkeiten zu binden und so leichter transportieren zu können.[202]

Themen, an denen das Projekt P2X arbeitet

Quelle: Projektträger Jülich im Auftrag des BMBF.[203]

Beim **Synthesegas**, dem Rohstoff für Kraftstoff und Kosmetik, sucht P2X vor allem nach effizienteren Herstellungsverfahren als bisher, denn Synthesegas könnte eine Schlüsselrolle bei der Verkehrswende spielen. So ist bisher nicht abzusehen, wie man in Zukunft **alle** Lkw, Schiffe und Flugzeuge wird ausschließlich elektrisch betreiben können (siehe Kapitel 4 »Wasserstoff in der Praxis«). Aus Synthesegas aber lassen sich Kraftstoffe synthetisch herstellen und damit Kraftstoffe, die die Umwelt deutlich weniger belasten als die derzeit verwendeten. Denn das CO_2, das diese beim Verbrennen ausstoßen, wurde bei der Produktion zuvor aus der Luft gezogen. Doch um allein die gesamte Pkw-Flotte in Deutschland mit klimaneutralem SynFuel zu versorgen, bräuchte man laut Berechnung der *Wirtschaftswoche* jährlich rund 1100 Terawattstunden Grünstrom. Das ist etwa doppelt so viel Strom, wie ihn Deutschland derzeit insgesamt pro Jahr verbraucht.[204]

Außerdem erforscht P2X, wie mithilfe von Mikroorganismen CO_2 in großem Maßstab in Chemikalien umgewandelt werden kann, die beispielsweise die Kosmetikindustrie verwendet, um Cremes und andere Pflegeprodukte herzustellen.[205]

Der Vollständigkeit halber sei angemerkt, dass die Bundesregierung in ihrer Nationalen Wasserstoffstrategie über die oben genannten Bereiche hinaus auch das Militär als Anwendungsbeispiel nennt, ohne allerdings genaue Angaben dazu zu machen.[206]

Kohlekoks ade?

Dass in der energieintensiven Stahlindustrie grüner Wasserstoff mittlerweile als Schlüsselelement zum Erreichen der Klimaziele gehandelt wird, kommt nicht von ungefähr. Denn weltweit ist die Branche für immerhin rund 8 Prozent der CO_2-Emissionen verantwortlich. Der Hauptgrund dafür sind die Kohlekokse, die bei der Stahlreduktion in gigantischen Mengen verfeuert werden. So gehen für jede Tonne Stahl knapp 2 Tonnen CO_2 in die Atmosphäre.[207]

Doch die gute Nachricht ist, dass sich der Koks durch Wasserstoff ersetzen lässt. Das hat Thyssenkrupp in Essen bereits erfolgreich getestet. Pionier in diesem Bereich ist allerdings die Salzgitter AG, die bereits 2016 ein entsprechendes Pilotprojekt auf den Weg gebracht hat. Im Sommer 2020 nahm das Unternehmen in seinem Hüttenwerk Salzgitter einen Elektrolyseur mit 720 Kilowatt in Betrieb, und bis Ende 2022 will es die erste Eisenerz-Direktreduktionsanlage fertigstellen, die flexibel mit Erdgas und Wasserstoff betrieben werden kann. Solange grüner Wasserstoff noch nicht in ausreichenden Mengen verfügbar ist, kann die Anlage also überwiegend mit Erdgas betrieben werden, wodurch sich die CO_2-Emissionen mehr als halbieren lassen. Wird das Erdgas dann Schritt für Schritt vollständig durch grünen Wasserstoff ersetzt, soll der Kohlendioxidausstoß um 95 Prozent gesenkt werden. Bis 2050 will die Salzgitter AG schließlich ihre komplette Stahlproduktion mit Wasserstoff bewältigen.[208]

Alles hat seinen Preis

Das scheinen gute Zukunftsperspektiven zu sein. Leider müssen wir aber noch einmal auf die Kosten dieser gigantischen Transformation zurückkommen: Die Wirtschaftsvereinigung Stahl kalkuliert mit 30 Milliarden Euro, um in den nächsten 40 Jahren allein sämtliche Stahlwerke in Deutschland umweltfreundlich umzurüsten. Und noch etwas, das bei aller Euphorie schnell vergessen wird: Mit dem Einsatz von Wasserstoff werden sehr wahrscheinlich auch die Stahlproduktionskosten steigen. Nach einer Studie von Agora Energiewende wäre eine Tonne grüner Stahl voraussichtlich zwei Drittel bis doppelt so teuer wie der konventionelle von heute. Experten diskutieren deshalb schon einen erhöhten CO_2-Preis auf diese Produkte.[209] Das bedeutet im Klartext, dass auch der Verbraucher dafür herhalten müssen wird.

Auch wenn zukünftig die Mengen des begehrten H_2 steigen und die Preise sinken werden, sollten wir uns nichts vormachen: Grüner Wasserstoff wird dennoch teurer sein als sein fossiler Vorgänger. Laut der Studie von Agora Energiewende wären zusätzliche 74 Terawattstunden erforderlich, um die hiesige Stahlbranche zu dekarbonisieren. Das entspricht knapp einem Drittel des Ökostroms, der aus Wind, Sonne, Wasser und Biomasse in Deutschland gewonnen wird.[210]

Die Chemiebranche selbst rechnet für eine komplette Klimaneutralität bis 2050 mit einem nahezu explosionsartigen Anstieg des Energiebedarfs: von 54 auf 628 Terawattstunden. Das ist mehr, als 2020 in ganz Deutschland an Strom produziert wurde.[211]

II. Wasserstoff und Brennstoffzellen im Verkehr

Solange der elektrische Batterieantrieb im Auto von »Experten« noch als die energieeffizientere und kostengünstigere Variante betrachtet wird (siehe Kapitel 2 »Das Märchen vom E-Auto«), könnte Wasserstoff zumindest überall dort zum Tragen kommen, wo die großen und schweren Akkus an ihre Grenzen stoßen: nämlich im Schwerlastverkehr an Land, zu Wasser und in der Luft.

Laut Umfragen macht nicht die E-Mobilität, sondern Wasserstoff das Rennen

Für den Privatverbraucher dürfte der aktuelle Stand bei der Entwicklung von Wasserstoffautos interessant sein. Denn Umfragen von *mobile.de* mit YouGov Deutschland ergaben schon vor Monaten, dass 32 Prozent der Deutschen mit einem Wasserstoffauto fahren möchten. Viele deutsche Verbraucher setzen in der Zukunft also weder auf das E-Auto, noch auf den Verbrenner, sondern auf Brennstoffzelle und Wasserstoffantrieb.[212] Eine Umfrage von Civey für das Magazin *Der Spiegel*, ermittelte sogar einen Anteil von 39 Prozent unter den deutschen Autofahrern, der sich für einen Wasserstoffantrieb entscheiden würde.[213] Die seit Jahren von der Politik und den GEZ-Medien favorisierte Elektromobilität hingegen betrachteten nur 14,8 Prozent der Befragten als Technik der Zukunft. Dem Verbrenner räumten immerhin 13,9 Prozent, dem Hybrid 11,5 Prozent und dem Diesel nur noch 5,8 Prozent Zukunftschancen ein. Weit abgeschlagen ist Gas mit gerademal 1,8 Prozent.[214]

Doch mit dem Toyota Mirai, dem Hyundai Nexo und dem Opel Vivaro-e Hydrogen (siehe unten) sind bisher nur wenige Wasserstoff-Serienfahrzeuge in Deutschland erhältlich. Wird das in Zukunft so bleiben?

Brennstoffzellenfahrzeuge

Ein Brennstoffzellenfahrzeug wird heute als mögliche Ergänzung oder Alternative zum Elektroauto gehandelt und zwar mit diesen Vorteilen:

- Die Brennstoffzelle erzeugt aus Wasserstoff emissionsfreien Strom.
- Die Brennstoffzelle hält länger als ein herkömmlicher Akku.
- Brennstoffzellenfahrzeuge lassen sich genauso schnell oder sogar schneller als ein Benziner betanken.
- Da Brennstoffzellen leichter sind als Batterien, könnten sie auch in Lkw oder Bussen für den Fernverkehr zum Einsatz kommen, wo reine Batteriefahrzeuge bislang an ihre Grenzen stoßen.[215]
- Die Reichweite bei Brennstoffzellenfahrzeugen ist höher.[216]
- Wasserstoff ist ein guter Energieträger. Der Brennwert von einem Kilogramm ist mit 33 Kilowattstunden dreimal so hoch wie der Energiegehalt von einem Liter Diesel oder Benzin.[217]

- Wasserstoff kann beliebig lange gelagert werden, seine Ressourcen sind im Grunde unendlich.[218]

Aufbau einer Brennstoffzelle

Die einzelne Zelle ist die kleinste Untereinheit einer Brennstoffzellen-Einheit (Fuel Cell). Sie besteht aus einer Elektrolytmembran, einer negativen und einer positiven Elektrode sowie zwei Separatoren. Insofern gehören Brennstoffzellen zu den galvanischen Zellen.

»Eine einzige Brennstoffzelle erzeugt nur elektrische Energie von einem Volt. Das reicht nicht aus, um ein Auto zu bewegen. Deshalb sind für den Fahrzeugantrieb mehrere Hundert Brennstoffzellen notwendig. Sie bilden zusammen eine Brennstoffzellen-Einheit, den Fuel Cell Stack.«[219] Die Fuel Cell (Brennstoffzelle) wird nicht nur in der Autoindustrie genutzt, sondern kann ebenso Gebäude mit Wärme und Strom versorgen.

»Eine Brennstoffzelle erzeugt elektrische Energie durch ein chemisches Verfahren. Die Basiselemente dieses Prozesses sind Wasserstoff und Sauerstoff. Der Wasserstoff gelangt zur negativen Elektrode, wo er auf einem Katalysator aktiviert wird. Elektronen setzen sich frei und wandern zur positiven Elektrode. Dabei entsteht ein elektrischer Strom.«[220] Durch die Abgabe der Elektronen verwandeln sich die Wasserstoffatome in Wasserstoffionen, die durch die Polymer-Elektrolyt-Membran zur negativen Elektrode fließen. Dort entsteht dann aus Sauerstoff, Wasserstoffionen und Elektronen durch eine chemische Reaktion Wasser.

Funktion eines Brennstoffzellen-Autos

Der Antrieb eines Wasserstofffahrzeugs funktioniert vereinfacht dargestellt so:

1. Außen am Unterboden des Fahrzeugs befinden sich drei spezielle Tanks, die Wasserstoff speichern.
2. Über eine Leitung gelangt dieser in die Brennstoffzelle und reagiert dort mit Sauerstoff.
3. Der Sauerstoff gelangt durch große Lufteinlässe in den Verdichter.
4. Durch eine chemische Reaktion namens »kalte Verbrennung« entsteht an der Brennstoffzellenmembran die nötige Elektrizität für den elektrischen Antrieb des Autos.
5. Eine Hochvoltbatterie speichert zusätzlich Bremsenergie und setzt diese bei Überholmanövern ein.[221]

Die Idee hinter einer Brennstoffzelle ist also eine Umkehrung der Elektrolyse. Durch diesen chemischen Prozess wird elektrische Energie erzeugt, die den Elektromotor betreibt. Der Unterschied zum batteriebetriebenen E-Auto besteht darin, dass bei Brennstoffzellenfahrzeugen keine Energie gespeichert, sondern lediglich umgewandelt wird.[222]

Daraus ergeben sich weitere Vorteile:

- In der Brennstoffzelle reagieren Wasserstoff und Sauerstoff, somit sind die einzigen Erzeugnisse Elektrizität, Wärme und Wasser.
- Bis auf etwas Wasserdampf ist ein mit Wasserstoff betriebenes Auto emissionsfrei und deshalb sehr umweltfreundlich.[223]

Doch es gibt natürlich ebenso Nachteile. Einer davon ist, dass die tatsächliche Energiebilanz der Wasserstoff-Brennstoffzelle (noch) schlecht und der Wirkungsgrad noch gering ist, weil sich der Rest der Energie bei Lagerung, Transport und weiteren Prozessen verliert.[224] Dieses Manko gilt es durch neue Forschungen und Entwicklungen zu beseitigen. Audi hat hierfür schon ein Konzept gefunden. (Siehe auch Unterkapitel 4.II »Und die deutschen Autobauer?«).

In Fernost wird die Technologie der Brennstoffzellen- oder Wasserstofffahrzeuge schon seit Jahrzehnten aktiv vorangetrieben (siehe Unterkapitel 4.II »Vorreiter Fernost«). Besonders **Toyota** hat sich der Brennstoffzelle verschrieben. Am Beispiel des japanischen Autobauers, der nach fast 20 Jahren Forschung bereits Ende 2014 mit dem Modell Mirai die erste Generation seiner Wasserstofflimousine auf den Markt gebracht hat, möchte ich einige wichtige Fragen zum Wasserstoffauto beantworten und erlaube mir, hierzu Toyota ausführlich zu zitieren. Es geht dabei nicht um Schleichwerbung oder dergleichen, und ich bekomme von Toyota auch kein Geld, doch dieser Autobauer ist mit seinem **Modell Mirai** nun mal ein Pionier und deshalb **ein gutes Beispiel.**

Die Toyota-Kurzfassung lautet: »Der Mirai unterscheidet sich im alltäglichen Gebrauch kaum von einem Auto mit Verbrennungsmotor. Er tankt lediglich Wasserstoff statt Benzin und besitzt keinen Verbrennungsmotor, sondern einen leistungsstarken Elektromotor. Die Brennstoffzelle benötigt Wasserstoff, um Energie für den Elektromotor herzustellen. Dabei entsteht als Emission lediglich Wasserdampf. Zwei speziell entwickelte Tanks außerhalb des Innenraums des Toyota Mirai speichern den Wasserstoff. Die Brennstoffzelle im Auto wandelt ihn dann in elektrische Energie um.«[225]

Den **Unterschied zwischen einem E-Auto und einem Brennstoffzellenauto** erläutert Toyota folgendermaßen: »Ein batterieelektrisches Auto wird von Strom aus einer Batterie angetrieben, die aufgeladen werden muss, wenn sie leer ist. Ein Wasserstoff-Brennstoffzellen-Fahrzeug wie der Toyota Mirai dagegen produziert seinen eigenen Strom durch eine chemische Reaktion in der Brennstoffzelle. Der Mirai lässt sich wie ein konventioneller Benziner in weniger als 5 Minuten über eine Zapfsäule mit Wasserstoff betanken. Er bietet eine beeindruckende Fahrleistung und legt problemlos auch lange Strecken zurück, wobei er nichts als Wasser emittiert. [...] Die neueste Generation von Wasserstoff-Brennstoffzellen-Autos kann längere Strecken zurücklegen als viele andere elektrisch angetriebene Autos. So schafft der neue Toyota Mirai mit nur einer Tankfüllung Wasserstoff 650 Kilometer – komplett emissionsfrei.«[226] Und: »Der Antrieb des Mirai besitzt neben der Brennstoffzellen-Einheit eine leistungsstarke Batterie. Der Mirai ist daher ein Hybridfahrzeug mit einem Antrieb, der eine Brennstoffzellen-Einheit und eine Batterie miteinander kombiniert. Die Batterie unterstützt beim Anfahren und Beschleunigen den Brennstoffzellen-Antrieb.«[227]

Sind Wasserstoffautos teuer im Unterhalt?

Zu dieser Frage äußert sich Toyota folgendermaßen: »Mit vergleichbaren Tank- und Versicherungskosten unterscheiden sich die laufenden Betriebskosten für Wasserstoff-Brennstoffzellen-Fahrzeuge kaum von denen für konventionelle Benziner oder Dieselautos. Da sie komplett emissionsfrei fahren, gibt es für Autos wie den Toyota Mirai aber eine Reihe von staatlichen Fördermöglichkeiten, von Vergünstigungen bei der Dienstwagenbesteuerung oder der Kfz-Steuer bis hin zu freier Fahrt in Umweltzonen oder auf Umweltspuren. Wenn man zudem die niedrigeren Wartungskosten berücksichtigt und einbezieht, dass die Preise für Wasserstoff in Zukunft sinken dürften, lässt sich mit einem Brennstoffzellen-Auto ordentlich Geld sparen.«[228]

Wie lange halten Wasserstoffbrennzellen?

»In Sachen Haltbarkeit«, so liest man bei Toyota, gebe es »keinen Unterschied zwischen einem wasserstoffbetriebenen Auto und einem konventionellen Benziner oder Dieselfahrzeug. Die Brennstoffzelle im Toyota Mirai hält die gesamte Fahrzeuglebensdauer über. [...] Für sorgenfreies Fahren gewährt Toyota eine Haltbarkeitsgarantie für 100 000 km und sorgt über das Rücknahmesystem dafür, dass Brennstoffzellen am Ende ihrer Lebensdauer entweder einer Zweitnutzung zugeführt oder sicher und verantwortungsvoll entsorgt werden.«[229]

Sind Wasserstofffahrzeuge sicher?

»Brennstoffzellen-Autos sind«, so Toyota zu diesem Thema, »genauso sicher wie konventionelle Fahrzeuge. Toyota hat seine wasserstoffbetriebenen Fahrzeuge über viele Jahre hinweg unter extremen Bedingungen und Temperaturen getestet, um sicherzustellen, dass sie ebenso sicher und zuverlässig sind wie alle anderen Toyota-Modelle. Die mehrschichtigen Wasserstofftanks des Toyota Mirai sind beispielsweise so stabil, dass ihnen selbst eine aus nächster Nähe abgeschossene Kugel nichts anhaben kann. Das ist wahre Sicherheit. Wasserstoff selbst ist sauber, sicher und überall in unserer Umgebung zu finden. Er macht 70 Prozent der gesamten Materie im Universum aus und ist in der Handhabung tatsächlich sogar sicherer als Benzin oder Diesel.«[230]

Und weiter: »Experten erprobten in unzähligen Fahrversuchen die Sicherheit der Fahrzeuge, bevor Autos mit Brennstoffzelle in Serie gingen. Sie legten dabei Millionen von Kilometern zurück. [...] Wasserstoff ist ein gasförmiges Element mit speziellen Eigenschaften. Sowohl beim Tanken als auch beim Fahren besteht keine Gefahr. Das gilt auch bei Unfällen. Obwohl ein Leck im Tank sehr unwahrscheinlich ist, erkennen Sensoren den möglichen Austritt von Wasserstoff. Das Fahrzeug schaltet dann automatisch ab, und sämtliche Sicherheitsventile schließen sich. Als dritte Sicherheitsebene ist der Innenraum komplett vom Wasserstoff-System getrennt. Das verhindert den Eintritt des gasförmigen Elements in den Fahrgastraum. Freigesetzter Wasserstoff steigt aufgrund seiner geringen Dichte schneller als jedes andere Gas in die Atmosphäre auf. Ein Ventil für Überdruck bläst bei hohen Temperaturen, die durch einen Brand nach Unfall entstehen können, den Wasserstoff ins Freie.

Die Tanks befinden sich in einer T-Anordnung im Unterboden. Zwei der drei Tanks sind im Bereich der Hinterachse platziert und ein Tank im Unterbodentunnel, somit gut geschützt. Er besteht aus einer robusten Außenschale, die aus einem Kohlefaserverbundwerkstoff besteht. Darüber befindet sich ein aus Fasern verstärkter Kunststoff. So sind Beschädigungen sofort erkennbar. Der Tank ist einerseits gegen Druck von innen und außen sowie gegen Feuer widerstandsfähig.«[231]

Und schließlich über die **Sicherheit beim Tanken**:

»Beim Tanken von Benzin oder Diesel tropft unter Umständen etwas Kraftstoff daneben. Wie ist das beim Tanken von Wasserstoff? Während des Tankvorgangs sorgen Schutzmaßnahmen für die nötige Sicherheit. Das Zapfventil am Zapfsäulenschlauch verfügt über eine mechanische Sicherung. Sie garantiert eine optimale Kopplung mit dem Einfüllstutzen des Fahrzeugs. Der Tankvorgang beginnt erst, wenn die Sicherung ordnungsgemäß einrastet. Durch Druckimpulse lassen sich mögliche Lecks im System zwischen Zapfsäule und Brennstoffzellenauto identifizieren. Bei einer

Störung stoppt der Tankvorgang sofort. Infrarot-Sensoren in den Wasserstofftanks sowie an Zapfventil und Pumpe kontrollieren beim Tanken kontinuierlich die Temperatur. Dadurch ist die genaue Steuerung der Füllmenge bei der Zufuhr von Wasserstoff möglich. Steckt der Schlauch zum Betanken noch im Fahrzeug, bewegt sich das Brennstoffzellenauto keinen Meter vorwärts. Eine Weiterfahrt ist erst dann möglich, wenn der Fahrer das Zapfventil abnimmt und den Tankdeckel schließt.«[232]

Nicht zu vergessen ist, dass das Modell Mirai rund 64 000 Euro kostet.[233]

Vorreiter Fernost

Vorreiter im Bau von Wasserstoffautos ist nach wie vor Fernost. Der bisher größte Markt für H_2-Fahrzeuge ist Südkorea. 2021 lag das kleine asiatische Land sogar vor den gigantischen Märkten wie den in den USA oder China. Dank der beherrschenden Stellung von Hyundai und durch die gut ausgebaute Infrastruktur hat Korea einen Anteil von 55 Prozent am weltweiten Absatz von Wasserstoffautos. Die Verkäufe stiegen von 5800 Stück im Jahr 2020 auf etwas mehr als 8500 im vergangenen Jahr. Fast alle Hyundai Nexo werden in Korea verkauft (92 Prozent der weltweiten Nexo-Verkäufe).[234] Wie *kreiszeitung.de* berichtet, teilen sich bislang der japanische Autohersteller Toyota und der südkoreanische Autohersteller Hyundai 98 Prozent des gesamten Wasserstoffautomarktes.[235]

Im Juli 2022 gab Hyundai allerdings bekannt, es würde die Produktion der zweiten Generation des Nexo-Wasserstoff-SUV auf 2024 verschieben. Einem Bericht der *Seoul Economic Daily* zufolge sollen dafür Probleme bei der Entwicklung der Brennstoffzelle des Fahrzeugs verantwortlich sein. Der südkoreanische Automobilhersteller hatte ursprünglich geplant, die Produktion und den Verkauf der Neuauflage in der zweiten Hälfte des Jahres 2023 zu starten. Dies wird jedoch jetzt nicht möglich sein.[236]

Analysen zufolge könnte dies darauf hindeuten, dass der Konzern sein Geschäft mit Wasserstoff-Personenfahrzeugen aufgrund der fehlenden Nachfrage nach E-Fahrzeugen mit Wasserstoffantrieb neu bewertet. Ein Problem sei auch die fehlende Tankstellen-Infrastruktur für solche Brennstoffzellen-Autos.[237]

Die nackten Zahlen besagen, dass Hyundai zwischen Januar und Mai 2022 nur 3978 Nexos in Südkorea ausgeliefert und lediglich 120 exportiert hat. Rund 6000 Einheiten werden jedes Jahr im Hyundai-Werk in Ulsan hergestellt und in ausgewählte Märkte in Europa, Asien und Nordamerika exportiert.[238]

Ebenso wie Südkorea hat auch die Regierung in Tokio ehrgeizige Ziele. Sie will Wasserstoff zum Energieträger der Zukunft machen und investiert hohe Summen in diesbezügliche Projekte sowie den Ankauf von Wasserstoffautos. Auf diese Weise will Japan bis zum Jahr 2030 rund 800 000 Brennstoffzellen-Fahrzeuge auf die Straßen bringen.[239]

Japans großer Nachbar **China** steht in der Verbreitung der Brennstoffzelle ebenso wenig nach. Schon im Jahr 2018 steckte der chinesische Staat 11 Milliarden Euro in die Förderung dieser Technologie.[240] Jahr für Jahr werden es mehr, und das Reich der Mitte könnte in ein paar Jahren zu einem globalen Wasserstoffriesen werden. Die Ziele sind jedenfalls sehr hoch gesteckt (siehe Kapitel 6.XII »China: Der Wasserstoffgigant erwacht«).

Europa zieht beim Thema Wasserstoffauto nach

Nach Daten von JATO Dynamics wurden im Jahr 2021 weltweit 15 500 wasserstoffbetriebene Autos verkauft (FCEVs), was im Vergleich zu den Absatzzahlen mit anderen Antriebssystemen extrem wenig ist. Doch die Zahlen steigen unaufhaltsam an. Gegenüber den Werten von 2020 legte die Nachfrage um 84 Prozent zu und gegenüber jenen von 2019 – also vor der Pandemie – stieg die Nachfrage sogar um 103 Prozent.[241]

Die bisher eher geringen Verkäufe halten verschiedene Hersteller aber nicht davon ab, große Pläne in Sachen Wasserstoff zu schmieden. So hat Toyota 2021 die zweite Mirai-Generation eingeführt, und auch Kia hat für 2028 ein Wasserstofffahrzeug angekündigt.[242] Mit dem Citroën E-Jumpy, den Stellantis-Midi-Vans und dem Peugeot e-Expert kommen nach und nach auch Hydrogenversionen anderer Hersteller auf den Markt.[243] In der Designstudie Scenic Vision zeigte Renault zudem ein Familienfahrzeug mit Batterie-Brennstoffzellen-Antrieb.[244]

Im Oktober 2022 soll die Serienversion der H_2-Limousine **Hopium Machina**, die in der Fachpresse schon als »Wasserstoff-Tesla« bezeichnet wird, vorgestellt werden. Das französische Start-Up Hopium verspricht 500 PS Leistung, mit denen es Tesla angreifen will, wobei Hopium übrigens zur Hydrogen Motive Company gehört.[245] Dieser Wagen soll eine Höchstgeschwindigkeit von 230 Stundenkilometern erreichen, der Tank in nur 3 Minuten komplett mit Wasserstoff befüllbar sein und eine Reichweite von 1000 Kilometern haben, versprechen die Hersteller.[246]

Der Prototyp wurde in nur 8 Monaten fertiggestellt und die Premiere des Serienmodells noch für 2022 auf dem Pariser Autosalon angekündigt. In Produktion gehen sollen die ersten Limousinen allerdings erst im Jahr 2025. Der Preis für das Fahrzeug soll bei stolzen 120 000 Euro liegen. Bis 2030 will Hopium 8000 Exemplare pro Jahr verkaufen, der Umsatz soll bis dahin 1 Milliarde Euro betragen.[247]

Und die deutschen Autobauer?

Als **Mercedes** im Jahr 1994 den ersten Brennstoffzellen-Prototyp Necar präsentierte, lag die Fachwelt dem Auto zu Füßen. Doch die erhoffte Wasserstoffrevolution auf deutschen Straßen blieb aus, sodass das Brennstoffzellen-Auto jahrelang nur in einer Kleinserie herauskam. Ende 2018 erschien dann das erste Serienfahrzeug, der Geländewagen GLC F-Cell, auf dem Markt, der aber bald wieder auslief.[248]

Mitte der 2000er-Jahre versuchte es Konkurrent **BMW** mit dem Hydrogen 7. Politiker und Entscheidungsträger, die ihn monatelang Probe fahren durften, waren begeistert. Aber auch dieses BMW-Wasserstoffauto setzte sich nicht durch.[249] Rund 20 Jahre später legt BMW jetzt mit dem **BMW iX5 Hydrogen** nach.[250] Dazu gab BMW die Erklärung: »Die integrierte Funktionserprobung und Absicherung des Brennstoffzellen-Systems, der Wasserstoff-Tanks, der Leistungspuffer-Batterie und des zentralen Fahrzeug-Steuergeräts machen deutlich, dass diese zusätzliche Option für CO_2-freie Mobilität auch bei extremen Minustemperaturen zuverlässig für nachhaltige Fahrfreude mit hohem Komfort und uneingeschränkter Leistung sorgen kann.«[251]

Die Fahrtests am Polarkreis begannen im Frühjahr 2022. Im Laufe des Jahres soll eine Kleinserie dieses Modells produziert werden. BMW-Chef Frank Weber sagte: »Die Wintererprobung unter Extrembedingungen zeigt deutlich, dass der BMW iX5 Hydrogen auch bei Temperaturen von minus 20 Grad die volle Performance bietet und damit eine valide Alternative zum BEV [Batterie-Elektroauto/MGR] darstellt. Um unseren Kunden mit einer Brennstoffzelle ein attraktives Angebot für nachhaltige Mobilität machen zu können, ist auch eine ausreichende Wasserstoff-Infrastruktur erforderlich.«[252] Auch die Reichweite des Antriebsystems bleibe »bei klirrender Kälte« uneingeschränkt erhalten, und das Auffüllen der Wasserstofftanks nehme selbst im tiefen Winter nur 3–4 Minuten in Anspruch.[253]

Das Antriebssystem des BMW iX5 Hydrogen kombiniert die Brennstoffzellen-Technologie mit einem Elektromotor. Der Wasserstoff wird in zwei 700-bar-Tanks aus karbonfaserverstärktem Kunststoff gespeichert, die Brennstoffzelle wandelt den Wasserstoff dann in Strom um, sodass eine Leistung von 170 PS erreicht werden kann. Da der Elektromotor aber zusätzlich die in einer Leistungsbatterie gespeicherte Energie nutzen kann, steht insgesamt eine Systemleistung von 374 PS zur Verfügung. Als einzige Emission beim Betrieb setzt die Brennstoffzelle Wasserdampf frei. Ihre Abwärme nutzt das Fahrzeug zum Aufheizen des Innenraums. Ob BMW die Wasserstoffautos auch in Großserie bauen wird, bleibt abzuwarten.[254]

Anfang Juli 2022 verlieh der Automobilclub KS e.V. **Opel** für das wegweisende Konzept (hohe Reichweite, Null-Emissionen, kurzer Tankstopp), das der Autohersteller mit dem **Vivaro-e HYDROGEN** vorgelegt hatte, den KS Energie- und Umweltpreis 2022, der unter der Schirmherrschaft des Bundesministeriums für Wirtschaft und Klimaschutz steht. Der Vivaro-e HYDROGEN kann bis zu 400 Kilometer emissionsfrei fahren. Opel will seine Technologie ab 2024 auch auf große Lieferwagen ausbauen.[255] Darüber hinaus verfügt der elektrisch fahrende Vivaro-e HYDROGEN über einen

Wasserstoff-Brennstoffzellen-Antrieb mit zusätzlicher Lithium-Ionen-Batterie. Die 700-bar-Wasserstoff-Tanks sitzen im Unterboden, die bei Lastspitzen unterstützende Lithium-Ionen-Batterie (10,5 Kilowattstunden) befindet sich unter den Vordersitzen. Das Auftanken mit Wasserstoff dauert ebenfalls nur 3 Minuten.[256]

In 2 Jahren will Opel noch ein größeres Modell herstellen. Dann soll die Produktionskapazität von aktuell 1000 auf dann 10 000 Stück hochgefahren werden. Mit der Entwicklung von Wasserstoff-**Pkw** will der Hersteller aber erst abwarten, wie sich der Markt und die Gesamtsituation entwickeln.[257]

Wegen der aktuellen Kosten und des bisherigen technischen Aufwands beim Tanken legt **Volkswagen** bislang noch Zurückhaltung bei der Brennstoffzellen-Technik an den Tag.[258] Doch *Business Insider* berichtete im März 2022, dass Volkswagen parallel zur E-Mobilität im Stillen an der Brennstoffzelle mit Wasserstoffantrieb weiterarbeite. Das belege ein quasi heimlich angemeldetes Patent (siehe unten).[259] Pikant dabei ist allerdings, dass sich der VW-Chef öffentlich gegen die Brennstoffzellen-Lösung ausgesprochen hat: »Das Wasserstoff-Auto ist nachgewiesen NICHT die Klimalösung. Im Verkehr hat sich die Elektrifizierung durchgesetzt.«[260]

Im Widerspruch zu diesem negativen Statement Europas treibt auch Deutschlands größter Autobauer den Ausbau der Wasserstofftechnologie voran.[261] Denn ob die E-Mobilität mittelfristig die dominante Antriebsform darstellen wird, steht in den Sternen. Zwar kommen immer mehr Stromer auf die Straßen, aber im Hintergrund arbeitet die Autoindustrie schon längst an anderen zukunftsfähigen Energieträgern. Überdies scheint die VW-Chefetage das Thema Wasserstoff etwas anders als ihr Chef zu sehen, denn zusammen mit dem sächsischen Unternehmen Kraftwerk

Tubes GmbH hat der Konzern das Patent für eine spezielle Brennstoffzelle angemeldet. Volkswagen lässt sich diesen Weg also offen und treibt die Wasserstofftechnologie sehr wohl voran.[262]

Die von VW initiierte Technologie weist einen markanten Unterschied zu den Mitbewerbern auf: Statt der üblichen **Kunststoff**membran, die Hyundai und Toyota verwenden, setzt VW auf eine **Keramik**membran. Die Wolfsburger Firma ist im Moment der einzige Hersteller von Keramikmembranen, die so konzipiert sind, dass die Brennstoffzelle schnell gestartet werden kann. Im Vergleich zur »polymeren« Brennstoffzelle sind die Produktionskosten dieser Brennstoffzelle niedriger und man kann auf Platin verzichten, was ein Marktvorteil sein dürfte.[263]

Die zum VW-Konzern gehörende Marke **Porsche** glaubt ebenfalls an den grünen Kraftstoff und entwickelt bereits eine Wasserstoffalternative zum E-Auto. Der Porsche-Chef sprach sogar von einem »Milliardenmarkt«, auch wenn es noch einige Jahre dauern werde, bis Wasserstoff als Mobilitätsoption in der Breite verfügbar sein dürfe.[264]

Mit Blick auf die Premiummobilität im Jahr 2025 arbeitet **Audi** auf eine besondere Weise an der emissionsfreien Mobilität der Zukunft – und zwar mit dem **Audi h-tron quattro concept**. Dieses Konzept soll ein Auto kreieren, das rein elektrisch mit Wasserstoff als Energiequelle fährt, aber in nur 4 Minuten vollgetankt ist. Als Antrieb dient auch hier eine Brennstoffzelle, die Strom aus Wasserstoff erzeugt, wobei Audi den Wasserstoff in einer Power-to-Gas-Anlage mithilfe von Ökostrom, also CO_2-neutral, selbst herstellen kann. Damit macht das Unternehmen einen ungewöhnlichen Vorschlag für die Mobilität der Zukunft.[265] Dazu heißt es bei Audi: »In Sachen Wirkungsgrad überholt die Brennstoffzelle jeden konventionellen Verbrennungsmotor, aus dem Auspuff kommen nur ein paar Tropfen Wasser.«[266] Außerdem liege »der gesteigerte Wirkungsgrad von über 60 Prozent [...] weit über dem Niveau eines Verbrennungsmotors«.[267]

Die fünfte Generation der Brennstoffzellen-Technologie von Audi verwendet sehr leichte Materialien. Die drei Wasserstofftanks des Audi h-tron befinden sich platzsparend unter der Passagierzelle beziehungsweise dem Gepäckraum. Bei 700 bar Druck speichern sie etwa 6 Kilogramm Wasserstoff, der für bis zu 600 Kilometer Reichweite sorgen soll.[268] Entscheidend für eine hohe Reichweite soll die Effizienz und Aeroakustik sein. Zu den Detailmaßnahmen zählen Kameras als Ersatz für die Außenspiegel und Aerodynamikelemente an Flanken, Unterboden und Heck, die bei höherem Tempo für eine verbesserte Umströmung sorgen und so ebenfalls auf das Effizienzkonto des Audi h-tron quattro concept einzahlen. Die Effizienz erhöhen auch eine Wärmepumpe zur Klimatisierung des Innenraums und das große Solardach mit einer Leistung von maximal 320 Watt – für jährlich bis zu 1000 Kilometer mehr Reichweite. Der Audi h-tron quattro concept integriert außerdem alle Technologien für das pilotierte Fahren beim Einparken oder im Stop-and-Go-Verkehr auf Autobahnen bis 60 Stundenkilometer.[269]

Im Oktober 2021 – also vor knapp einem Jahr – hatte das noch ganz anders ausgesehen. Damals bekräftigte Audi-Chef Markus Duesmann der *Auto Zeitung* gegenüber den Fokus seiner Firma auf Elektroautos. In 12 Jahren solle die komplette Audi-Palette elektrisch sein, ab 2026 würden neue Modelle nur noch mit Elektroantrieb auf den Weltmarkt gebracht werden. Damals sah Duesmann die Zukunft in rein batteriebetriebenen Pkw, nicht in Plug-in-Hybriden oder Wasserstoff-Brennstoffzellen-Stromern.[270] Zum Thema wasserstoffbetriebene Brennstoffzellen-Technologie, die von einigen Autobauern weiter forciert werde, sagte er, es gebe auf der Welt nicht ausreichend grünen Wasserstoff, und wenn doch, so würde er diesen eher in der Stahlproduktion einsetzen. Bei Audi sehe man unter den aktuellen Voraussetzungen jedenfalls kein wesentliches Einsatzgebiet für die Brennstoffzelle im Pkw.[271] Duesmann wörtlich: »Sie brauchen eine große Menge an Grünstrom, den Sie zunächst in Wasserstoff umwandeln, um dann im Auto wieder Grünstrom daraus zu machen und diesen in Bewegungsenergie umzuwandeln. Das ist für mich als Ingenieur schlicht absurd.«[272] Doch was interessiert mich mein Geschwätz von gestern?

Im Frühjahr 2022 stellte das **Deutsche Zentrum für Luft- und Raumfahrt** (DLR) ein Hybrid-Wasserstoffauto vor, das die Reichweitenrevolution für emissionsfreies Fahren bedeuten könnte. Das **Interurban Vehikel** (IUV), ein mit Wasserstoff betriebener Brennstoffzellen-Stromer, soll emissionsfreies Fahren über Strecken von ebenfalls bis zu 1000 Kilometern ermöglichen. Der Brennstoffzellen-Plug-in-Hybrid, der eine Brennstoffzelle mit einem Wasserstofftank und einer Batterie kombiniert, könnte also für das Reichweitenproblem emissionsfreier Fahrzeuge eine Lösung darstellen.[273]

Der Vorteil des IUV liegt in seinem Gewicht: Durch die Kombination unterschiedlicher Leichtbausätze wiegt er mitsamt der Energiespeicher im leeren Zustand weniger als 1600 Kilogramm und damit rund ein Viertel weniger als aktuell in diesem Fahrzeugsegment üblich. Der Hybrid kombiniert eine 45-Kilowatt-Brennstoffzelle, einen 700-bar-Wasserstoff-Drucktank und eine Batterie mit einer Kapazität von 48 Kilowattstunden. Seine E-Motoren mit einer Gesamtleistung von 185 PS sorgen für eine Geschwindigkeit von bis zu 180 Stundenkilometern. Einen konkreten Zeitplan für Entwicklung und Serienreife gibt es allerdings noch nicht.[274]

Anfang Juli 2022 gab der Fahrdienstleister **Uber** bekannt, dass er in Deutschland stärker auf Elektro- und Wasserstoffflotten setzen will. Damit wäre das Unternehmen der Pionier auf dem Gebiet der professionellen Personenbeförderung. Insgesamt beobachtet Uber eine zunehmende Nachfrage nach grüner Mobilität. Seit 2019 habe sich die Zahl der Buchungen verdoppelt.[275] Nun plant Uber eine Reduzierung der Servicegebühr für Elektrofahrzeuge und will in Deutschland bis 2025 rund 5 Millionen Euro in nachhaltige Mobilität investieren. Das Unternehmen hatte sich bereits 2021 in einem globalen Commitment selbst dazu verpflichtet, bis 2040 eine emissionsfreie Plattform zu werden. Das bedeutet, nur noch lokal emissionsfreie Pkw, Mikromobilität oder Fahrten mit öffentlichen Verkehrsmitteln zu vermitteln. Für Europa gilt dieses Ziel bereits bis 2030.[276]

Der Flottenpartner von Uber, **Safedriver Ennoo**, testet auf der Uber-Plattform bereits den Einsatz von Fahrzeugen mit Brennstoffzellen-Technologie. Das Unternehmen verfügt jetzt schon über rund fünfzig Fahrzeuge in sechs deutschen Städten, will aber noch weiter investieren. So soll bis Ende Dezember 2022 die landesweit größte Flotte von siebzig Fahrzeugen mit Wasserstoffantrieb im Personenbeförderungsgewerbe auf deutschen Straßen betrieben werden.[277]

Neue Vision: HUV mit Wasserstoffkapseln, der Tankstellen überflüssig machen soll

Als das Start-up NamX und die Designschmiede Pininfarina Ende Mai 2022 ihr »Hydrogen Utility Vehicle« (HUV) – einen SUV mit austauschbaren Patronen wie bei einem Wassersprudler – präsentierten, kam in der Fachpresse die Frage auf: »Ist das die Wasserstoff-Revolution?«[278] Ganze 4 Jahre lang hatten Paolo Pininfarina, der Inhaber der berühmten Turiner Designschmiede, und das französische Start-up NamX an diesem revolutionären Wasserstoff-SUV gearbeitet, der neben einem normalen Wasserstofftank über sechs auswechselbare H_2-Kapseln verfügt, wodurch 800 Kilometer Reichweite gelingen sollen.[279]

Doch das Start-up will noch mehr und plant um das Auto herum ein komplexes neuartiges System. Sind die H_2-Kapseln leer, soll der Fahrer diese an einer Tauschstation in 4 Minuten gegen befüllte Patronen eintauschen können. Eine klassische Wasserstofftankstelle ist bei diesem Konzept also überflüssig und damit das leidige Thema Wasserstofftankstelle endlich vom Tisch. Das Argument der NamX-Manager lautet, mit Wasserstoff als Energieträger und der Kapsellösung gewinne der Autofahrer seine Freiheit zurück, die ein Elektroauto nicht biete.[280]

Im nächsten Schritt soll ein funktionsfähiger Prototyp entstehen. Mit der Produktion könne Ende 2025 begonnen werden. Geplant ist eine Basisversion mit 300 PS, die 200 Stundenkilometer schnell sein soll, die Allradversion werde 550 PS haben und 250 Stundenkilometer schaffen. Die Kosten eines HUV sollen sich je nach Ausstattung auf 65 000–95 000 Euro belaufen. Doch bis das Auto auf die Straße kommt, kann es noch dauern, denn das Start-up braucht Investoren, die insgesamt 530 Millionen Euro aufbringen sollten.[281]

Das Wasserstoffauto: Alternative zum E-Auto?

Wie im zweiten Kapitel »Das Märchen vom E-Auto« ausgeführt wurde, stehen hierzulande alle Zeichen auf Strom, und alle haben sich dem Mantra unterzuordnen: Wer umweltfreundlichen Verkehr will, der kommt am Elektroauto nicht vorbei. Das gilt in der Politik, der Gesellschaft und selbst in weiten Teilen der Automobilindustrie als ausgemacht. Und obwohl die Batterietechnologie gerade im Schwerlastverkehr an ihre Grenzen stößt (siehe Unterkapitel 4.II »Brennstoffzellen-Trucks«), wird es genauso schwer sein, gegen dieses E-Auto-Mantra anzukommen wie gegen die Ideologie des ausschließlich menschengemachten Klimawandels. Denn für die Befürworter der Elektromobilität gibt es keinerlei Zweifel daran, dass sich mithilfe von Batterien Menschen und Waren umweltfreundlich transportieren lassen. Und auch E-Lastwagen, die im städtischen Zulieferverkehr eingesetzt werden, sind inzwischen keine Science-Fiction mehr. Doch für wirkliche Langstrecken sind die Akkus meist noch zu schwach. Hier wäre die Brennstoffzelle eine sinnvolle wie saubere Alternative.[282] Und wer es nicht weiß: Diese Technologie versorgte schon die Astronauten der Apollo 11 im Jahr 1969 (!) auf ihrer Mondmission mit Strom.

E-Auto-Befürworter bringen oft das Argument an, dass auch Brennstoffzellenfahrzeuge streng genommen Elektromobile seien. Damit haben sie recht, allerdings gibt es einen entscheidenden Unterschied: Man kann mit Brennstoffzellen-Autos bereits heute weitere Strecken fahren als mit einem Batterieauto, und sie haben keine langen Betankungszeiten.

Welcher Antrieb ist der beste?

Trotzdem stellt sich die Frage: Sind Fahrzeuge mit Brennstoffzelle und Wasserstoffantrieb wirklich reinen Elektroautos vorzuziehen?

Einerseits wirft man der Regierung vor, verstärkt auf Elektroautos zu setzen, andererseits kritisiert man ihr Interesse für den Wasserstoff (siehe Kapitel 5.I »Deutschlands Wasserstoffstrategie«). Hier noch einmal die verschiedenen **Für und Wider**:

Fakt 1: Weiterhin Benzin- und Dieselfahrzeuge zu bauen ist für die meisten keine Option. Das liegt zum einen an den internationalen Klimaschutzverpflichtungen, die Deutschland eingegangen ist, und zum anderen daran, dass immer mehr Staaten Verbote für Verbrennungsfahrzeuge erwägen.[283]

Fakt 2: Der Verkehr in Deutschland verursacht rund 20 Prozent der CO_2-Emissionen, und ohne klimaneutrale Lösungen wird sich der Gesamtausstoß weiter erhöhen.[284]

Fakt 3: Das effizienteste System für einen Pkw ist aus rein technischer Sicht **bisher** das E-Auto mit Akku, da es die Energie aus 1 Kilowattstunde Strom am besten umsetzt. 1 Kilowattstunde Strom kommt zu 70–80 Prozent als Antriebsleistung auf die Straße.[285]

Fakt 4: Bezieht man die Herstellung des H_2 mit ein, so wird beim Antrieb mit Wasserstoff und Brennstoffzelle doppelt bis dreimal so viel Strom für die gleiche Strecke verbraucht, da der Wasserstoff **bisher noch** mit hohem Energieaufwand produziert wird (siehe Kapitel 3.IV »Wichtiges Basiswissen«).[286] Vier- bis fünfmal so viel Strom braucht man, wenn man aus diesem Wasserstoff künstlichen Sprit für einen klassischen Verbrennungsmotor herstellen will. Dieser hat nämlich einen noch schlechteren Wirkungsgrad als ein Elektromotor.[287]

Fakt 5: Doch die ökologische Achillesferse des E-Autos sind die Batterien. Das Institut für Energie- und Umweltforschung IFEU in Heidelberg gibt an, dass in einer Batterie allein durch ihre

Herstellung bereits etwa 5–9 Tonnen Kohlendioxid-Äquivalent stecken, bevor überhaupt der erste Kilometer gefahren ist.[288]

Fakt 6: Doch auch das Wasserstofffahrzeug hat eine Grundlast von etwa 5 Tonnen. Der Grund dafür sind die Brennstoffzelle, der aufwendige Wasserstofftank und die dort ebenfalls vorhandene, wenn auch kleinere Batterie.[289]

Fakt 7: Wenn man 10 Millionen Autos in Deutschland batterieelektrisch fahren lassen will, sind dafür rund 5 Prozent mehr Strom erforderlich als bisher. Bei Wasserstoff und Brennstoffzelle sind es jedoch etwa 15–20 Prozent mehr Strommenge.[290]

Fakt 8: Ein großer Vorteil von Wasserstoff ist jedoch, dass er international über weitere Distanzen transportiert werden kann, und zwar per Schiff oder Pipeline. Folglich kann Solar- oder Windstrom aus Südamerika, von der arabischen Halbinsel oder aus Nordafrika zur Hydrolyse genutzt werden (siehe Kapitel 6 »Wasserstofftechnologien weltweit«). Um wirklich die Klimabilanz zu verbessern, muss der Wasserstoff aber grün sein.[291]

Fakt 9: Derzeit ist es deutlich teurer, ein Wasserstoffauto zu fahren als ein Elektroauto. Wie sich dieses Verhältnis weiterentwickeln wird, hängt auch von politischen Entscheidungen sowie neuen Forschungen und Entwicklungen ab.[292]

Fakt 10: Um der Wasserstofftechnologie mit Brennstoffzellen gegenüber dem E-Auto einen Vorteil zu verschaffen, müssen die erneuerbaren Energien ausgebaut werden.

Fazit: Wasserstoff- und Elektroauto sind eigentlich kein Widerspruch, denn auch das Wasserstoffauto ist streng genommen ein

Elektroauto. Der Unterschied besteht allerdings in der Energiespeicherung: In dem einen Fall ist es die Batterie, im anderen der/die Wasserstofftank/s.[293]

»Die direkte Elektrifizierung und die wasserstoffbasierte Mobilität sind«, so das Zentrum Wasserstoff Bayern, »keine einander ausschließenden Pfade (›entweder – oder‹), sondern sie sind in höchstem Maße komplementär (›sowohl – als auch‹). Dies bedeutet, dass vor allem Fahrzeuge, die im Stadt- und Regionalverkehr eingesetzt werden und/oder ein geringes Gewicht aufweisen, batterieelektrisch angetrieben werden sollten. Bei steigender Antriebsleistung und Fahrstrecke ist es dagegen sinnvoll, elementaren Wasserstoff einzusetzen. Dessen volumetrische Energiedichte nimmt mit steigendem Druck zu und erreicht höhere Werte als die heute üblichen Lithium-Ionen-Batterien. Durch starkes Abkühlen kann der Wasserstoff überdies verflüssigt werden, wodurch eine noch höhere Energiedichte erzielt werden kann, die im mobilen Einsatz größere Reichweiten ermöglicht. Anwendungen, die eine noch höhere Energiedichte benötigen, können durch wasserstoffbasierte, synthetische Kraftstoffe (Synfuels, perspektivisch auch LOHC) betrieben werden.«[294] Und weiter: »Wasserstoff kann als Kraftstoff (Wasserstoffmotor) oder als Brennstoff (Brennstoffzellen-Antriebe mit H_2 oder wasserstoffbasierten Brennstoffen) eine prominente Rolle bei der Senkung der Nettotreibhausgasemissionen in der Mobilität einnehmen. Wasserstoffmobilität erlaubt höhere Reichweiten, schnellere Betankung und eine deutlich höhere Betriebsdauer im Vergleich zur batterieelektrischen Mobilität. Damit entspricht die wasserstoffbasierte Mobilität überwiegend dem heutigen Nutzerverhalten und ist im Besonderen für Anwendungsfälle geeignet, in denen heute Dieselmotoren zum Einsatz kommen: Antriebe für Schiffe, Züge, Lkw, Busse, Bau- und Forstmaschinen, landwirtschaftliche Maschinen, Langstrecken-Pkw etc. Dabei ist der Übergang zwischen batterie-

und wasserstoffbasierten Technologien fließend und muss je nach Anwendungsfall angepasst werden. Die Wasserstoffmobilität soll dabei nicht in Konkurrenz zur batterieelektrischen Mobilität stehen, sondern eine sinnvolle Ergänzung im Mobilitätssektor darstellen.«[295]

Sollte eine Technologie für Brennstoffzellen-Fahrzeuge entstehen, die ausschließlich auf grünem Wasserstoff basierte, wäre das Wasserstoffauto dem reinen E-Auto gegenüber im Vorteil.

Wasserstoff-Tankstellen: Für und Wider

Wasserstoff als Energieträger für die Brennstoffzelle könnte in einem Verteilernetzwerk angeboten werden, der mit dem für Dieselkraftstoff an einer Tankstelle vergleichbar wäre. Die klassische Autobahn-Tankstruktur müsste also nicht grundlegend verändert werden, und das bedeutet, dass im Gegensatz zu Ladestationen für Elektroautos keine kilometerlangen Stromkabel verlegt werden müssten. Stattdessen könnte der Wasserstoff vor Ort erzeugt oder über Tankwagen an die Zapfsäulen geliefert werden.[296]

Hierin liegt die größte Herausforderung für die neue Technologie, denn es gibt noch viel zu wenige Wasserstoff-Tankstellen – nur etwa hundert in ganz Deutschland![297] Im Vergleich dazu existieren rund 14 000 Benzin- und Dieseltankstellen.[298] Da aber Schätzungen zufolge der Straßenverkehr im Jahr 2030 etwa 150 000–300 000 Tonnen grünen Wasserstoff benötigen wird, sind ein beschleunigter Auf- und Ausbau der Wasserstoff-Tankstellen-Infrastruktur und sinnvolle Infrastrukturen zur Verteilung des Importwasserstoffs dringend notwendig.[299] Deshalb betrachten es Jet H_2 Energy (siehe unten), H_2 Mobility Deutschland, GP Joule und Westfalen AG auch als ihr vorrangiges Ziel, sobald wie möglich nur noch grünen Wasserstoff an allen von ihnen betriebenen Tankstellen anzubieten.[300]

Zusätzlich zu den rund hundert öffentlichen Wasserstoff-Tankstellen in Deutschland mit 700 bar, bei denen Pkw, kleinere Nutzfahrzeuge und beispielsweise Müllsammler auftanken können, befinden sich neun weitere in Planung, Bau oder Inbetriebnahme. An zwölf Stationen ist auch die Betankung mit 350 bar für Busse und Lkw möglich; sechs weitere sind in der Umsetzungsphase. Damit ist Deutschland im europäischen Vergleich Spitzenreiter. H_2 Mobility Deutschland ist mit 90 Wasserstoff-Tankstellen der derzeit führende Anbieter in Europa.[301]

Im Sommer 2022 hat der US-Mineralölkonzern Philips 66, hierzulande durch seine Marke Jet bekannt, ein Joint Venture mit dem Wasserstoff-Versorger H_2 Energy Europe geschlossen. Gemeinsam wollen beide Firmen bis 2026 ein Netz von rund 250 Wasserstoff-Tankstellen in Deutschland, Österreich und Dänemark aufbauen. Dabei sollen die Interessen entlang der Wertschöpfungskette Wasserstoff aufeinander abgestimmt und ein nachhaltiges Ökosystem geschaffen werden.[302] Das Joint Venture will Standorte identifizieren und Wasserstoff-Tankstellen für Pkw sowie für leichte und schwere Nutzfahrzeuge bauen. Die Tankstellen sollen ausschließlich mit grünem Wasserstoff versorgt werden. Fernziel ist es, Wasserstoff zum führenden Energieträger für emissionsfreie Mobilität zu machen.[303]

Doch die Infrastruktur eines Wasserstoff-Tankstellen-Netzes aufzubauen ist technisch anspruchsvoll. Zunächst sind zur sicheren Lagerung des Wasserstoffs Hochdrucktanks erforderlich, und dann stellen sich folgende Fragen: Wer investiert in Wasserstoff-Tankstellen, wenn es nur wenige Wasserstoffautos gibt? Wer aber kauft ein solches Auto ohne Tankstelle in der Nähe?[304] Diesen Kreislauf gilt zu durchbrechen.

Doch alles in allem hinkt Deutschland anderen Ländern hinterher. So werden in Madrid, Kopenhagen und Paris schon Brennstoffzellen-Taxis angeschafft, weil solche Autos eine Reichweite von etwa 600 Kilometern haben und überdies in wenigen Minuten vollgetankt werden können. Niemand hat dort die Zeit, ein paar Stunden lang aufs Aufladen der Batterie zu warten.[305]

Können Tankstellen ihren Kraftstoff künftig selbst herstellen?

Wie oben beschrieben, soll ein Teil des Straßenverkehrs in Zukunft mit Brennstoffzellen betrieben werden. Die große Frage aber ist: Wie kommt der Wasserstoff vom Herstellungsort in den Tank? Dazu bieten sich drei Möglichkeiten an:

- Verteilung per Tanklastwagen
- Transport per Pipeline
- Produktion direkt an der Tankstelle[306]

Wasserstoff für den Verkehr

Wie kommt die Energie in den Tank? Eine Option: Wasserstoff wird direkt an der Tankstelle produziert.

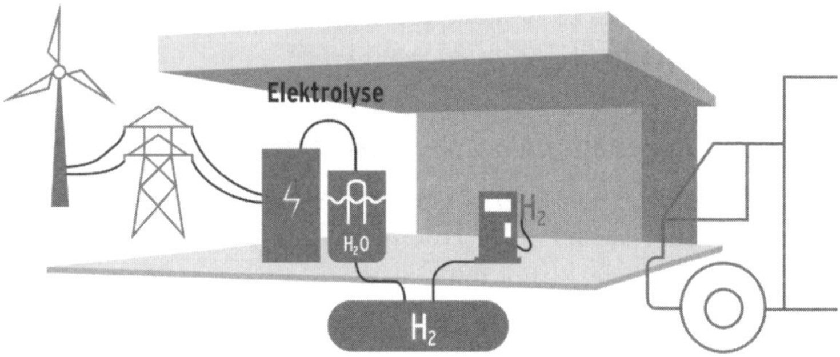

Quelle: www.plattform-zukunft-mobilitaet.de/news/tankstellen-ihren-kraftstoff-kuenftig-direkt-selbst-herstellen-koennten/

Dabei ist gerade die letztgenannte Option die spannendste, denn ein großer Vorteil von Wasserstoff ist, dass der elektrische Strom an manchen Standorten direkt und erneuerbar erzeugt oder über bestehende Leitungen transportiert werden kann. Ein Elektrolyseur spaltet Wasser in Sauerstoff und Wasserstoff, und die Fahrzeuge tanken dann den vor Ort hergestellten Kraftstoff. Das Konzept wird seit 2021 geprüft und getestet. Für Tankstellen mit hohem Bedarf könnte die lokale Produktion eine sinnvolle Lösung sein.[307]

Wie teuer ist Wasserstoff an der Tankstelle?

Tanken wird immer teurer. Das gilt nicht nur für Benzin und Diesel, sondern auch für Wasserstoff. H_2 Mobility, der einzige Betreiber von Wasserstoff-Tankstellen in Deutschland, teilte Anfang Juni 2022 mit, dass der Preis auf 12,85 Euro pro Kilogramm steigen werde. Bei einem durchschnittlichen Verbrauch von 0,8 Kilogramm pro 100 Kilometer liegen die Wasserstoffkosten nun bei 10,28 Euro pro 100 Kilometer; zuvor hatte der Einheitspreis für Wasserstoff lange Jahre bei 9,50 Euro je Kilogramm gelegen.[308] Laut H_2 Mobility handelt es sich um die erste Preiserhöhung seit 10 Jahren. Der Anbieter verteidigt sich mit dem Argument, selbst mit dem neuen Preis lägen die Kosten für 100 Kilometer Fahrt bei einem Brennstoffzellen-Pkw unter denen für Fahrten mit Verbrennern oder einem batterieelektrischen Pkw, wenn dieser eine öffentliche Schnellladesäule nutzt.[309]

Als Grund für die Preiserhöhung gab das Unternehmen die Energiepreisentwicklung an, die sich auch auf den Preis für Wasserstoff auswirke, denn der heute angebotene Wasserstoff werde in den allermeisten Fällen per Dampfreformierung aus Methan (Erdgas) gewonnen.[310] Laut der Unternehmensberatung McKinsey soll Wasserstoff in 10 Jahren 50 Prozent weniger kosten.[311] Angesichts der Auswirkungen durch den Ukraine-Krieg ist dies fraglich.

Brennstoffzellen-Trucks

Es ist unbestritten: Lkw sind die größten Umweltverschmutzer auf unseren Straßen. Zwei Fünftel aller Klimagasemissionen im Verkehr kommen aus ihren Auspuffrohren. Deshalb zog Brüssel bereits im Februar 2021 die Notbremse und setzte die Nutzfahrzeughersteller unter Zugzwang. Bis 2025 müssen die Lkw-Bauer die CO_2-Emissionen um durchschnittliche 15 Prozent, bis 2030 sogar um 30 Prozent senken. Schaffen sie dies nicht, drohen ihnen hohe Strafen.[312]

Deshalb arbeitet die Branche mit Hochdruck an emissionsarmen Brummis und setzt für kurze Strecken auf Elektro-, für längere Strecken auf Wasserstoff-Lkw. Tatsächlich macht es, je größer ein Fahrzeug ist und je weiter es fährt, umso mehr Sinn, den Strom für den Antrieb per Brennstoffzelle zu produzieren und nicht tonnenschwere Batterien mitzutransportieren. Zudem kommen Lkw mit Brennstoffzellen auf eine deutlich höhere Reichweite als batteriegetriebene Fahrzeuge und lassen sich schneller auftanken.[313] Das alles kann für die Logistikunternehmen kostbare Zeit und viel Geld einsparen. Mehr dazu jetzt.

Das deutsche Traditionsunternehmen **Bosch** (vergleiche Kapitel 4.I »Wasserstoff und Brennstoffzellen in der Industrie«) sieht im Geschäft mit mobilen Brennstoffzellen ein großes Potenzial und glaubt an einen Milliardenmarkt. Nach Schätzung des Unternehmens sollen bis 2030 bis zu 20 Prozent aller Elektrofahrzeuge weltweit mit Brennstoffzellen angetrieben werden. Das allergrößte Potenzial sieht der Konzern im Bereich der Nutzfahrzeuge.[314] Die Begründung dafür lautet, vor allem bei Lkw werde der Einsatz der Brennstoffzellen-Technologie lohnend sein, da hier die Kostenthematik weniger ins Gewicht falle als bei Pkw. Zudem sei in einem Lkw viel mehr Platz vorhanden, um die Technik zu installieren.[315] Nicht umsonst sagte Bosch-Geschäftsführer Stefan Hartung: »Bosch steigt in den Markt für mobile Brennstoffzellen ein und treibt die Industrialisierung konsequent voran.«[316] So könne die Firma beim Rennen um den »Antriebsstrang der Zukunft« in die Poleposition kommen.[317]

Die Entwicklung neuer Brennstoffzellen-Lkw schreitet zügig voran, und es gibt bereits länderübergreifende Allianzen zwischen klassischen Lkw-Herstellern und Wasserstoffspezialisten. Hier einige Beispiele:

- Daimler ist eine Kooperation mit dem schwedischen Mitbewerber Volvo eingegangen. Ziel dieses Joint Venture ist es, ab 2025 schwere Brennstoffzellen-Nutzfahrzeuge in Serie zu produzieren.
- Die koreanische Firma Hyundai Motor kooperiert mit dem französischen Automobilzulieferer Faurecia, um schnellstens Schwerlast-Lkw mit Brennstoffzellen auf die Straße zu bringen. Am 3. August 2022 gab Hyundai bekannt, dass es erste Wasserstoff-Lkw an deutsche Kunden ausliefert. Insgesamt sollen in der nächsten Zeit 27 vom Bund geförderte Fahrzeuge an sieben Unternehmen aus Logistik, Produktion und Handel übergeben werden.[318]
- Toyota erprobt Wasserstoff-Lkw gemeinsam mit dem US-amerikanischen Lastwagenhersteller Kenworth.
- Auch Iveco arbeitet in Zusammenarbeit mit Bosch und dem US-amerikanischen Start-up Nikola Motor Company an einem wasserstoffbetriebenen Lkw.
- Die VW-Töchter Scania und MAN entwickeln eigene Konzepte, um ihre Lkw mit Brennstoffzellen-Technologie auszurüsten.[319]
- CNH Industrial, die Nutzfahrzeugsparte des Fiat-Konzerns, beteiligte sich schon im Jahr 2019 am US-Start-up Nikola

Motors. Nikola und CNH wollen 2023 Lkw mit Brennstoffzellen am Iveco-Standort Ulm bauen.
- Ebenfalls 2019 kaufte der traditionsreiche US-Motorenhersteller Cummins das kanadische Unternehmen Hydrogenics, das als Pionier der Wasserstofftechnologie gilt (siehe auch Unterkapitel 4.V »Wasserstoff im Flugverkehr«) und viele Produkte rund um die Brennstoffzelle anbietet (beispielsweise Antriebe und Wasserstoff-Tankstellen),[320] um Wasserstoffprojekte anzuschieben.

Daimler hatte schon vor 2 Jahren beschlossen, sich apropos Wasserstoff auf Nutzfahrzeuge zu konzentrieren. In der zweiten Hälfte dieses Jahrzehnts sollen H_2-Trucks von Daimler auf der Straße rollen. Bis 2030 visiert Daimler einen Marktanteil von 15 Prozent an. Spätestens in 25 Jahren sollen fast alle Daimler-Laster mit Wasserstoffantrieb fahren. Ab 2039 sollen keine Lkw mehr mit Dieselantrieb ausgeliefert werden.[321]

Ende Juni 2022 wurde zudem bekannt, dass **Daimler Truck**[322] Wasserstoff-Lkw mit 1000 Kilometer Reichweite bauen will. Dies soll erreicht werden, indem Wasserstoff mit einer höheren Energiedichte in die Tanks kommt. Bis 2025 sollen Testflotten mit Wasserstoff-Lkw auf den Markt kommen, danach sollen sie in Serie gehen. Für die Umsetzung der ehrgeizigen Pläne kooperiert Daimler Truck mit Volvo. Aber das ist noch nicht alles. Daimler arbeitet in Partnerschaften (unter anderen Iveco, OMV und Shell) auch daran, eine Ladeinfrastruktur für Wasserstoff aufzubauen. Damit soll den Wasserstoff-Lkws europaweit zum Durchbruch verholfen werden.[323]

Im Juli 2022 schickte Daimler Truck einen weiteren Wasserstoff-Brennstoffzellen-Lkw in die Erprobung mit dem Unterschied, dass der zweite GenH_2- Prototyp nicht gasförmigen, sondern flüssigen Wasserstoff (H_2) tankt.[324] »Der Energieträger hat«, so teilte das Unternehmen mit, »in diesem Aggregatszustand im Vergleich zu gasförmigem Wasserstoff eine deutlich höhere Energiedichte, bezogen auf das Volumen«.[325] Dadurch könne mehr Wasserstoff transportiert werden, was die Reichweite deutlich erhöhe und so eine Leistungsfähigkeit des Fahrzeugs ermögliche, die mit jener eines konventionellen Diesel-Lkw vergleichbar sei.[326]

Die Daimler Truck Holding AG gehört zu den weltweit größten Nutzfahrzeug-Herstellern. Dafür sprechen über vierzig Produktionsstätten rund um den Globus, ein Umsatz von knapp 40 Milliarden Euro und rund 10 000 Mitarbeiter.

Das große, zur Deutschen Bahn gehörende Transport- und Logistikunternehmen **DB Schenker** gab Mitte 2022 bekannt, dass es seine Lkw-Flotte schrittweise mit wasserstoffbetriebenen Brennstoffzellen-Elektrofahrzeugen (FCEV) ausbauen wolle. Dabei arbeitet der Logistiker mit dem spezialisierten Leasing-Start-up Hylane zusammen. Der erste Brennstoffzellen-Lkw soll bis Ende 2022 an DB Schenker übergeben werden.[327]

Für den Langstreckentransport sieht DB Schenker bei brennstoffzellenbetriebenen Lkw im Vergleich zu batterieelektrischen Fahrzeugen mehrere Vorteile:

- Die maximale Nutzlast ist höher.
- Die Reichweite ist größer.
- Der Betankungsvorgang ist vergleichbar mit dem von Dieselfahrzeugen.[328]

DB Schenker plant zudem, Anfang 2023 mit Praxistests für ausgewählte Kunden zu beginnen, und beabsichtigt, das System ab dem

3. Quartal 2023 zu erweitern und zu kommerzialisieren. Bis 2040 will das Unternehmen dann vollkommen kohlenstoffneutral sein.[329]

Natürlich mischen in diesem Geschäft auch die Japaner mit. So hat **Toyota** bereits mehrere Brennstoffzellen-Lkw präsentiert, produziert zusammen mit dem amerikanischen Lkw-Bauer Kenworth die dritte Generation der Fuel Cell Electric Trucks und entwickelt in Kollaboration mit dem Nutzfahrzeughersteller Hino Motors einen Brennstoffzellen-Lkw, der 600 Kilometer weit fahren kann.[330]

In **China** boomen Wasserstoffbusse. Sie sollen neben den Elektroautos für saubere Luft in den Metropolen sorgen.[331]

Apropos Wasserstoffbusse: Anfang Juli 2022 feierte das Unternehmen **Arthur** (ein Start-up für emissionsfreie Mobilität) mit einem verbrauchsarmen, emissionsfreien Wasserstoffbus seine Weltpremiere. Das Fahrzeug soll weniger als 6 Kilogramm Wasserstoff pro 100 Kilometer verbrauchen.[332] Arthur entwickelt hochmoderne emissionsfreie Busse und forscht an dazugehörigen Systemlösungen, um die Mobilitätswende aktiv voranzutreiben. Die Nachfrage ist groß. Der mit Wasserstoff betriebene Bus bietet eigenen Angaben zufolge zwei wesentliche Vorteile:

- Er produziert beim Fahren keine Emissionen.
- Er trägt zu einer Verringerung der Lärmbelästigung in urbanen Regionen bei.[333]

Philipp Glonner, CEO und Co-Gründer von Arthur, sagte: »Wir möchten mit unseren Bussen sowohl Groß- und Kleinstädten als auch regionalen Gemeinden die Möglichkeit geben, Menschen emissionsfrei, leise und wirtschaftlich an ihr Ziel zu bringen. Mit unserem verbrauchsarmen Wasserstoffbus haben wir eine erste Mobilitätslösung gestaltet, die nicht nur emissionsfrei und effizient ist, sondern durch ihren Komfort dazu inspiriert, den ÖPNV attraktiver zu machen. Mobilität muss klimaverträglich sowie für alle zugänglich und bezahlbar sein.«[334] Die Buslinie Arthur H_2 Zero nutzt bereits Wasserstoff als Energieträger und eine speziell für Nutzfahrzeuge optimierte Brennstoffzellentechnik zur Wandlung der Energie in nachhaltige Antriebskraft. Der Vorteil ist, dass die Wartungskosten, auf den Produktlebenszyklus gerechnet, geringer sind und längere Strecken im emissionsfreien Betrieb von bis zu 450 Kilometern mit einer Wasserstofffüllung möglich sind. Das Modell Arthur H_2 soll mit weniger als 6 Kilogramm Wasserstoff pro 100 Kilometer europaweit den geringsten Verbrauch in seiner Kategorie aufweisen. Zudem nutze der Bus innovative Schnittstellentechnologien, um den zukünftigen Herausforderungen des ÖPNV im Sinne der Digitalisierung entgegenzublicken,[335] so der Hersteller.

In Frankreich allerdings fahren die ersten Wasserstoffbusse der Firma Lhyfe schon seit März 2022, und zwar in La Roche-sur-Yon. Rund 700 000 Euro hat die Stadt für die Prototypen ausgegeben. Und das soll nur der Anfang sein. Bis 2030 sollen mindestens 20 Prozent der Busse auf erneuerbare Energien umgestellt sein.[336]

Flugtaxis und mehr

Das südkoreanische Unternehmen **Hyundai** setzt mit seiner Strategy 2025 auf einen Mix aus Elektro- und Wasserstofffahrzeugen. Konkret heißt dies, dass ab 2025 pro Jahr 670 000 Elektrofahrzeuge, davon 560 000 mit Batterieantrieb und 110 000 mit Brennstoffzellen-Technologie verkauft werden sollen. Mittelfristig will Hyundai sogar Flugtaxis anbieten. Für diese ehrgeizigen Pläne hat das Unternehmen bereits Anfang 2020 eine Kooperation mit dem US-Fahrdienstanbieter Uber verkündet. Das Fluggerät S-A1, das vier Fluggäste und einen Piloten aufnehmen kann, wurde bereits vorgestellt.[337] Bereits 2028 soll der Lufttaxibetrieb auf Kurzstrecken aufgenommen werden, kurz danach auch in der EU und Großbritannien.[338]

Im Bereich der modernen Antriebe sieht auch Hyundai die größten Chancen bei den Nutzfahrzeugen. Bis 2025 will das Unternehmen siebzehn neue elektrische Nutzfahrzeuge präsentieren, sieben mit Batterie- und zehn mit Brennstoffzellen-Antrieb. Dafür wurde unter anderem in der Schweiz die Tochtergesellschaft Hyundai Hydrogen Mobility (HHM) gegründet. In einem Zeitraum von 3 Jahren will Hyundai so in der Schweiz 1600 Brennstoffzellen-Trucks auf die Straße bringen. Für die Brennstoffzellen-Trucks soll HHM außerdem Wasserstoff-Tankstellen bauen.[339]

Besonders revolutionär ist der Plan von Hyundai, seinen Brennstoffzellen-Antrieb auch an Konkurrenten zu verkaufen, denn durch Massenherstellung lassen sich die Kosten radikal senken, und man kann mit Wasserstoffantrieb zu großen Absatzzahlen gelangen.[340]

III. Wasserstofftechnologie auf der Schiene

Wie auf der Straße wird die Wasserstofftechnologie auch auf der Schiene eingesetzt, und sie soll weiter ausgebaut werden. Auch in diesem Bereich gibt es große Ziele: In ganz Deutschland sollen die Züge des ÖPNV in den nächsten Jahrzehnten mit Wasserstoff betrieben werden. So fahren bald sieben wasserstoffbetriebene Züge der Firma Siemens schadstoffarm in Berlin, und auch in Berlin-

Brandenburg sollen H_2-Züge schon im Jahr 2024 zum Einsatz kommen.[341]

Im Dezember 2022 will die **Deutsche Bahn** in Frankfurt mit der größten Wasserstoffflotte weltweit in Betrieb gehen, nämlich mit 27 Brennstoffzellen-Zügen des französischen Konzerns Alstom. Der Termin könnte sich jedoch durch die Auswirkungen des Ukraine-Krieges und den dadurch bedingten Rohstoffmangel verzögern. Betankt werden sollen die Züge mit Wasserstoff, der bei chemischen Produktionen im Frankfurter Industriepark als Nebenprodukt anfällt und als grüner Wasserstoff gekennzeichnet werden darf, weil er über einen Elektrolyseur mit Ökostrom hergestellt wird. Der Tankvorgang im Industriepark dauert nur etwa 15 Minuten; voll betankt sollen die Züge gut 1000 Kilometer schaffen.[342]

In Niedersachsen können Fahrgäste bereits seit September 2018 die 100 Kilometer lange Strecke zwischen Cuxhaven und Buxtehude im ersten Wasserstoffzug der Welt zurücklegen. Statt Ruß, Stickoxid und CO_2 pustet der Zug nur noch Wasserdampf in die Luft.[343]

Gerade auf Nebenstrecken, bei denen sich der Betrieb von Oberleitungen nicht rechnet, sollen vermehrt Wasserstoffzüge die umweltfeindlichen Dieselloks ersetzen. In den nächsten 30 Jahren will die Landesnahverkehrsgesellschaft Niedersachsen (**LNVG**) daher alle 120 Dieselzüge durch umweltfreundliche Alternativen austauschen.[344]

Die Firma **Siemens** hat ebenfalls einen Brennstoffzellenzug entwickelt: den Mireo Plus H. Die Deutsche Bahn will ihn im Jahr 2024 erstmals zwischen Tübingen, Horb und Pforzheim testen. Der Brennstoffzellen-Triebwagen soll als 2-teiliger Zug bis zu 600 Kilometer mit einer einzigen Wasserstofffüllung zurücklegen können. Als 3-teiliger Zug mit entsprechend größeren Tanks seien bis zu 1000 Kilometer machbar, verspricht Siemens. Der wasserstoffbetriebene Mireo soll eine Geschwindigkeit von 160 Stundenkilometern erreichen.

Siemens zufolge ist der Brennstoffzellen-Antrieb genauso leistungsfähig wie ein elektrischer Zug. Zwar liefern Brennstoffzellen bislang noch eine geringere Leistung als Dieselmotoren, kompensiert wird dieser Unterschied aber wie beim Wasserstoffauto durch eine Pufferbatterie. Diese speichert den Strom, den die Brennstoffzelle erzeugt, und deckt sogenannte Lastspitzen beim Anfahren oder Beschleunigen ab.[345]

Ein weiteres Problem, das auch im Falle der Schienenfahrzeuge in den Griff bekommen werden muss, ist die mangelnde **Anzahl von Wasserstoff-Tankstellen**. Aktuell sind Wasserstoff-Tankstellen nämlich für die Schiene noch erheblich spärlicher gesät als auf der Straße. Doch auch hier lässt sich die erforderliche Infrastruktur vergleichsweise leicht aufbauen.[346]

Damit sich der Einsatz der Brennstoffzellen-Züge aber tatsächlich für das Klima rechnet, muss der getankte Wasserstoff künftig im doppelten Sinne des Wortes grün werden. Denn bislang werden Brennstoffzellen-Züge hauptsächlich mit grauem Wasserstoff betrieben, der aus fossilen Energien hergestellt wird und daher nicht klimaneutral ist (siehe Kapitel 3.IV »Wichtiges Basiswissen«). Das soll sich jedoch ändern. Für den 2024 geplanten Test des bereits angesprochenen Siemens-Zugs bei Tübingen will die Bahn Wasserstoff in einem Elektrolyseur mit Ökostrom erzeugen.[347]

Laut dem Chef von Siemens Mobility könnten in den kommenden 10–15 Jahren in Europa bis zu 15 000 Triebzüge ausgetauscht werden. Ein Zug vom Typ Mireo Plus H kostet je nach Ausstattung 5–10 Millionen Euro. Das ergibt allein in Europa ein Marktpotenzial von 50–150 Milliarden Euro.[348]

Sind Wasserstoff und Hybridzüge Alternativen zum umweltschädlichen Diesel?

Niemand transportiert hierzulande mehr Menschen und Waren als die Deutsche Bahn. Das hat aber auch eine Kehrseite, denn die Züge und Loks der DB schlucken 250 Millionen Liter Diesel im Jahr. Null Liter sollen es bis zum Jahr 2050 werden.[349]

Um diesen ehrgeizigen Plan verwirklichen zu können, setzt der Konzern auch auf Wasserstoffzüge, und dies vornehmlich auf nicht elektrifizierten Nebenstrecken, wo sich der Bau von teuren Oberleitungen kaum rechnet. Doch auch synthetischer Diesel wird getestet. Dieser Biodiesel wird überwiegend aus organischen Abfallstoffen wie Altfetten und Altspeiseölen hergestellt. Das spart Kohlendioxid bei der Produktion des Kraftstoffs, weil die Reststoffe nicht eigens hergestellt werden müssen.[350] Gegenüber Treibstoff aus Erdöl soll Biodiesel den CO_2-Ausstoß um bis zu 90 Prozent verringern. Testfahrten von Versuchszügen haben ergeben, dass er mit den Bestandsmotoren vertankt werden kann – ein riesiger Vorteil, denn damit entfällt die teure und langwierige Umrüstung auf andere Motoren.[351]

Doch wer hofft, dass der Biokraftstoff die ultimative Antwort auf das Dieselproblem ist, der irrt. Denn diese Art von Kraftstoff ist deutlich teurer als konventioneller Diesel, und auch Altfette und andere Reststoffe sind nicht unbegrenzt verfügbar. Die Bahn betrachtet Biodiesel daher als letztes Mittel der Wahl für Einsatzgebiete, bei denen eine Umstellung auf Batterie-, Wasserstoff- oder Hybridlokomotiven nicht wirtschaftlich ist.[352]

Allerdings steckt die Deutsche Bahn hier in einem Dilemma: Um Güterwagen im Einzelwagenverkehr bis zum Gleisanschluss des jeweiligen Kunden zu fahren, sind heute Dieselloks im Einsatz, denn auch wenn die Hauptstrecke elektrifiziert ist, gibt es auf den letzten Kilometern meist keine Oberleitung.[353] Während der Fernverkehr zu 98 Prozent unter Strom steht, sind es im Nahverkehr gerade einmal 63 Prozent. Die Elektrifizierung der Nebenstrecken geht nur schleppend voran, weil sie generell sehr zeitaufwendig ist. Das hat aber auch wirtschaftliche Gründe, denn wo nur im Stundentakt ein Zug fährt, rechnen sich neue Oberleitungen oft nicht.[354] Dennoch plant die Bundesregierung bis 2025 eine Elektrifizierung von 70 Prozent des bislang nicht elektrifizierten Schienennetzes.[355]

Wasserstoffzüge erfüllen die notwendigen Voraussetzungen, was Geschwindigkeit, Reichweite, Betankung und Sicherheit anbelangt. Sie sind zunächst teurer als der Dieselkonkurrent, doch laut Experten ergibt sich aufgrund der geringeren laufenden Ausgaben ein Kostenvorteil von über 20 Prozent.[356] Andere Fachleute sehen das genau andersherum (siehe das folgende Unterkapitel »Brennstoffzelle oder Batteriebetrieb?«).

Die DB Güterbahntochter DB Cargo will verstärkt auf sogenannte Zweikraftloks setzen, was bedeutet, dass die Züge je nach Streckenanforderung mit verschiedenen Antrieben fahren können. Dies ist ein umweltfreundlicher Kompromiss, denn die Zweikraftloks können überwiegend elektrisch laufen und nur dann den Diesel nutzen, wenn kein Fahrdraht verfügbar ist. Bis zu 400 dieser Züge sollen bestellt werden, was sich die Bahntochter über 1 Milliarde Euro kosten lässt. Schon 2023 sollen die ersten Zweikraftloks dann auf die Schiene gehen.[357]

Aber auch der Rangierbetrieb soll weniger diesellastig werden. Dazu sollen Hybridlokomotiven eingesetzt werden. Deren Elektroantrieb wird durch einen Dieselmotor lediglich unterstützt, wenn eine besonders große Leistung benötigt wird. Der Deutschen Bahn zufolge können die Hybride 50–75 Prozent der Einsatzzeit im Batteriebetrieb bewältigen. Der Treibstoffverbrauch soll so um 50 Prozent und der Schadstoffausstoß sogar um bis zu 70 Prozent gesenkt werden.[358]

Der deutsche Bioenergieerzeuger Verbio setzt seit seiner Gründung vor allem auf Biokraftstoffe. Der Konzern kündigte an, sein Biomethan auch zur Herstellung von Wasserstoff-Brennzellen einzusetzen. Biotreibstoffe sind neben Wasserstoff und Elektro-Fahrzeugen ein wichtiger Treiber zur Reduktion der CO_2-Emission. Schon jetzt mischen Tankstellengiganten wie Total, Shell oder BP immer mehr Biotreibstoffe bei. Und auch im Hinblick auf den Lastkraftverkehr gewinnt Biotreibstoff immer mehr an Bedeutung. Ein Beispiel: Erst kürzlich ist die Aldi-Süd Lkw-Flotte komplett auf die gasbetriebene Alternative umgestiegen.[359]

Brennstoffzelle oder Batteriebetrieb?

Aber auch hier irrt, wer glaubt, ein Wasserstoffzug treffe auf einhellige Begeisterung. Es geht nämlich um knallharte wirtschaftliche Interessen. Eine Studie des Verbands der Elektrotechnik, Elektronik und Informationstechnik (VDE) ergab, dass bei einer üblichen Betriebsdauer von 30 Jahren ein Batteriezug bis zu 59 Millionen Euro günstiger ist als ein Triebwagen mit Brennstoffzelle. Die Begründung dafür lautet:

- Der Austausch der Brennstoffzellen ist teuer. Momentan müssten diese über die Lebensdauer des Zuges bis zu siebenmal erneuert werden.

- Da grüner Wasserstoff aus Ökostrom vorerst in geringen Mengen verfügbar ist, wird der Antrieb mit Brennstoffzellen auch in Zukunft zwangsläufig teurer sein, als wenn man den Strom direkt in einen E-Motor einspeist.[360]

Doch die Hersteller der Wasserstoffzüge lassen das Ergebnis dieser Studie nicht gelten. Ihrer Ansicht nach sind Batterie- und Wasserstoffantriebe »gleichwertig«, denn beide Technologien seien noch vergleichsweise jung, also würden in Zukunft die Kosten sinken und die Reichweiten steigen.[361]

Tatsächlich beziehen die Hersteller beide Technologien in ihre Planungen ein. Siemens und Alstom haben Batteriezüge in der Entwicklung oder bereits im Einsatz. Elf Akkuzüge vom Typ Coradia Continental soll der französische Hersteller Alstom bis 2023 an den Verkehrsverbund Mittelsachsen liefern. Die Batterien der Schienenfahrzeuge können an der Oberleitung geladen werden. Sie haben eine Reichweite von 120 Kilometern, was genug ist, um die 80 Kilometer nicht elektrifizierter Strecke zwischen Chemnitz und Leipzig zu überbrücken.[362]

Die Landesanstalt Schienenfahrzeuge Baden-Württemberg (SFBW) will ab Dezember 2023 im Netz 8 Ortenau ebenfalls batterieelektrisch auf die Strecke gehen. Dazu wurden bei Siemens bereits zwanzig Akkuzüge bestellt.[363] In demselben Jahr will der Nahverkehrsverbund Schleswig-Holstein hingegen den Großteil seiner Dieselflotte auf den Nebenstrecken durch Batteriezüge ersetzt haben. 55 Akkutriebwagen des Herstellers Stadler sollen ab Ende 2022 zwischen Kiel und Lüneburg, Bad Oldesloe und Büsum für abgasfreien Schienenverkehr sorgen.[364]

IV. Wasserstoff, synthetische Kraftstoffe und Batteriebetrieb im Schiffsverkehr

Angesichts von LKW-Staus auf unseren Autobahnen vergessen wir allzu häufig, dass ganze 90 Prozent des globalen Warenverkehrs über die Weltmeere verschifft werden. Damit ist die Schifffahrt das Rückgrat des globalen Welthandels. Doch auch sie belastet zunehmend die Umwelt, und zwar durch den Ausstoß von Rußpartikeln, Schwefeldioxid und Kohlendioxid aus den Schiffsschloten. Wenn man hört, dass der Seetransport für knapp 3 Prozent der Kohlendioxidemissionen weltweit verantwortlich ist, klingt dies nicht nach viel. Doch wäre die Schifffahrt ein Land, so wäre sie die sechstgrößte Klimasünderin der Welt und würde in einem Jahr mehr Emissionen in die Atmosphäre blasen als die Industrienation Deutschland. Laut der UN-Schifffahrtsorganisation IMO könnten die klimaschädlichen Emissionen des Wasserverkehrs bis zum Jahr 2050 sogar noch um bis zu 250 Prozent steigen.[365] Immerhin verfügt die globale Schifffahrtindustrie über eine Handelsflotte von etwa 60 000 Frachtschiffen.[366]

Die Schiffsriesen unter den Containerfrachtern oder Massengutschiffen haben einen Anteil von 30 Prozent an der weltweiten Handelsschiffsflotte, wegen ihrer langen Schiffsreisen und der Dimensionen ihrer Motoren verursachen sie 75 Prozent der weltweiten Emissionen auf den Meeren.[367] Zwar gibt es einen Königsweg zum absolut »saubere[n] Schiffsverkehr«[368] (noch) nicht, doch eine effizientere Logistik, Flüssiggas oder Wasserstoff sowie die wiederentdeckte Kraft des Windes sollen die Schifffahrt in den kommenden Jahren sauberer machen.

Viele Schifffahrtsunternehmen und Kreuzfahrtbetreiber setzen inzwischen verstärkt auf LNG (»Liquid Natural Gas«), also flüssiges Erdgas. Im Unterschied zu herkömmlichem Schiffsdiesel werden beim Verbrennen von Flüssiggas weder Schwefeldioxid noch Feinstaub ausgestoßen und deutlich weniger Stickoxide und Ruß.[369] Mit der Aida Nova hatte Aida Cruises bereits 2018 das weltweit erste Kreuzfahrtschiff vom Stapel gelassen, das ausschließlich mit flüssigem Erdgas fahren kann. Der Stickoxidausstoß soll sich gegenüber herkömmlichem Schweröl um 80 Prozent, die CO_2-Emissionen immerhin um 20 Prozent verringern. 2023 soll ein weiteres Aida-LNG-Schiff auf Reisen gehen.[370] Seit Frühjahr 2020 verschifften die ersten Flüssiggas-Autofrachter der Welt Fahrzeuge von Volkswagen aus dem ostfriesischen Emden an die Ostküste der USA. Doch momentan sind weltweit nur rund 200 Flüssiggasschiffe unterwegs, was angesichts einer Weltflotte von rund 60 000 größeren Schiffen eine verschwindend geringe Zahl ist.[371]

Doch LNG gerät immer mehr in Kritik, vor allem von Umweltorganisationen wie NABU. Sie beruft sich dabei auf das Working Paper »The Climate Implications of using LNG as a Marine Fuel« des International Council on Clean Transportation (ICCT), das LNG eine klimaschädlichere Wirkung als die von herkömmlichem Schiffsdiesel attestiert.[372] Ursache dafür sei das Methan, das bei Förderung, Transport und Einsatz von LNG in die Atmosphäre entweiche und dadurch die Erde noch deutlich stärker erwärme als CO_2. Die Forscher des ICCT empfehlen daher, anstatt weiter Geld in Flüssiggas zu pumpen, besser in energiesparende Technologien, CO_2-neutrale Treibstoffe, Batterien, Brennstoffzellen und windassistierte Antriebe zu investieren.[373]

Doch auch hier – wen wundert's – gibt es zweierlei Ansichten. Die Maritime LNG Plattform (eine Lobby-Organisation), will die Kritik in der Studie so nicht gelten lassen: »Als besonders kritisch ist anzusehen, dass das Working Paper nur unzureichend darauf eingeht, dass LNG zukünftig auch klimaneutral hergestellt werden kann, zum einen auf Basis von Biomasse, zum anderen auf der Basis von erneuerbarem Strom mithilfe der Power-to-X- (hier: Power-to-LNG-) Technologie. Gerade synthetisches Methangas (SNG) stellt als grünes, CO_2-neutrales LNG eine bedeutende Perspektive dar, da so ein klimaneutraler Kraftstoff für die globale Schiffsflotte bereitgestellt werden könnte. Je nach Verfügbarkeit kann SNG graduell auch in absehbarer Zeit fossilem LNG zunehmend beigemischt werden, was die Klimabilanz von LNG weiter verbessern würde. Dies stellt einen Vorteil gegenüber anderen Kraftstoffen dar, da bisher eben noch nicht absehbar ist, wann synthetische Flüssigkraftstoffe in ausreichenden Mengen zur Verfügung stehen werden.«[374]

Fest steht: Selbst wenn das Methanproblem gelöst wird, bleibt das Potenzial zur CO_2-Einsparung bei LNG begrenzt. Als Übergangstechnologie ist Flüssiggas trotzdem sinnvoll, nicht zuletzt deshalb, weil in den Gasmotoren später auch künstliches und regenerativ erzeugtes Erdgas verbrannt werden kann. Doch am sinnvollsten ist der Einsatz von grünem Wasserstoff als Treibstoff. Wird der Wasserstoff mit Strom aus Sonnen-, Wind- oder Wasserkraft produziert, entlassen die Schiffe nur noch Wasserdampf in die Luft, fahren also vollständig emissionsfrei.[375]

Doch bis dahin ist es noch ein langer Weg. Denn grüner Wasserstoff ist kostspielig und bislang nur in geringen Mengen verfügbar. Um ihn zu nutzen, sind große Investitionen notwendig, was eine komplette Umstellung der Lieferketten, inklusive der Häfen, erfordert. Mit biobasierten oder synthetischen Kraftstoffen (SynFuels) muss die Tankinfrastruktur hingegen nicht verändert werden. Diese werden nämlich aus grünem Wasserstoff und

CO_2 – bestenfalls aus der Umgebungsluft – hergestellt. Ein weiterer Vorteil besteht darin, dass sie in bisherigen Motoren verbrannt werden können (siehe unten). Allerdings sind sie noch teurer als der grüne Wasserstoff. Mit größeren Produktionsanlagen sollen in den kommenden Jahren dann aber auch die Preise sinken.[376]

Für Experten ist klar, dass es keinen optimalen Alternativantrieb für alle Schiffstypen geben kann. Denn welche Lösung sich für welches Schiff am besten eignet, ist vom Einsatzzweck und von der Route abhängig, auf der es verwendet wird. Auch für das International Transport Forum (ITF) der OECD liegt die Nachhaltigkeit des Schiffsverkehrs deshalb in einem Bündel unterschiedlicher Antriebe und Maßnahmen. Einer Studie des ITF zufolge, könnte diese Bündelung die Seeschifffahrt bis 2035 fast vollständig von fossilen Brennstoffen unabhängig machen.[377]

Die Lösung? Wasserstoff aus Methanol soll Schiffe antreiben

Im Juli 2022 wurde bekannt, dass Forschende des Fraunhofer-Instituts für Keramische Technologien und Systeme IKTS »gemeinsam mit Partnern das Antriebskonzept ›HyMethShip‹ entwickelt haben, bei dem Wasserstoff aus Methanol gewonnen wird. Die Technik benötigt keine großen Wasserstofftanks an Bord und ist daher deutlich sichererer«.[378] Das von der EU geförderte Projekt verwendet Methanol als flüssigen Wasserstoffträger, das am Hafen getankt werden soll. An Bord wird aus dem Methanol durch Dampfreformierung Wasserstoff für den Schiffsantrieb gewonnen. Damit schlagen die Forscher gleich zwei Fliegen mit einer Klappe:

1. Der Schiffsantrieb ist fast vollkommen emissionsfrei.
2. Man benötigt keine großen und potenziell gefährlichen Wasserstofftanks.[379]

Das Herzstück des Systems ist der Reaktor. Das »Methanol wird zunächst mit Wasser gemischt, durch Wärme verdampft und in den vorgeheizten Reaktor eingespeist. Dort wird die Methanol-Wasser-Mischung zu Wasserstoff und CO_2 umgesetzt«.[380] Durch die Entwicklung einer mit Kohlenstoff beschichteten Keramikmembran, durch deren extrem feine Poren die Wasserstoffmoleküle entweichen, während die Kohlenstoffdioxid-Gasmoleküle zurückgehalten werden, erreicht der Wasserstoff eine Reinheit von mehr als 90 Prozent. Er wird anschließend in den Motor geleitet, der ihn antreibt. Klimaschädliche Abgase entstehen dabei nicht.[381]

Aber es gibt noch zwei weitere Kniffe, die das System optimieren:

1. Die Abwärme des Motors wird genutzt, um den Reaktor zu heizen. Dadurch erhöht sich die Effizienz des Systems deutlich.
2. Das zurückbleibende Kohlenstoffdioxid wird im Nachgang zum Reaktor wieder verflüssigt und in die leeren Methanoltanks geleitet. Wenn das Schiff nun am Hafen ankommt, wird das CO_2 in Tanks geleitet und kann für die neuerliche Methanolsynthese verwendet werden.[382]

Fraunhofer-IKTS-Experte Dr. Benjamin Jäger erklärt: »Methanol ist ein idealer Wasserstoffträger für die Schifffahrt. Die Energiedichte ist doppelt so hoch wie bei verflüssigtem Wasserstoff, deshalb sind die Methanoltanks an Bord auch nur halb so groß. Außerdem ist es gefahrlos zu transportieren. Selbst wenn ein Tank leckt, besteht keine akute Umweltgefahr.«[383]

Ideal ist diese emissionsfreie Antriebstechnologie beispielsweise für Fähren, die fest zwischen zwei Häfen verkehren und dort jeweils eine Tankstation für Methanol zur Verfügung haben. In Zukunft wäre das Verfahren aber auch für Container- und Kreuzfahrtschiffe interessant. Jedenfalls hat der Testbetrieb gezeigt, dass die Wasserstoffbereitstellung auf Methanolbasis realisierbar ist und auch für Schiffe und ihre hohen Leistungsanforderungen mittelfristig eine Perspektive darstellt.[384] Eine weitere Alternative sind batteriebetriebene Schiffe.

Batteriebetriebene Schiffe

Für kleinere Schiffe, die einmal oder mehrmals pro Tag ihren Heimathafen anlaufen, eignet sich ein batterieelektrischer Antrieb. So kann man schon seit 2020 beispielsweise in Berlin mit einem Solarschiff über die Spree fahren. Jeweils 180 Passagiere passen auf die zwei elektrisch betriebenen Ausflugsdampfer mit dem Namen Suncat 120.[385]

Doch auch größere Pendlerschiffe werden bereits mit Batterien betrieben. Vorreiter des E-Antriebs auf dem Wasser sind die skandinavischen Reedereien. Ein Schiff namens Ellen transportiert schon seit 2019 bis zu 198 Passagiere und 31 Autos oder 5 Lkw über die 40 Kilometer lange Strecke zwischen den dänischen Inseln Ærø und Als. Der Antrieb des Pendlerschiffs besteht aus einem Batteriepaket von 4300 Kilowattstunden.[386]

Große Fährschiffe mit längeren Fahrtrouten hingegen verfügen zunehmend über hybride Antriebe. Und die funktionieren so: Die Batterien werden während der Überfahrt durch Dieselgeneratoren aufgeladen. Die Elektromotoren unterstützen den Diesel bei Hafenein- und -ausfahrten und können das Schiff auf kürzeren Fahrtabschnitten auch vollelektrisch antreiben. So verkehren die Hybridfähren Berlin und Copenhagen, die für 1300 Passagiere und 460 Autos ausgelegt sind, bereits seit Ende 2016 zwischen Rostock und der dänischen Stadt Gedser.[387]

Umweltverbände fordern ein Tempolimit auf See

Sie haben richtig gelesen: Umweltverbände und NGOs fordern schon lange ein Tempolimit auf See, damit der Kraftstoffverbrauch und die damit verbundenen Emissionen gesenkt werden. Denn ein Schiff, das um 10 Prozent langsamer fährt, benötigt auf seiner Reise rund 20 Prozent weniger Treibstoff.[388] Große Containerschiffe kommen durchschnittlich aber auf ein Reisetempo von mehr als 25 Knoten (46 Stundenkilometer), denn wie beim Gütertransport auf der Straße gilt auch hier: Zeit ist Geld![389]

Dennoch bemühen sich etliche Schifffahrtsunternehmen freiwillig um Möglichkeiten, das Tempo zu drosseln. Beim sogenannten Slow Steaming (geringere Geschwindigkeit) werden bis zu 60 Prozent Brennstoff eingespart, und das Reisetempo reduziert sich auf etwa 18 Knoten oder 33 Stundenkilometer.

Zum Vergleich:

Geschwindigkeit	Treibstoffverbrauch in 24 Stunden
18 Knoten	80 Tonnen
20 Knoten	120 Tonnen
22 Knoten	170 Tonnen[390]

Der Verbrauch und auch die Emissionen steigen also exponentiell und nicht linear zur Geschwindigkeit an. Einige Schadstoffe im Brennstoff haben sogar eine Verdoppelung der Höchstgeschwindigkeit zur Folge.[391] Dennoch sind für die Experten des International Transport Forum niedrigere Schiffsgeschwindigkeiten eine sinnvolle Maßnahme für einen umweltfreundlichen Verkehr auf dem Wasser, über die sich viel Energie einsparen lässt. Nach Berechnungen von Umweltschützern könnte eine Tempoverringerung den Schadstoffausstoß der Handelsschifffahrt um ein Drittel senken. Das entspräche der Abschaltung von 82 Kohlekraftwerken.[392]

Binnenschiffe, die für den Gütertransport eingesetzt werden, stoßen laut einer Studie, die in Form einer Masterarbeit an der Universität Duisburg-Essen vorgelegt wurde, im Durchschnitt 600 Milligramm Stickoxid pro Tonnenkilometer aus. Bei einem Lkw sind es 160 Milligramm und bei einem Güterzug 36 Milligramm. Die Schadstoffmenge, die Hochseeschiffe emittieren, liegt aber noch um ein Vielfaches höher als jene von Schiffen im Binnenverkehr. Die meisten Containerschiffe auf den Weltmeeren fahren wie gehabt mit Schweröl, einem billigen Reststoff aus der Raffinerieproduktion, der bis zu 3,5 Prozent Schwefel enthalten darf.[393] Das ist das 3500-Fache des Grenzwerts für Tankstellendiesel![394] Deshalb fordern NGOs und Umweltverbände seit Jahren ein Tempolimit auf See.

Naturgemäß sehen Reeder das ganz anders. Für viele von ihnen bedeutet ein Tempolimit auf See einen massiven Eingriff in den Betrieb und die Wirtschaftlichkeit, der planwirtschaftlichen Maßnahmen nahekäme.[395] Wichtiger aber, so ihr Argument, seien die Folgen für den technischen Fortschritt. Denn dann würde es kaum mehr Ansporn für Innovationen geben. Wenn alle Wettbewerber zu gleichen Bedingungen über die Meere fahren müssten, hätte kaum ein Unternehmen mehr Interesse daran, sich durch technische Neuerungen von anderen abzuheben.[396]

Es ist aber nicht zu leugnen, dass ein geringeres Tempo prinzipiell große Einsparpotenziale hat. Realisieren ließen sich diese etwa durch eine vorausschauende Logistik. Waren, die weniger dringend benötigt werden, könnten früher auf die Reise geschickt werden, um in gemütlichem Tempo an ihr Ziel zu kommen.[397] Eine Tempobegrenzung würde es allerdings verbieten, bei bestimmten Wetterlagen schneller zu fahren, was sinnvoll wäre, da Wellen und Wetter die Schiffe stark ausbremsen und den Kraftstoffverbrauch in die Höhe treiben. Deshalb plädieren Schifffahrtsexperten für ein konsequentes »Wetterrouting«, womit einfach eine »vorausschauende Fahrweise« gemeint ist, die sich an die Witterungsbedingungen anpasst.[398] Beispielsweise könnte ein Schiff einen Tag lang schneller fahren, um bei Seegang besser voranzukommen, danach wieder langsamer oder den Hafen einen Tag früher erreichen, wodurch sich die Klimabilanz ebenfalls verbessert. Je nach Schiff und Fahrtprofil könne Wetterrouting zwischen 5 und 25 Prozent Emissionen einsparen.[399]

Die Hafenstadt Rotterdam hat auf ihren beiden Wasserstraßen bereits vor 4 Jahren eine Tempobegrenzung für Güterschiffe umgesetzt. So dürfen Güterschiffe auf der Nieuwe Maas in Höhe der Nordseeinsel Noordereiland auf einer Länge von 4 Kilometern nur noch umgerechnet 13 Stundenkilometer fahren. Gleiches gilt für einen 10-Kilometer-Abschnitt auf dem Hartelkanal. Das Tempolimit gilt zunächst bis Januar 2025.[400]

Der Rotterdamer Hafen ist Vorreiter in Sachen Klimaneutralität

Bleiben wir bei Rotterdam. Der dortige Hafenbetrieb kündigte im Sommer 2022 verschiedene Projekte an, die zur Klimaneutralität führen sollen. Ziel ist ein CO_2-neutraler Hafen und zwar bis zum Jahr 2050.[401] Das soll durch folgende Maßnahmen erreicht werden:

1. Neue Fabrik für Batterierecycling: TES, eines der weltweit größten Unternehmen für das Recycling von Batterien und Elektronikaltgeräten, wird im Hafen von Rotterdam eine neue Fabrik bauen. Sie wird der erste Betrieb in den Niederlanden für das Recycling von Lithium-Ionen-Batterien sein. TES verfügt außerdem über ein Verfahren, bei dem die während des Recyclingprozesses entstehenden Rohstoffe zurück an die Batterieindustrie fließen können.[402]

2. Rotterdam will Europa im Jahr 2030 mit 4,6 Millionen Tonnen Wasserstoff versorgen: Die Nutzung von 4,6 Millionen Tonnen Wasserstoff bedeutet eine CO_2-Reduzierung von 46 Millionen Tonnen und steigert die Energieunabhängigkeit Europas. Im Namen von rund siebzig Unternehmen und exportierenden Ländern hat der Hafenbetrieb Rotterdam der EU ein Angebot vorgelegt, um mit der Wasserstoffwirtschaft einen Schnellstart hinzulegen.[403]

3. Air Products liefert grüne Wasserstofftankstelle im Jahr 2023: Air Products und Schenk Tanktransport arbeiten im Rahmen des Clean Hydrogen and Road Transport Project (CH2aRT) zusammen. Bei dem Projekt werden Wasserstoff-Lkw und eine öffentliche Wasserstofftankstelle entwickelt. In diesem Rahmen wird in Zusammenarbeit mit dem Rotterdamer Hafen die größte Wasserstofftankstelle in den Niederlanden realisiert, die zunächst drei emissionsfreie Lkw von Air Products, Schenk und anderen frühen Wasserstoffanwendern im Rotterdamer Hafengebiet versorgt. Die dabei gewonnenen Erkenntnisse sollen für die weitere Entwicklung und Anwendung von Wasserstoff im Schwerlastverkehr genutzt werden.[404]

4. AMR wandelt nicht wiederverwertbare Abfälle in fortschrittliche Biokraftstoffe um: Mit Advanced Methanol Rotterdam (AMR) soll im Hafen eine Anlage entstehen, die nicht wiederverwertbare Abfälle in fortschrittliches Methanol umwandelt. Der erneuerbare Kraftstoff soll fossile Kraftstoffe ersetzen, was zu einer erheblichen CO_2-Einsparung führt. Der Hafenbetrieb Rotterdam hat für diese Anlage bereits einen Standort im Hafen reserviert.[405]

5. Shell ist der erste Kunde für eine Wasserstoff-Rohrleitung im Rotterdamer Hafen: Shell ist das erste Unternehmen, das eine Vereinbarung zur Nutzung von HyTransPortRTM unterzeichnet hat. HyTransPortRTM heißt eine Wasserstoffrohrleitung, die von der Maasvlakte bis nach Pernis führt und die Industrie im Hafen nachhaltiger machen soll. Holland Hydrogen I wird dann an die Pipeline angeschlossen. Diese wird Ende 2024/ Anfang 2025 in Betrieb genommen werden. Im Laufe der Zeit soll die Pipeline dann an das nationale und internationale Wasserstoffnetz angeschlossen werden.[406]

6. Importterminals für Wasserstoff in Rotterdam: Es sollen Importterminals für grünes Ammoniak als Wasserstoffträger gebaut werden. Damit will man dem weltweit wachsenden Bedarf an der Einfuhr und Speicherung von grüner Energie entgegenkommen.[407]

7. Der Nationale Wachstumsfonds Nationaal Groeifonds unterstützt das Konzept mit 50 Millionen Euro Investition für den Binnenschifffahrtssektor. Diese werden für die Entwicklung von 75 Batteriecontainern für den maritimen Einsatz, 14 Andockstationen und 45 elektrifizierten Binnenschiffen verwendet.[408]

8. Netzanschluss Windpark Hollandse Kust: Die Hochspannungsverbindung Alpha, die für den Offshore-Windpark Hollandse Kust I und II vorgesehen ist, ist jetzt schon einsatzbereit. Windparkentwickler Vattenfall kann die Windkraftanlagen nun an das Hochspannungsnetz anschließen. Hollandse Kust

Alpha ist die erste Netzanbindung eines Offshore-Windparks auf der Maasvlakte. Es hat eine Kapazität von 700 Megawatt (1 MW = 1 Million Watt). Mit der geplanten Anbindung des Windparks Hollandse Kust (Zuid) Beta werden weitere 700 Megawatt aus den Windparks Hollandse Kust III und IV hinzukommen.[409]

9. Breite Unterstützung der Industrie für das Delta-Korridor-Projekt: Das Projekt besteht aus einem Bündel von vier Pipelines, die den Rotterdamer Hafen mit dem Rheinland verbinden. Dieses Projekt soll den Zugang zu den Kapazitäten für sauberen Wasserstoff und Kohlenstoffabscheidung und -speicherung ermöglichen, die derzeit realisiert werden. Zudem soll dies auch zu einer Verlagerung der Pipeline-Transportkapazität für Propylen und Flüssiggas führen. Die Infrastruktur wird wichtige inländische Industriecluster in den Niederlanden und Deutschland mit Abzweigungen entlang des gesamten Korridors verbinden.[410]

10. Xycle startet Ende 2022 mit dem Bau der ersten Kunststoffrecyclinganlage: Die Anlage im Rotterdamer Hafen soll jährlich 20 000 Tonnen nicht mechanisch recycelbaren Kunststoff in einen hochwertigen, nachhaltigen Rohstoff umwandeln. Dadurch soll der chemischen Industrie ein verantwortungsvoller alternativer Rohstoff für die Herstellung neuer Kunststoffe zur Verfügung stehen. Die Anlage soll im vierten Quartal 2023 in Betrieb genommen werden.[411]

Der Hafenbetrieb Rotterdam ist damit ein Vorreiter beim Übergang zur Nutzung nachhaltiger Energie und setzt auf Digitalisierung, um den Hafen und die Handelsströme noch effizienter und zukunftssicher zu machen.

Zahlen und Fakten:

- Der Hafen Rotterdam ist einer der größten Seehäfen der Welt und der größte Tiefwasserhafen Europas.
- Der Hafen selbst und die hafenbezogene Wirtschaft tragen mit 63 Milliarden Euro etwa 7 Prozent zum niederländischen Bruttoinlandsprodukt bei.
- Der Hafen beschäftigt 320 000 Arbeitnehmer; rund 60 000 von ihnen sind im Hafen selbst tätig.
- Das Hafengebiet reicht knapp 40 Kilometer von der Rotterdamer Innenstadt bis an den Hoek van Holland und nimmt etwa 100 Quadratkilometer Fläche ein.
- Der Hafen Rotterdam ist der wichtigste Handelspunkt für Erdöl in Europa. Im vergangenen Jahr kamen dort über 98 Millionen Tonnen Erdöl an.
- Im Hafen stehen vier große Raffinerien.
- Vierzig Erdöl- und Chemieunternehmen, drei Gasproduzenten und dreizehn Unternehmen, die sich primär mit der Öllagerung und -verteilung beschäftigen, haben sich bereits am Hafen angesiedelt.
- Im Hafengebiet selbst verlaufen insgesamt 1500 Kilometer Pipelines, von denen mehrere nach Deutschland führen.
- Rotterdam ist ein großer Umschlagplatz für Kohle. 2021 wurden knapp 25 Millionen Tonnen importiert – etwa ein Viertel davon aus Russland.[412]
- Der Güterumschlag beträgt rund 470 Millionen Tonnen pro Jahr.
- 30 000 Hochseeschiffe und 100 000 Binnenschiffe werden jährlich am Port of Rotterdam abgefertigt.[413]

Ein weiteres Thema bei den Ozeanriesen sind die **Liegezeiten** im Hafen. Um Strom für den Betrieb an Bord zu generieren, lassen nämlich viele Kapitäne die Dieselmotoren im Hafen weiterlaufen. Ein großes Kreuzfahrtschiff am Kai verbraucht aber genauso viel Energie wie eine ganze Kleinstadt. Deshalb sollen Schiffe künftig noch mehr als bisher über Landstrom mit Elektrizität versorgt werden, am besten natürlich aus erneuerbaren Quellen.[414]

In Hamburg können Kreuzfahrtschiffe schon seit 2016 Energie aus dem Kabel tanken. Nächstes Jahr will die Hansestadt als erster europäischer Hafen auch die großen Containerschiffe mit umweltfreundlicher Energie versorgen.[415] Europaweit gibt es aktuell aber viel zu wenige Landstromanlagen. Zudem ist die Umrüstung der Schiffe für viele Reedereien sehr teuer: Dies schlägt mit zwischen 300 000 und 2 Millionen Euro zu Buche, und der Landstrom kostet mehr als die Energie aus dem Dieselgenerator.[416]

Davon abgesehen haben kalifornische Häfen bereits 2014 Fakten geschaffen. Dort ist die Nutzung von Landstrom Pflicht. China will die Landstromanschlüsse in den großen Containerhäfen ebenfalls ausbauen, denn seit 2021 gilt auch dort eine Landstrompflicht für Kreuzfahrtschiffe, seit 2022 auch für Fähren und Containerschiffe.[417]

V. Wasserstoff im Flugverkehr

Zwar produzieren Lkw auf den Straßen und Schiffe auf den Meeren schon viele schädliche Emissionen, doch als Klimakiller Nummer eins gilt immer noch der Flugverkehr. Denn kein anderes Verkehrsmittel beeinträchtigt das Klima Kilometer für Kilometer mehr als ein Flugzeug.[418]

Seit 2009 sind die weltweiten Passagierzahlen von rund 2,5 auf fast 4 Milliarden gestiegen, und jährlich nimmt der Flugverkehr um fast 5 Prozent zu. Für die Umwelt bedeutet dies, dass 2,5 Prozent der weltweiten CO_2-Emissionen auf das Konto des Flugverkehrs gehen.[419] Das klingt nicht sonderlich beunruhigend, da die Gase aber in großer Höhe ausgestoßen werden, wo sich ihre umweltschädigende Wirkung ungebremst entfalten kann, kalkulieren Klimaforscher mit 5–7,5 Prozent.[420]

Dass der Flugverkehr sauberer werden muss, ist mittlerweile auch der Branche klar.[421] So führten EU und Deutschland bereits verpflichtende Quoten ein: Bis 2050 soll die Luftfahrt ihre Emissionen um 85 Prozent senken. Doch weite Strecken sind mit reinen E-Antrieben technisch nicht machbar. Deshalb wird bei Interkontinentalflügen die Hoffnung auf sogenannte E-Fuels gesetzt, die auf Basis von grünem Wasserstoff entstehen. Diese können herkömmlichem Kerosin beigemischt werden. Erste Produktionsanlagen entstehen bereits, eine von ihnen hat letztes Jahr im Emsland den Betrieb aufgenommen.[422] Doch bleiben wir zunächst bei den elektrischen Flugzeugen.

Elektrische Flugzeuge

Für kurze Strecken mit wenigen Passagieren sind Elektroflugzeuge eine Alternative, für lange Distanzen oder Warentransporte aber sind die Batterien zu groß und zu schwer. Denn mehr als 50 Tonnen Batterien wären nötig, um ein heutiges Passagierflugzeug in der Größenordnung eines Airbus A320 mit seinen rund 200 Sitzplätzen zu elektrifizieren, so kalkuliert das Deutsche Zentrum für Luft- und Raumfahrt. Allerdings würde diese Energie gerade mal für 20 Minuten Flugzeit reichen. Kleinere E-Flugzeuge für den regionalen Einsatz und für bis zu zehn Passagiere werden dagegen weltweit entwickelt.[423]

Deshalb liegt ein Schwerpunkt in der Erforschung der Flugzeugtechnologie darin, neue **Akkugenerationen** wie etwa Batterien auf Basis von Lithium und Schwefel zu entwickeln. Diese wären umweltfreundlicher, nicht entflammbar und könnten dreimal so viel Energie liefern wie heutige Lithium-Ionen-Akkus. Deren serienmäßiger Einsatz könnte allerdings noch bis zum Jahr 2040 dauern.[424]

Der Vorteil von elektrischen Flugzeugen liegt hier: Mit Strom aus Wind-, Sonnen- oder Wasserkraft betankt, pusten sie keine Emissionen in die Atmosphäre und verursachen auch keine indirekten Klimaschäden durch Stickoxide, Ozon, Ruß, Kondensstreifen und Wolkenbildung in 10 000 Metern Höhe.[425]

Wasserstoffflugzeuge: Vor- und Nachteile

Unter den Experten herrscht Einigkeit darüber, dass es über lange Distanzen auch in fernerer Zukunft nicht möglich sein wird, vollelektrisch zu fliegen, weil die Batterien noch zu groß und zu schwer sind. Deshalb ruhen alle Hoffnungen auf Wasserstoff. Dieser könnte einerseits direkt als Treibstoff dienen oder in synthetisches Kerosin weiterverarbeitet werden, das sich tendenziell in heutigen Wasserkraftflugzeugen vertanken lässt.[426]

Auf kurzen und mittleren Distanzen hingegen sollen zukünftig auch Brennstoffzellen-Flugzeuge starten. Dabei wird in der Brennstoffzelle Wasserstoff in elektrische Energie umgewandelt, mit der dann E-Motoren angetrieben werden. Wird das Gas mit regenerativem Strom erzeugt, kommt aus den Flugzeugdüsen nur noch Wasserdampf. Eine der technischen Herausforderungen besteht darin, dass Brennstoffzellen in großer Höhe mit dünner Luft und wenig Sauerstoff ebenso zuverlässig arbeiten müssen wie auf dem Boden und in allen anderen Höhenlagen. Das sind Probleme, mit denen sich Autokonstrukteure auf dem Erdboden beispielsweise nicht herumzuschlagen brauchen. Daher sind die Entwicklungen in der Luftfahrt kostspielig und extrem langwierig. Bis große Wasserstoffflugzeuge zugelassen und gebaut sind und von den Flughäfen starten können, werden sicherlich noch viele Jahre ins Land gehen.[427]

Damit einerseits heimische Fluggesellschaften durch stärkere Umweltauflagen gegenüber der Konkurrenz nicht ins Hintertreffen geraten und andererseits Flugzeuge überall bei der Landung die nötige Tank- und Ladeinfrastruktur vorfinden, wird auch an internationalen Vereinbarungen kein Weg vorbeiführen, denn globaler Luftverkehr braucht globale Lösungen.[428]

Betrachtet man all diese Bemühungen und Forschungen, so stellt sich unweigerlich die Frage: »Taugt Wasserstoff überhaupt als Revolutionär der Luftfahrt?«[429] Wie fast immer gibt es auch in diesem Fall Chancen und Risiken, Vorzüge und Nachteile, die ich im Folgenden ergänzen möchte, bevor ich auf aktuelle Entwicklungen eingehe:

Der größte **Vorteil** von Wasserstoff liegt darin, dass mit ihm betriebene Elektromotorflugzeuge keine oder nur wenig umweltschädliche Emissionen erzeugen. Anstelle von klimaschädlichen Abgasen entstehen nur Wasser und Wärme.[430]

Im Vergleich zum gängigen Flugzeugtreibstoff Kerosin hat Wasserstoff aber auch **Nachteile**. Da ist zum einen die deutlich geringere Energiedichte und zum anderen das Volumen von Wasserstoff, welches bei gleicher Menge an Energie ungefähr viermal so hoch wie bei Kerosin ist, was bedeutet, dass die bisherige Größe der Treibstofftanks bei einem Wasserstoffflugzeug nicht mehr ausreichen würde. Um ein Drei- bis Vierfaches größer müssten diese nach Einschätzung der Experten werden (siehe unten). Und da sind noch weitere kritische Punkte: Der flüssige Wasserstoff muss mit zusätzlichen, aufwendigen Systemen gekühlt werden, größere und druckfestere Tanks und Zusatzsysteme erzeugen aber ein höheres Gewicht, auf den Flughäfen sind Wasserstoffdepots nötig – und eine flächendeckende Versorgung mit grünem Wasserstoff muss aufgebaut werden.[431] Das sind Herausforderungen, denen man nicht in Windeseile beikommen kann.

Joseph Kallo vom Deutschen Zentrum für Luft- und Raumfahrt (DLR) zufolge wird es wohl noch 15 Jahre dauern, bis Passagiere an Bord eines Wasserstoffflugzeugs Platz nehmen können.[432] Dass es doch nicht mehr ganz so lange dauern wird, zeigen folgende Beispiele.

Airbus und Linde als Vorreiter bei der Wasserstoffversorgung an Flughäfen

Ende Juni 2022 wurde bekannt, dass der weltgrößte Flugzeugbauer Airbus bei der Wasserstoffversorgung an Flughäfen mit dem Gaskonzern Linde kooperieren und schon bis 2035 ein Passagierflugzeug mit Wasserstoffantrieb einsetzen will.[433] »Zero-E« nennt der Konzern das.[434] An diesem Termin halten die Unternehmen fest. Zunächst allerdings nur bei der Entwicklung eines Regionalflugzeugs. Größere mit Wasserstoff betriebene Flieger werde es vermutlich nicht vor 2050 geben, so Airbus kürzlich.

Zunächst muss der Flugzeugbauer sogenannte kryogene Tanks entwickeln. Das sind Tanks, in denen Wasserstoff bei tiefkalten Temperaturen in flüssigem Zustand gespeichert werden kann. Ihre Entwicklung ist knifflig, weil Wasserstoff zwar leichter ist, aber rund viermal so viel Platz benötigt wie Kerosin, sodass Wasserstofftanks drei- bis viermal so groß ausfallen wie Kerosintanks. In den

Tragflächen ist dafür nicht genug Platz, die nötigen Reservoirs müssen also im Rumpf untergebracht werden, und das geht auf Kosten der Fracht- und Passagierkapazität. Zudem muss der flüssige Wasserstoff mit zusätzlichen, aufwendigen Systemen gekühlt werden, denn damit Wasserstoff in flüssiger Form vorliegt, muss er auf minus 253 Grad gekühlt werden.[435] Die Kompetenzzentren in Nantes und Bremen werden bis 2023 voll betriebsbereit sein. Ein erster Flugtest ist für 2025 geplant.[436]

Die Kooperation von Airbus und Linde geht aber über die Entwicklung kryogener Tanks hinaus und umfasst die gesamte Infrastruktur, die für den Versorgungsprozess mit Wasserstoff notwendig ist, von der Produktion über die Speicherung am Flughafen bis hin zur Betankung der Flugzeuge. Für die Versorgung der Flughäfen hat der Konzern bereits Vereinbarungen mit Partnern und Flughäfen unterzeichnet, und zwar in Frankreich, Italien, Südkorea, Japan und Singapur.[437] Ab Anfang 2023 wollen Airbus und Linde das Potenzial sogenannter Power-to-Liquid-Kraftstoffe analysieren. Dabei handelt es sich um nachhaltigen Flugkraftstoff (SAF) aus synthetisch hergestelltem flüssigem Kohlenwasserstoff. Dieser kann in Flugzeugen mit herkömmlichen Flugzeugtriebwerken zumindest als Beimischung eingesetzt werden.[438]

Wasserstoffkapseln statt Wasserstofftanks?

Die relativ neue amerikanische Fluggesellschaft Connect Airlines bestellte im Sommer 2022 insgesamt 75 Wasserstoffflieger des Typs ATR 72-600 mit der Option weiterer 25 Exemplare. Bald schon will sie Regionalflüge in Nordamerika anbieten.[439]

Bei ATR 72 handelt es sich allerdings nicht um neue Flugzeuge. Es sind Maschinen, die von Universal Hydrogen so umgebaut werden, dass sie mit Wasserstoff aus Kapseln (!) betrieben werden können. Die ersten Exemplare sollen schon 2025 an Connect Airlines ausgeliefert werden. Der Geschäftsführer von Connect Airlines und vormaliger Chef von Virgin Australia, John Thomas, sagte dazu: »Wir haben uns verpflichtet, die erste echte emissionsfreie Fluggesellschaft der Welt zu werden, und die einzige Möglichkeit, dies in naher Zukunft zu erreichen, ist der Einsatz von Wasserstoff.«[440]

Auf die Technik der Universal-Hydrogen-Kapseln setzen auch Icelandair, Air Nostrum und Ravn Alaska.[441] Die Umrüstungssets sorgen mithilfe von Brennstoffzellen und Wasserstoffkapseln für elektrischen Antrieb. Damit kann man kerosinbetriebene Motoren ersetzen, die von Pratt & Whitney Canada stammen und Flieger von ATR und De Havilland antreiben. Der Vorteil von Wasserstoffkapseln ist, dass Flughäfen ihre Infrastruktur nicht anpassen müssen, was bei großen Wasserstoff-Tankanlagen aber der Fall wäre. Die Kapseln hingegen müssen lediglich sicher gelagert und mit Fahrzeugen zum Flieger gebracht werden.[442]

Auch Rolls-Royce mischt mit

Im Sommer 2022 kündigte auch der Triebwerksbauer Rolls-Royce ein Wasserstoffprogramm an und legte ein Update zu den Arbeiten im Bereich hybrid-elektrischer Antriebssysteme vor. Das Unternehmen plant eine umfassende Reihe von Prüfstands- und Triebwerktests. Mittelfristiges Ziel ist, den Nachweis zu erbringen, dass Wasserstoff ab Mitte der 2030er-Jahre in kleinen und mittelgroßen Flugzeugen sicher und effizient als Kraftstoff genutzt werden kann. Als langfristiges Ziel strebt Rolls-Royce auch die Flugerprobung an.[443]

Noch im Jahr 2022 ist ein Bodentest mit einem AE2100-Triebwerk in Großbritannien geplant. Zu einem späteren Zeitpunkt zusätzlich mit einem Rolls-Royce Pearl 15-Triebwerk. Das Programm des Unternehmens baut auf Tests zur Wasserstoffverbrennung auf, die die Universität Loughborough und das Deutsche Zentrum für Luft- und Raumfahrt DLR bereits durchführen.[444]

Kommt das erste klimaneutrale Wasserstoffflugzeug aus Stuttgart?

Auch das Stuttgarter Unternehmen H2Fly – ein Zusammenschluss des Deutschen Zentrums für Luft- und Raumfahrt (DLR), der Uni Ulm, dem slowenischen Flugzeugbauer Pipistrel und dem Brennstoffzellen-Spezialisten Hydrogenics – setzte Ende Juli 2022 einen weiteren Flug-Meilenstein. Das Unternehmen arbeitet nämlich mit Hochdruck am ersten Passagierflugzeug, welches das Fliegen dank Flüssigwasserstoff schon bald klimaneutral machen soll.[445]

Schon im Jahr 2016 hob das Wasserstoff-Testflugzeug HY4 zum ersten Mal ab. Das Testflugzeug wurde im Sommer 2022 mit einem zusätzlichen Flüssigwasserstofftank aufgerüstet, der die Reichweite auf bis zu 1500 Kilometer verdoppeln soll. Nach der Integration des Flüssigwasserstofftanks und der Brennstoffzellen soll Anfang 2023 dann ein intensives Testprogramm am Boden starten. An dessen Ende soll die HY4 das weltweit erste Verkehrsflugzeug stehen, das mit flüssigem Wasserstoff fliegt und einen entscheidenden Schritt auf dem Weg zu emissionsfreien Mittel- und Langstreckenflügen mit einem vollständig wasserstoff-elektrischen Antriebsstrang darstellt.[446] Ein klimaneutrales Regionalflugzeug, das aufgrund des Tests mit der Wasserstoff-Brennstoffzellen-Technologie entwickelt wird, soll voraussichtlich schon 2025 in Betrieb gehen, eine Reichweite von 2000 Kilometern haben und bis zu 40 Passagiere befördern können.[447]

H2 Clipper – der Wasserstoffzeppelin

Es gibt noch eine weitere Entwicklung, die man im Auge behalten muss - und zwar die Rückkehr des Luftschiffs.

Seit dem Brand des Zeppelins »Hindenburg«, der am 6. Mai 1937 bei der Landung in Lakehurst (New Jersey, USA) zerstört wurde, als sich die Wasserstofffüllung entzündete und dabei 35 Menschen ums Leben kamen, hat Wasserstoff in Luftschiffen einen schlechten Ruf. Nun aber soll das Gas einem modernen Luftschiff namens H2 Clipper zu ungeahnter Nutzlast verhelfen, das mit einer Geschwindigkeit von 280 Stundenkilometern bis zu 150 Tonnen klimaneutral transportieren soll.[448]

Für das amerikanische Unternehmen H2 Clipper ist ihr moderner Zeppelin der »Heilsbringer« im Kampf gegen den Klimawandel.[449] Wie ich in Kapitel 3.IV »Wichtiges Basiswissen« bereits beschrieben habe, ist Wasserstoff nur dann klimaneutral, wenn er mithilfe von Ökostrom hergestellt wird, wobei das Problem darin besteht, diesen »grünen« Wasserstoff ökologisch zu transportieren und überall im Land an Tankstellen zu verteilen. Der H2 Clipper soll dieses Transportproblem lösen und eine breit gefächerte Wasserstoffversorgung gewährleisten. Aber das ist noch nicht alles: Das Unternehmen möchte mit seinen Luftschiffen auch den gesamten Frachtverkehr umweltfreundlicher gestalten. Nach Firmenangaben

- soll ihr Zeppelin bis zu zehnmal so viel Nutzlast wie ein herkömmliches Frachtflugzeug transportieren können,
- sollen die Transportkosten nur ein Viertel des Preises betragen,
- soll die Reichweite bis zu 10 000 Kilometer betragen, das Luftschiff dabei aber mit grünem Wasserstoff betankt und dementsprechend umweltfreundlich unterwegs sein,[450]

- soll es Wasserstoff über eine Entfernung von 1600 Kilometer transportieren, was billiger sei als der Bau von Pipelines,[451]
- soll es eine Fracht mit einem Gewicht von mehr als 154 000 Kilogramm transportieren können, was vergleichbar mit der Masse von 115 Autos (Toyota Corolla) ist,
- soll es eine Höchstgeschwindigkeit von 280 Stundenkilometern erreichen (Frachtschiffe bewegen sich um ein Vielfaches langsamer).[452]

Ein weiterer Vorteil ist, dass Luftschiffe keine aufwendige Logistik, also keine Flughafeninfrastruktur brauchen. Es kann auf einer Wiese starten und landen. So könnten Güter direkt von einem Kunden abgeholt und beim Zielort angeliefert werden. Zudem werden ohne Passagiere an Bord keine Menschen gefährdet und der Clipper manövriert autonom mit der Möglichkeit einer Drohnenfernsteuerung.[453]

Das klingt tatsächlich nach einem Meilenstein im Kampf für eine klimafreundliche Zukunft. Für den Hersteller steht fest, dass wasserstoffbetriebene Luftschiffe in den kommenden Jahren zum Rückgrat der Transportlogistik werden könnten, und er verspricht, in 3 Jahren einen Prototyp vorzustellen. Bis 2028 soll dieses Wasserstoffluftschiff dann einsatzbereit sein.[454]

VI. Wasserstoff und Brennstoffzellen in anderen Bereichen

Vorbemerkung: Es gibt sehr viele verschiedene Wasserstoffprojekte. Alle aufzuzählen würde den Umfang des Buches sprengen, deshalb beschränke ich mich hier auf einige vielversprechende Beispiele.

Wasserstoff vom Meer?

Tatsächlich könnte das leichteste Element unseres Universums auch auf dem Meer produziert werden.

Bereits 2019 einigten sich die Bundesländer Schleswig-Holstein, Hamburg, Bremen, Niedersachsen und Mecklenburg-Vorpommern auf eine **Norddeutsche Wasserstoffstrategie**.[455] Ein erster wichtiger Schritt soll der Aufbau ausreichender Kapazitäten für Elektrolyse sein, jenes Verfahren, mit dem man Wasser durch das Anlegen einer elektrischen Spannung in seine Bestandteile Wasserstoff und Sauerstoff aufspaltet. Die Strategie sieht vor, bis zum Jahr 2025 mindestens 500 Megawatt und bis 2030 mindestens 5 Gigawatt Elektrolyseleistung in Norddeutschland zu realisieren. Zum Vergleich: Schon 500 Megawatt würden ausreichen, um rund 150 000 Pkw mit grünem Wasserstoff zu versorgen. Bei einer Steigerung auf 5 Gigawatt wären es 1,5 Millionen Pkw, was in etwa der Anzahl aller Pkw in Schleswig-Holstein entspricht.[456]

Mitte Februar 2022 trat der internationale Prüf-, Inspektions- und Zertifizierungsdienstleister TÜV SÜD dem AquaVentus-Konsortium als Mitglied bei. Das AquaVentus-Projekt wurde 2020 von einigen der größten Akteure der Offshore-Windenergie ins Leben gerufen, darunter RWE, Shell, Siemens Gamesa, Vestas, Parkwind, Vattenfall und Northland Power. Die Initiative will einen wesentlichen Beitrag zu dieser Transformation leisten und bis 2035 eine Produktionskapazität von 10 Gigawatt bereitstellen. Sie hat das Ziel, bis zu einer Million Tonnen grünen Wasserstoff in der deutschen Nordsee auf einer Hochseeplattform zu produzieren.[457]

Rund neunzig Organisationen haben sich im **AquaVentus-Konsortium** zusammengeschlossen, um diese Pläne gemeinsam in die Praxis umzusetzen. Von der Wasserstoffproduktion in der Nordsee bis zum Transport zum Kunden auf dem Festland umfassen diese entlang der Wertschöpfungskette zahlreiche Teilprojekte. Dazu gehört die Entwicklung von Offshore-Windparks mit integrierter Wasserstofferzeugung (AquaPrimus), einem großflächigen Offshore-Wasserstoffpark (AquaSector), einer zentralen Versorgungsleitung (AquaDuctus), Hafeninfrastrukturen (AquaPortus), einer Forschungsplattform (AquaCampus) und wasserstoffbasierten maritimen Anwendungen (AquaNavis).[458]

Im ersten Teilprojekt AquaPrimus plant das Entwicklungskonsortium die Installation von zwei 14-Megawatt-Windenergieanlagen mit jeweils einer Elektrolyseuranlage auf ihrer Gründungsplattform.[459] Ein Novum dabei ist, dass alles, was zu deren Herstellung gebraucht wird, auf den Plattformen selbst Platz finden soll: Elektrolyseeinheiten, Transformatoren, aber auch Anlagen zur Meerwasserentsalzung, um reines Wasser zu gewinnen, das so gut wie keine Fremdstoffe enthält und **für die Elektrolyse benötigt wird**.[460] Die Offshore-Windparks des Projekts sind zwischen der Insel Helgoland und der Sandbank Dogger Bank geplant, und der dort gewonnene Strom soll zur Erzeugung von Wasserstoff in Offshore-Elektrolyseanlagen verwendet werden. Der Wasserstoff soll dann **über das Leitungssystem** AquaDuctus nach Helgoland und weiter zum deutschen Festland transportiert werden. Ein Teil des im AquaPortus im Helgoländer Vorhafen gespeicherten Wasserstoffs ist für den Antrieb von Schiffen vorgesehen.[461]

Die dänische Regierung verkündete schon Ende 2020 ein ehrgeiziges Vorhaben. **Dänemark** will bis 2030 seinen CO_2-Ausstoß im Vergleich zum Jahr 1990 um ganze 70 Prozent reduzieren.[462] Dazu soll in der Nordsee eine **künstliche Insel** aufgeschüttet werden, auf die per Unterseekabel Windstrom geliefert wird, mit dessen Hilfe dort Wasserstoff, andere **Öko**gase und grüne Kraftstoffe hergestellt werden. »Die ›Insel‹ wird dazu mit Offshore-Windparks umstellt, die bis zu 10 000 Megawatt Leistung bringen sollen.«[463] Der dänische Klima- und Energieminister Dan Jørgensen verkündete, die »gasgrüne« Insel solle noch vor 2030 in Betrieb gehen. Dieses Vorgehen brächte eine Lösung für mehrere Probleme auf einmal: Erstens würde man zu mehr grünem Wasserstoff für die Energiewende gelangen, die Netze würden entlastet, wenn Strom gleich vor Ort umgewandelt wird, und die Schwankungen der Erneuerbaren ließen sich besser ausgleichen.[464] Mit den 2-Gigawatt-Inseln würde Dänemark seine Windenergiekapazitäten auf See um rund 1700 Megawatt verdreifachen. Das wäre mehr als genug, um alle heimischen Haushalte mit Energie zu versorgen. Daher solle der gewonnene Strom nicht nur direkt genutzt, sondern auch in andere EU-Staaten exportiert werden.[465]

Zwar ist der Bau und der Betrieb von Elektrolyseuren auf See aufwendiger und teurer als auf festem Boden, doch die direkte Umwandlung von Windstrom in Wasserstoff hat mehrere Vorteile:

- Grünstrom und Wasserstoff werden »genau dort produziert, wo der Wind besonders stark und beständig weht«[466].
- Die Umwandlung vor Ort kann die Stromnetze entlasten.
- »Die Kosten für die Netzanbindung von Offshore-Windparks, die bis zu 26 Prozent der Stromgestehungskosten von Offshore-Windenergie ausmachen«,[467] werden gesenkt.

Mit dem Projekt **Westküste 100**, einem »Reallabor« für Wasserstofftechnologien, wurden auch in **Deutschland** die Weichen für Wasserstoff auf See gestellt. Wichtigstes Ziel des Projekts ist es, so viel klimaschädliches Kohlendioxid einzusparen, dass innerhalb eines Jahres 1 Million Tonnen CO_2 vermieden werden. Rechnerisch entspricht das in etwa jener Menge an Kohlendioxid, die 85 000 Menschen in Deutschland jährlich verursachen.[468]

In diesem Sinne wollen im schleswig-holsteinischen Dithmarschen die Raffinerie Heide, Thyssen Krupp, der Gasnetzbetreiber OGE, der dänische Stromerzeuger Ørsted und weitere Partner mit Windstrom vom Meer grünen Wasserstoff erzeugen. Der solcherart produzierte Wasserstoff soll anschließend ins Gasnetz gespeist, in Kavernen gespeichert und für die Herstellung von klimafreundlichem Flugkerosin verwendet werden.[469] Anders als die dänischen Energieinseln werden die Anlagen nicht unmittelbar mit den Windturbinen, sondern zunächst mit dem normalen Stromnetz verbunden. Die Elektrizität für die Wasserstoffproduktion wird aus Offshore-Windparks eingekauft. Die räumliche Nähe zu den Windenergieanlagen auf See soll die Stromnetze an Land entlasten. Auf längere Sicht könnte der Strom dann direkt aus Windparks vor der Küste stammen, die neu in der Nordsee entstehen sollen.[470]

Schließlich soll in den kommenden Jahren auf dem Gelände der Erdölraffinerie in Hemmingstedt bei Heide eines der größten industriellen Wasserstoffprojekte in Europa entstehen. Es verwundert, dass bei diesem Energiewendeprojekt ausgerechnet eine Erdölraffinerie ganz vorne mit dabei ist, doch die Raffinerie Heide GmbH setzt schon seit Langem Wasserstoff ein, allerdings bislang grauen, der mit Erdgas hergestellt wird.[471] In naher Zukunft plant sie, mithilfe von Windenergie grünen Wasserstoff herzustellen, um den klimaschädlichen grauen Wasserstoff zumindest teilweise zu ersetzen. Das ist ein wichtiger Schritt in Richtung Klimaschutz. Die erste Anlage soll eine Leistung von 30 Megawatt haben. Nach der Pilotphase soll sie im Jahr 2031 durch eine 700-Megawatt-Anlage ergänzt werden. Die aktuell größte Produktionsanlage Europas für grünen Wasserstoff, die in Spanien steht, ist vor Kurzem mit 20 Megawatt gestartet. Das Projekt in Heide würde diesen Wert also um ein Vielfaches übertrumpfen. Später könnten die Anlagen mehrere Prozent des gesamten deutschen Wasserstoffbedarfs decken. Doch der Weg dahin ist lang. Experten rechnen mit 30–40 Jahren.[472]

Wasserstoffpipeline in Stuttgart

Am 1. Juli 2022 ging die Wasserstoffpipeline in Stuttgart an den Start. Das baden-württembergische Umweltministerium und die EU hatten das Projekt bewilligt, sodass die Bauplanung für die Wasserstoffpipeline des Gemeinschaftsprojekts H2 GeNeSiS umgesetzt werden konnte. Beteiligt daran sind die Wirtschaftsförderung Region Stuttgart (WRS), die Stadtwerke Esslingen am Neckar, die Stadtwerke Stuttgart, das Steinbeis-Innovationszentrum Energieeffiziente und emissionsfreie Technologien (SIEET) und das Zentrum für Sonnenenergie- und Wasserstoff-Forschung BW (ZSW).[473]

Diese Wasserstoffpipeline soll die Grundlage für eine grüne Wasserstoffwirtschaft in der Region Stuttgart bilden und darüber hinaus auch als Verteilernetzwerk für Wasserstoff fungieren. Entlang der Pipeline sollen Erzeuger und Anwender von grünem Wasserstoff angesiedelt werden. Zugleich wollen die Projektpartner verschiedenste Anwendungsbereiche für grünen Wasserstoff wie Wohnquartiere, industrienahe Unternehmen und die Mobilität testen.[474]

Walter Rogg, der die H2 GeNeSiS koordiniert, erklärte, die Wasserstoff- und Brennstoffzellentechnologie biete für die Region Stuttgart sehr gute Möglichkeiten, den Strukturwandel und die damit einhergehende Transformation der Automobilindustrie positiv zu beeinflussen. Es entständen nicht nur neue Arbeitsplätze, sondern die Region Stuttgart bleibe damit auch Vorreiter für neue Technologien sowie ein Standort zukunftsweisender Forschung und Entwicklung. Bereits heute sei absehbar, dass die geplante Pipeline wegen der hohen Nachfrage im weiteren Verlauf ausgebaut werden würde.[475]

Marc-Simon Löffler, Leiter des Fachgebiets Regenerative Energieträger und Verfahren am ZSW, betonte: »Nur mit einer ganzheitlichen Forschungs- und Innovationsstrategie entlang der gesamten Wertschöpfungskette zum Wasserstoff – von der Erzeugung über Speicherung, Transport und Verteilung bis hin zur Anwendung – wird der zügige Markthochlauf für diese Schlüsseltechnologie der Energiewende gelingen.«[476] Der in H2 GeNeSiS geplante Aufbau eines H_2-Marktplatzes und einer H_2-Pipeline entlang des Neckars seien bedeutende Meilensteine für den Aufbau einer Wasserstoffwirtschaft im Großraum Stuttgart. Die Pipeline solle Ende 2024 in Betrieb gehen.[477]

Wasserstoffpipeline in Münster

In Münster gibt es ein anderes Wasserstoffpipeline-Projekt: Die Wasserstoff-Initiative Münster und die Thyssengas GmbH[478] aus Dortmund kooperierten im Sommer 2022[479], um Münster an ein Wasserstoffnetz anzuschließen.[480]

Ab dem Jahr 2025 soll eine bestehende Erdgastransportleitung zu einer Wasserstoffpipeline umgewidmet werden. Damit soll Münster an ein geplantes NRW- und später deutschlandweites Wasserstoffnetz angeschlossen werden. Dieter Kerkhoff, Geschäftsführer und Initiator der Wasserstoff-Initiative Münster, sagte, »Wasserstoff wird aus Sicht vieler Experten zu einem immer bedeutenderen Faktor zum Gelingen der Energiewende«, deshalb beabsichtige sein Unternehmen, dieses Potenzial möglichst frühzeitig zugänglich zu machen.[481]

Emissionsfreier Wasserstoff kann unter anderem als Kühlmittel in Kraftwerken, in der chemischen Industrie, der Pharmazie, der Lebensmittelindustrie, der Metallverarbeitung oder bei der Herstellung von Düngemitteln genutzt werden. Von der zentralen Pipeline in Münsters Süden aus sind Stichleitungen in die Industrie- und Gewerbegebiete der Stadt geplant, um dortige Unternehmen mit Wasserstoff zu versorgen.[482]

Wasserstoffbatterie aus Ameisensäure und Mangan

Forschende um den Chemiker Henrik Junge am Leibniz-Institut für Katalyse in Rostock haben im Mai 2022 eine Wasserstoffbatterie auf der Basis von Ameisensäure und dem Element Mangan entwickelt. Dabei kann Wasserstoff »in der Säure chemisch gebunden und nach Belieben wieder freigesetzt werden, etwa zur Verstromung in einer Brennstoffzelle«[483].

Der Katalysator aus dem Mangankomplex soll günstiger sein als andere Katalysatoren. Vor allem aber könne man auf die seltenen Edelmetalle Rhodium und Iridium verzichten. Bei der Hydrierung von Aminosäure zu Ameisensäure werden bis zu 93 Prozent des zugegebenen Wasserstoffs chemisch gebunden, bei der Umwandlung von Ameisensäure zu Wasserstoff und Aminosäure hingegen 99 Prozent des eingespeicherten Wasserstoffs wieder frei.[484] Bei diesem Vorgang sollen zudem 99,9 Prozent des Kohlendioxids in der Batterie erhalten bleiben, was hieße, dass keine versteckten CO_2-Emissionen aufträten.[485]

Die Ergebnisse der Forschungsstudie erschienen im Mai 2022 im wissenschaftlichen Journal *Nature Energy*. Zwar zählen sie noch zur Grundlagenforschung, laut dem Fachblatt *pv magazine* könnte die Technologie aber einen schnellen Weg zur Markteinführung finden.[486]

Deutsche Forscher entwickeln Wasserstoffbatterie

Bleiben wir beim Leibniz-Institut: Ein neuartiges System zur Wasserstoffspeicherung, das zur Versorgung von Brennstoffzellen dienen soll, steht kurz vor der Patentierung und könnte eine bahnbrechende Innovation für die Zukunft sein.[487]

Chemiker am Leibniz-Institut für Katalyse (LIKAT) entwickeln gemeinsam mit der Firma Apex eine Wasserstoffbatterie. Dabei handelt es sich um »ein katalytisches System, das Wasserstoff chemisch speichert und in hochreiner Form beliebig wieder abgeben kann«[488]. Das könnte eine wichtige Alternative zu der bisher gebräuchlichen Wasserstoffspeicherung sein, wie sie für den Betrieb von Brennstoffzellen in Fahrzeugen benötigt wird. Denn für die Anwendung in Fahrzeugen setzt die Industrie bislang vorrangig auf die Wasserstoffspeicherung in Hochdrucktanks. Darin wird das Wasserstoffgas mit bis zu 700 bar in entsprechenden Behältern gelagert. Eine andere Variante ist die Speicherung von verflüssigtem Wasserstoff bei der extrem niedrigen Temperatur von minus 253 Grad Celsius. Doch beide Verfahren sind sehr aufwendig in der Anwendung. Eine weitere Möglichkeit besteht darin, Wasserstoff über Katalyse in einem flüssigen Trägermedium (Liquid Organic Hydrogen Carrier, LOHC) oder in Metallhydridspeichern zu sammeln. Doch diese Varianten sind für die mobile Anwendung ungeeignet.[489]

Mit ihrer Wasserstoffbatterie wollen die Forscher eine Alternative zu den oben genannten Varianten aufzeigen. Dabei folgt die Wasserstoffbatterie dem Prinzip einer elektrischen Batterie – mit dem Unterschied, dass anstelle von elektrischem Strom Wasserstoff genutzt wird. Als Speichermedium werden Ameisensäure und ihre Salze, sogenannte Formiate, verwendet. Normalerweise wird bei der Rückgewinnung von Wasserstoff aus Formiaten das zur Speicherung verwendete Kohlendioxid wieder frei. Indem das CO_2 in der hier vorgelegten Erfindung an eine gewöhnliche Aminosäure gebunden wird, wie sie in der Natur vorkommt, wird es hingegen dauerhaft in seinem Reaktionssystem festgehalten.[490]

Die Wasserstoffbatterie ist vielfach auflad- und entladbar. Zu Beginn wird sie mit CO_2 aus der Luft befüllt und durchläuft dann mehrmals den Zyklus der Hydrierung (H_2-Speicherung) und Dehydrierung (H_2-Freisetzung), wobei stets neuer Wasserstoff in den Speicher geladen wird.[491]

Die Wasserstoffbatterie soll als temporärer Speicher von Energie – etwa bei einer Überschussproduktion aus Photovoltaik und Windkraft – dienen, die später wieder abgerufen werden kann. Auch eine Anwendung in Langstrecken-Lkw ist denkbar.[492]

Pflanzen produzieren Wasserstoff

Dass Pflanzen tagsüber Sauerstoff und nachts CO_2 produzieren, ist hinreichend bekannt. Neu hingegen ist die Erkenntnis, dass sie alle auch Wasserstoff erzeugen – einen Wasserstoff, der im doppelten Sinne des Wortes »grün« ist.[493] Diesen Prozess, der sich mithilfe des Enzyms Hydrogenase[494] vollzieht, versuchen Forscher jetzt zur Herstellung von Wasserstoff in großem Stil nutzbar und »durch die Steuerung von Licht- und Sauerstoffzufuhr effizienter zu machen«[495], denn die pflanzlich produzierten Mengen von H_2 sind extrem gering.

Bei der Lichtreaktion der Photosynthese entsteht in Pflanzen Wasserstoff. Grund dafür ist die Tatsache, dass Hydrogenase mit anderen Enzymen in den Pflanzenzellen um die vorhandenen Elektronen konkurriert, die für die Erzeugung von Wasserstoff jedoch notwendig sind. Forscher haben nun eine Möglichkeit gefunden, die in winzigen Algen enthaltene Hydrogenase dank Lichtzufuhr bei gleichzeitigem Sauerstoffmangel auf eine wirksamere Weise Wasserstoff produzieren zu lassen. Und das funktioniert folgendermaßen:

- In ein zuckerhaltiges Tröpfchen wurden Zehntausende Mikroalgen eingestreut, »um möglichst viel photosynthesefähiges Material auf kleinem Raum zu ballen«.
- »Das Tröpfchen dient als Struktur, um die Algen an einem Ort zu konzentrieren, ohne deren Lebensfähigkeit einzuschränken.«
- »Durch einen künstlich erzeugten osmotischen Druck werden die Algen dann zu einer Art ›Algenkugel‹ zusammengedrückt, wodurch eine ›Tröpfchenfabrik‹ für Wasserstoff entsteht.«[496]

Das Ergebnis ist, dass »die Algen [...] 2,2-mal mehr Wasserstoff als unter gewöhnlichen Umständen [produzieren]«[497]. Doch der Prozess konnte bislang nur unter Laborbedingungen demonstriert werden, und die Algen überlebten maximal 168 Stunden. Wenn das Verfahren dahingehend optimiert werden könnte, dass die Algen länger überleben und sich womöglich sogar vervielfältigen könnten, würde dieser Mechanismus eine zukunftsfähige und günstige Möglichkeit bieten, um in großem Maßstab und ohne Stromzufuhr Wasserstoff zu produzieren. Das hoffen die Forscher jedenfalls.

Die biologische Wasserstoffspeicherung rückt näher

Mikrobiologen der Goethe-Universität haben zusammen mit Forschern aus Marburg und Basel erst kürzlich die Struktur eines Enzyms aufgeklärt, das aus molekularem Wasserstoff (H_2) und Kohlendioxid (CO_2) Ameisensäure bildet. »Die jetzt erstmals atomgenau beschriebene fadenförmige Struktur des Enzyms eines Bakteriums namens *Thermoanaerobacter kivui* wirkt wie ein Nanodraht und ist offenbar für die extrem effiziente Umwandlung der beiden Gase verantwortlich.«[498] Dieses Enzym ist das erste uns bekannte, das direkt Wasserstoff nutzen kann. »Alle bis dahin bekannten Enzyme, die Ameisensäure produzieren, nutzen dagegen einen Umweg: Sie erhalten die Elektronen von löslichen zellulären Elektronenüberträgern, die die Elektronen ihrerseits mit Hilfe weiterer Enzyme vom Wasserstoff empfangen. Das Bakterium *Thermoanaerobacter kivui* lebt [...] zum Beispiel in der Tiefsee und nutzt CO_2 und Wasserstoff zur Energiegewinnung.«[499]

Aufgrund seiner Struktur ist das Enzym um Größenordnungen effizienter als alle chemischen Katalysatoren und deutlich besser als alle anderen bekannten Enzyme, die Ameisensäure als flüssigen Wasserstoffspeicher aus Wasserstoff und CO_2 herstellen können. Die Forscher hoffen, dass es in Zukunft möglich sein könnte, synthetische Nanodrähte herzustellen, mit denen CO_2 aus der Atmosphäre eingefangen werden kann. Auch die biologische Wasserstoffspeicherung sei also einen Schritt näher gerückt.[500]

Wasserstoff ohne teure Edelmetalle gewinnen

Forschende der Universität Jena entwickeln seit Frühjahr 2022 ein kompaktes und kostengünstiges molekulares »Photosystem« zur lichtgetriebenen Wasserstoffgewinnung.[501] Dabei handelt es sich um ein von der Natur inspiriertes System, das unter Einstrahlung von sichtbarem Licht Wasserstoff erzeugt. Im Unterschied zu bisherigen Systemen dieser Art kommt es ohne Edel- oder Schwermetalle aus.[502]

Professor Dr. Wolfgang Weigand vom Institut für Anorganische und Analytische Chemie der Universität Jena erklärte dazu: »Das

Besondere an unserem System ist, dass es ein vergleichsweise kleiner und kompakter Metallkomplex ist, der aber keine teuren oder giftigen Metalle wie etwa Platin oder Cadmium benötigt. Dabei ist der Umsatz der Wasserstofferzeugung etwa zehnmal höher als bei ähnlichen Systemen.«[503] Und weiter: »Unser System ist inspiriert von der Natur. Manche Organismen können mithilfe bestimmter Enzyme – den sogenannten ›Eisen-Eisen-Hydrogenasen‹ – Wasserstoff herstellen. Daran orientieren wir uns in unserer Forschung.«[504] (Siehe dazu auch das vorstehende Kapitel »Pflanzen produzieren Wasserstoff«.)

Das ist ein großer Erfolg für die Wissenschaft und sehr bedeutend. Ein Indiz dafür ist die Tatsache, dass diese Studie als »Very Important Paper« im international bedeutenden Fachmagazin *Angewandte Chemie* veröffentlicht wurde. Höchstens 5 Prozent aller Publikationen wird dort dieser Rang zuteil. Auf dem Weg zur Herstellung von nachhaltigem Wasserstoff – etwa mithilfe von Sonnenlicht – ist diese Arbeit also ein wichtiger Schritt.[505]

Wasserstoffspeicher aus Metallschrott

Auch an der Front des Recyclings gibt es neue Forschungsansätze zum Thema Wasserstoff. Wissenschaftler haben jüngst eine Methode entwickelt, um industrielle Metallabfälle aus der Industrie zu chemischen Wasserstoffspeichern umzufunktionieren. So lässt sich nicht nur Magnesium recyceln, was bisher kaum der Fall ist, sondern das recycelte Magnesium findet auch Wiederverwendung beispielsweise in Form von Magnesiumhydrid, das Wasserstoffgas binden und so beispielsweise den Transport dieses Gases oder die Betankung von Schiffen mit Wasserstoff erleichtern kann.[506]

Die Nutzung von Wasserstoff erfordert Methoden, mithilfe derer er sich kompakt speichern und transportieren lässt. Als Speicher werden zurzeit Metallhydride untersucht, reversible Verbindungen aus Alkali- und Erdalkalimetallen mit Wasserstoff. Solche Feststoffe erreichen eine hohe Wasserstoff-Speicherdichte und eignen sich überall dort, wo Volumen und Sicherheit eine Rolle spielen, etwa bei der stationären Speicherung in Wasserstoff-Tankstellen oder auf Schiffen. Ein Nachteil ist, dass Abbau und großtechnische Herstellung der Metallhydride aufwendig und alles andere als umweltfreundlich sind.[507]

Eine Alternative zur Metallhydridspeicherung haben vor Kurzem Forscher vom Helmholtz-Zentrum Hereon im schleswig-holsteinischen Geesthacht vorgestellt. Dieser gemäß lassen sich hochwertige Metallhydrid-Wasserstoffspeicher auch aus Metallabfällen aus der Industrie herstellen. Die Verwendung solcher Metallabfälle hätte einen doppelten Nutzen: »Die Metalle werden wiederverwertet und helfen gleichzeitig bei der Speicherung und dem Transport von Wasserstoff.«[508]

Dazu wird der normale Magnesium-Aluminium-Schrott in Form von Spänen und grob vorzerkleinerten Stückchen in eine Industriemühle gefüllt, die diese unter Argon-Atmosphäre und Sauerstoffausschluss zu feinem Puder zermahlt. Dann wird »Wasserstoffgas unter 13 Bar Druck und bei 350 Grad Hitze in einen mit dem Metallpuder gefüllten Edelstahlbehälter [geleitet]. Unter diesen Bedingungen fördern die Metalle den Bruch der Bindungen in den zweiatomigen Molekülen des Wasserstoffgases und gehen mit dem Wasserstoff eine Bindung ein. Es entstehen Magnesiumhydrid (MgH_2) und Aluminium.«[509]

»Das Magnesium-basierte System erreichte 90 Prozent seiner Speicherkapazität in rund zehn Minuten«, berichteten die Forscher. Die »Betankung« des Materials gehe also relativ schnell.[510]

Damit der Wasserstoff zurückgewonnen werden kann, wird der Druck auf 0,5 bis 1 bar abgesenkt. Der Wasserstoff wird dann aus dem Metallhydrid wieder freigesetzt, was ebenfalls nur wenige Minuten dauert. Nach Ansicht der Forscher sind Metallhydride aus Industrieabfällen damit eine attraktive Lösung, um Wasserstoff sicher und kompakt zu speichern und gleichzeitig den bisher ungenutzten Schrott sinnvoll zu verwerten: »Unsere Forschung eröffnet einen neuen Weg zur Entwicklung umweltfreundlicher Materialien für Hochleistungs-Wasserstoffspeicheranwendungen«, sagte der Co-Autor der Forschungsstudie Claudio Pistidda. Und weiter: »Ansätze der Kreislaufwirtschaft für die Herstellung von Wasserstoffspeichermaterialien zu nutzen, ermöglicht es uns, die Energie-Herausforderungen unserer Zeit auf eine nachhaltigere Weise anzugehen.«[511]

Wasserstoff als Pulver

Aber nicht nur in Geesthacht, sondern auch in Australien sind Forscher dabei, nach Möglichkeiten zur sicheren und wirtschaftlichen Speicherung von Wasserstoff zu suchen. Auf der anderen Seite des Erdballs ist einem Forscherteam von der Deakin University eine Weltneuheit gelungen: Sie schafften es, Wasserstoff in Pulverform zu speichern. Dieser Durchbruch könnte eine sichere Lagerung und den Transport von Wasserstoff ermöglichen.[512]

Um Wasserstoff in Pulver zu verwandeln, wird Wasserstoff nicht verfestigt, sondern an Bornitratpulver gebunden, das sich äußerst gut für die Absorption von Gasen eignet. Dabei kommen neueste Erkenntnisse der Mechanochemie zum Einsatz; Mechanochemie ist ein Bereich der physikalischen Chemie, der sich mit dem chemischen Verhalten von Stoffen unter mechanischer Einwirkung befasst.[513] Dieses Verfahren wurde im Übrigen gar nicht in Hinblick auf die Wasserstoffspeicherung entwickelt, sondern war als

Alternative zur energieintensiven Kyrotechnik in der Erdölverarbeitung vorgesehen. Doch als Speicherungsmöglichkeit von Wasserstoff könnte es einen bedeutenden Fortschritt für die globale Energiewende darstellen.[514] Und so funktioniert das Verfahren:

- Wasserstoff wird als Gas in eine Kugelmühle mit Bornitrat eingeleitet. Diese ist ein rotierender Zylinder, der mit Stahlkugeln gefüllt wird, die für die Zerkleinerung von Materialien Anwendung finden.
- Dort wird unter ständiger Rotation das Gas vom Bornitrat eingeschlossen – ein Prozess, der relativ simpel und kostengünstig ist.
- Während des Mahlprozesses des Bornitrats wird der Wasserstoff mechanochemisch an das Pulver gebunden.
- Um das Gas freizusetzen, muss das entstandene Pulver lediglich wieder erhitzt werden.[515]

Zugegebenermaßen steckt die neue Technologie noch in den Kinderschuhen. Dennoch ist die Entdeckung der australischen Wissenschaftler erstaunlich und könnte weitreichende Auswirkungen für die Energieversorgung haben. Denn eine Speicherung von Wasserstoff, die ohne großen Energieaufwand auskommt und eine sichere Einlagerung sowie einen unkomplizierten Transport ermöglicht, wäre revolutionär.

Gegen Stromausfall: Das wasserstofftaugliche stationäre Brennstoffzellensystem

Im April 2022 präsentierte Bosch ein wasserstofftaugliches stationäres Festoxid-Brennstoffzellen-System (SOFC), das mit Erdgas, Biomethan, Wasserstoff oder verschiedenen Mischungen betrieben werden kann und für gewerbliche sowie industrielle Anwendungen vorgesehen ist. Es laufen zurzeit mehrere Pilotprojekte, 2024 soll das System auf den Markt kommen.[516]

Die Festoxid-Brennstoffzelle entwickelt aktuell einen elektrischen Wirkungsgrad von mehr als 60 Prozent und einen Gesamtwirkungsgrad von über 85 Prozent. Die Anlage kann bis zu 3 Kilowatt thermische Energie erzeugen. Ziel ist eine elektrische Leistung von 10 Kilowatt. [517] Das *pv magazine* schreibt dazu: »Die modularen SOFC-Einheiten können zu einer Kaskade oder einem Cluster kombiniert werden, die ein dezentrales Energieversorgungssystem bilden. Sie sind als vernetzte Geräte konzipiert, die Teil des ›Internet of Things‹ sind. In Zukunft wird es möglich sein, SOFC-Cluster zu virtuellen Kraftwerken zu verbinden, die hohe Leistungskapazitäten im Megawattbereich erreichen.«[518]

Gegenüber der Zeitschrift erklärte Wayne-Daniel Kern, Vice President SOFC bei Bosch: »Wenn diese Maschinen miteinander verbunden sind und das Stromnetz ausfällt, hat ihre Ausfallsicherheit einen Wert, den viele Investoren erkennen werden.«[519] Die aus dem System austretende Wärme habe »eine Temperatur von etwa 200 Grad Celsius, ein optimaler Wert, um sie zur Beheizung von Gebäuden oder zur Kühlung von Rechenzentren zu verwenden. Diese Wärme kann eine effiziente Ergänzung zum bestehenden Wärmeversorgungssystem eines Gebäudes sein. Die Maschinen sind in erster Linie für die Stromerzeugung gedacht, aber die Nutzung der Wärmeversorgung trägt dazu bei, die Betriebskosten zu senken.«[520]

Bosch beabsichtigt, solche Brennstoffzellen-Einheiten in großem Maßstab zu produzieren. Hierzulande betreibt das Unternehmen bereits rund fünfzig SOFC-Pilotanlagen, etwa bei den Stadtwerken

Bamberg, das die SOFC-Anlage und das Umland mit Strom versorgt. Die Wärme wird in einer nahegelegenen Bäckerei genutzt.[521]

Grüner Wasserstoff aus Pflanzenresten

Ein Forscherteam am Fraunhofer-Institut für Produktionstechnik und Automatisierung (IPA) verfolgt das Ziel, CO_2, das bei der Gewinnung von Wasserstoff aus Abfällen entsteht, beispielsweise in der chemischen Industrie als Rohstoff zu verwenden. Bislang werden Grünabfälle und Klärschlamm meist kompostiert oder verbrannt. Aufgrund der neuen Forschungsergebnisse könnte man aus dem Bioabfall Wasserstoff herstellen und somit der Atmosphäre CO_2 entziehen.[522]

Grundstoff dafür gibt es hierzulande im wahrsten Sinne des Wortes haufenweise. Denn allein in den braunen Tonnen hat die deutsche Bevölkerung im Jahr 2021 rund 4,6 Millionen Tonnen gesammelt. Hinzu kommen Abfälle aus öffentlichen Parks und Gärten, aus Landwirtschaft und Nahrungsmittelproduktion, außerdem Klärschlamm und Speisereste aus Kantinen. Alles in allem sind das gut 15 Millionen Tonnen. Bisher landet der Großteil in Kompostieranlagen oder wird verbrannt, um Wärme und Strom zu erzeugen. Doch dabei entstehen klimaschädliche Kohlendioxidemissionen. Denn ob Biomasse kompostiert oder verbrannt wird, Kohlendioxid wird dabei stets frei, denn das haben die Pflanzen zuvor per Fotosynthese aus der Luft aufgenommen. Bei der Verbrennung von Wasserstoff hingegen wird nur Wasser frei.[523]

Das Fraunhofer IPA führt nun bei einem Unternehmen ein Projekt durch, bei dem Abfälle von Obst- und Weinbauern aus der Umgebung, Kartonagen und Altholz sowie Kantinenabfälle in Wasserstoff umgewandelt werden können, der anschließend in der Metallverarbeitung genutzt wird. Die Obstreste und Kantinenabfälle werden zunächst mithilfe von Bakterien in dunklen Behältern fermentiert, wobei Wasserstoff und Kohlendioxid entstehen. Alsdann wird die fermentierte Masse in einer herkömmlichen Biogasanlage zu Methan vergoren, das ebenfalls zu Wasserstoff und CO_2 umgewandelt wird. Holz und Papierfasern hingegen können in einem Holzvergaser in CO_2 und Wasserstoff aufgespalten werden.[524]

Forscher an der Universität Stuttgart haben zu diesem Thema herausgefunden, dass Purpurbakterien aus Frucht- und Molkereiabfällen besonders fleißig Wasserstoff produzieren. Ihnen ist es gelungen, das Bakterium so zu verändern, dass es kaum mehr Licht benötigt. Das macht die Wasserstoffproduktion energiesparend. In Kooperation mit dem Fraunhofer IPA untersuchen sie derzeit, wie sich die Herstellung von Wasserstoff mit dem Purpurbakterium künftig in größerem Maßstab wirtschaftlich betreiben lässt. In einem Projekt namens H2Wood – BlackForest arbeitet das Fraunhofer IPA-Team außerdem daran, wie sich Holzabfälle mikrobiell in Wasserstoff sowie andere wertvolle Moleküle für die chemische Industrie zerlegen lassen.[525]

Die Studie »Industrielle Wasserstoff-Hubs in Baden-Württemberg« (kurz I-H2-Hub-BW)[526] des Fraunhofer IPA belegt, dass grüner Wasserstoff das Potenzial hat, den Energiebedarf von Industrie und Schwerverkehr regional abzudecken. Dafür ist aber die richtige Infrastruktur entscheidend. Ideale Standorte befinden sich in der Nähe stark befahrener Straßen mit Lkw-Betriebshöfen, an denen sich Wasserstoff-Tankstellen einrichten lassen.[527] Computersimulationen am Fraunhofer-Institut zeigen überdies, dass sich mit regional erzeugtem grünem Wasserstoff innerhalb von 10 Jahren 30 Prozent der fossilen Energie ersetzen lassen, und das nur bei Nutzung der landeseigenen Freiflächen.

Wasserstoff aus Biogas

In Deutschland gibt es rund 9000 Biogasanlagen, die in der Vergangenheit vor allem von den Grünen favorisiert wurden. Das Umweltbundesamt hingegen betrachtet diese Anlagen kritisch, weil Biogasanlagen komplexe Industrieanlagen mit erheblichem Risikopotenzial sind, da in ihnen erhebliche Mengen extrem entzündbare und klimaschädliche Gase erzeugt, gespeichert und umgesetzt werden. Tatsächlich enthalten sie bis zu 50 Prozent Kohlenstoffdioxid, das meist klimabelastend an die Atmosphäre abgegeben wird. Der Rest besteht aus Methan und kleineren Mengen an Verunreinigungen.[528]

Doch dies schreckt Forscher in unseren Nachbarländern nicht ab. Sie möchten umweltverträglichere Verfahren zur Produktion von Biogas entwickeln und es nutzen, um grünen Wasserstoff herzustellen.[529]

So setzen Forscher der Technischen Universität Graz beispielsweise auf Wasserstoff aus Biogas, das dann in Brennstoffzellen verstromt werden kann. Gemeinsam mit dem ebenfalls in Graz ansässigen Start-up Rouge H2 Engineering haben sie die sogenannte Chemical-Looping Hydrogen-Methode entwickelt, durch die Wasserstoff mit einem Reinheitsgehalt von fast 100 Prozent erzeugt wird.[530]

Professor Viktor Hacker vom Institut für Chemische Verfahrenstechnik und Umwelttechnik der TU Graz nutzt ein nachhaltiges Verfahren zur Wasserstofferzeugung, das Methangas aus Schweinegülle, Silomais und Getreideresten herstellt. In mikrobiellen Elektrolysezellen wird dem Klärschlamm Niedervoltstrom zugeführt. Gemeinsam mit den darin arbeitenden Mikroorganismen gelingt es so, den Methananteil auf bis zu 90 Prozent zu steigern. Mittelfristiges Ziel sind jedoch 100 Prozent.[531]

Die Grazer Forscher nutzen eine 10-Kilowatt-Biogasanlage. Das Verfahren funktioniert folgendermaßen:

- 1 Prozent des Gases (30 Liter pro Minute) wird abgezweigt und mit Wasserdampf vermischt.
- Mithilfe eines Katalysators entsteht daraus Synthesegas, ein Mix aus Wasserstoff (H_2) und Kohlenstoffmonoxid (CO), die getrennt werden. Der Wasserstoff entreißt dem Eisenoxid auf diese Weise den Sauerstoff.
- Übrig bleibt reines Eisen, das wiederum dem zugeführten Wasserdampf den Sauerstoff entwendet. So entsteht Wasserstoff mit einer Reinheit von 99,998 Prozent.[532]

Das Kohlenmonoxid lässt sich durch Zugabe von Wasserdampf in Methan verwandeln, das wiederum die Abhängigkeit von Erdgas reduzieren kann. Die Technologie soll inzwischen reif für den kommerziellen Einsatz sein. Der so produzierte Wasserstoff könnte für rund 5 Euro pro Kilogramm angeboten werden. Damit kann dieses Verfahren mit anderen Technologien wie der Elektrolyse konkurrieren, bei denen der Wasserstoff 5–12 Euro pro Kilogramm kostet. Der Verkaufspreis wäre allerdings höher, wenn der Wasserstoff auf 700 bar komprimiert oder gar verflüssigt würde, etwa um in Elektrofahrzeugen mit einer Stromversorgung aus Brennstoffzellen eingesetzt werden zu können.[533]

Vom Abfall zum Wasserstoff

Bleiben wir beim Thema »Abfall« und fragen uns: Was wäre, wenn Abfallsammelfahrzeuge mit sauberem grünem Wasserstoff fahren würden, der aus mechanisch-biologischer Abfallbehandlung gewonnen wird? Genau das ist der Plan der Abfallwirtschaft Region Hannover (aha). Demnach soll der komplette Abfallsammelfahrzeug-Fuhrpark Schritt für Schritt auf brennstoffzellenbetriebene

Wasserstofffahrzeuge umgestellt werden. Um langfristig eigene Wasserstoff-Tankstellen an den Fahrzeugstandorten zu versorgen, soll der grüne Wasserstoff außerdem auf dem eigenen Betriebsgelände produziert und gespeichert werden.[534]

Mit einem wasserstoffbetriebenen Müllwagen können täglich 132 Kilogramm CO_2 eingespart werden. Das entspricht rund 34 Tonnen im Jahr. Aha setzt im Raum Hannover täglich 230 Abfallsammelfahrzeuge ein, die eine Fahrstrecke zwischen 80 und 120 Kilometern zurücklegen und durchschnittlich 55 Liter Diesel je 100 Kilometer verbrauchen. Bei Wasserstofffahrzeugen hingegen würden rund 12 Kilogramm Wasserstoff für 2 Sammeltouren von jeweils 8 Stunden ausreichen.[535]

Olaf Lies, der niedersächsische Minister für Umwelt, Energie, Bauen und Klimaschutz, sagte dazu: »Bei der biologisch-mechanischen Abfallbehandlung entsteht Bio-Methan. Dieses kann entweder genutzt oder weiterverarbeitet werden. Hier wird aus Biomethan Wasserstoff gewonnen, der brennstoffzellenbetriebene Abfallsammelfahrzeuge bewegt. Das bringt die Wasserstoffmobilität voran, die bei Nutzfahrzeugen mit hohem Energiebedarf eine sinnvolle Lösung ist.«[536]

Bisher wird auf der Deponie Hannover Methangas, das aus den ausgasenden Abfällen des Deponieberges sowie aus der biologischen Abfallbehandlungsanlage stammt, in Blockheizwerken verstromt. Durch die Biomethan-Plasmalyse mittels Hochvolttechnik wird das Methangas in Wasserstoff und Kohlenstoff umgewandelt. Im Vergleich zur herkömmlichen Erzeugung von Wasserstoff benötigt die Plasmalyse nur ein Viertel der Energiemenge.[537]

Biowasserstoff und Methan aus Food-Industrieabwasser

Das Ziel des bis 2025 angelegten Forschungsprojektes Hytech an der FH Münster ist es seit einiger Zeit, Biowasserstoff und Methan aus Industrieabwasser zu gewinnen. Anfang 2022 wurde dafür eine entsprechende zweistufige Versuchsanlage in Betrieb genommen.[538]

Bei der sogenannten »dunklen Fermentation« werden organische Stoffe von Mikroorganismen unter Abwesenheit von Sauerstoff und Licht – deshalb die Bezeichnung – vor allem in Wasserstoff und flüchtige organische Säuren umgewandelt.[539]

Die Forschergruppe der FH Münster hatte bereits im Vorfeld Abwässer aus der Lebensmittelindustrie auf ihr Wasserstoffpotenzial untersucht. Es zeigte sich dabei, dass stärke- und zuckerhaltige Abwässer besonders ertragreich sind. Daher sind gerade Abwässer aus der Nahrungsmittelbranche geeignet, die bisher weitgehend ungenutzt bleiben.[540] Durch die Versuchsanlage, die rund um die Uhr in Betrieb ist, läuft Abwasser einer Brauerei. Eine Pumpe befördert das Abwasser dann aus einem Vorlagebehälter in einen kleinen Reaktor, in dem sich die wasserstoffproduzierenden Bakterien befinden. Neben Wasserstoff entstehen bei der Fermentation aber auch organische Säuren, die sich gut nutzen lassen und in einem zweiten, größeren Reaktor zu Methan und CO_2 verarbeitet werden.[541]

Die Forscher wollen aber auch die Nutzungsmöglichkeiten des erzeugten Wasserstoffs überprüfen und testen, welche zusätzlichen Verfahrensschritte nötig sind, um den grünen Wasserstoff ins Erdgasnetz einzuspeisen oder ihn in Brennstoffzellen oder auch in der Industrie nutzen zu können. Dahinter steckt die Idee, dass

Unternehmen zukünftig die dunkle Fermentation in ihre Abwasserbehandlung integrieren sollen.[542]

»Speicherhöhlen« für Wasserstoff

Während meiner Recherchen hat noch ein schwedisches Projekt mein Interesse geweckt. Denn dort wurde kürzlich ein neuartiger unterirdischer Speicher für grünen Wasserstoff eingeweiht.[543]

Gemeinsam mit dem Stahlunternehmen SSAB und dem Bergbauspezialisten LKAB hat der schwedische Stromriese Vattenfall nämlich eine unterirdische Speicheranlage für grünen Wasserstoff gebaut. Die Anlage liegt in der Nähe der Stadt Luleå in Nordschweden knapp 30 Meter unter der Erde. In den kommenden 2 Jahren wollen die Betreiber die Anlage ausgiebig erproben. Diese Art der Speicherung von Wasserstoffgas soll ebenfalls einen wichtigen Beitrag zur fossilfreien Wertschöpfungskette der Eisen- und Stahlindustrie leisten und auch für die künftige Stromversorgung von Bedeutung sein.[544]

Die Pilotanlage kostete insgesamt knapp 18,8 Millionen Euro und hat ein Volumen von 100 Kubikmetern. Es handelt sich dabei um eine sogenannte Felskaverne (»Lined Rock Cavern« – LRC). Beim LRC-Verfahren werden die Höhlenwände von einer Dichtungsschicht überzogen, die das Wasserstoffgas daran hindert, aus dem Speicher auszutreten. Zu einem späteren Zeitpunkt wird ein Wasserstoffgasspeicher mit einem Volumen von 100 000 bis 120 000 Kubikmetern erforderlich sein, der bis zu 100 Gigawattstunden in Wasserstoffgas umgewandelte Elektrizität speichern kann und beispielsweise eine große Eisenschwammfabrik 3–4 Tage lang versorgen könnte. Bis 2026 soll die Hybrit-Technologie in der ersten Demonstrationsanlage in Gällivare in großem Maßstab eingesetzt werden, danach ist der Bau weiterer Eisenschwammfabriken geplant.[545]

Ganz neu ist die LRC-Methode allerdings nicht, denn sie wird in Südschweden seit rund 20 Jahren bereits zur Speicherung von Erdgas genutzt. Mit dem geplanten industriellen Einsatz bei der Speicherung von Wasserstoff erhofft sich die LKAB eine Vorreiterposition in der europäischen Wasserstoffindustrie, die weltweit die Schaffung der ersten fossilfreien Wertschöpfungskette für die Eisen- und Stahlindustrie liefern soll.[546]

Wasserstoff-Folgeprodukte

In der Grundlagenforschung geht es auch um Wasserstoff-Folgeprodukte. Drei von ihnen möchte ich an dieser Stelle kurz skizzieren.

Projekt InnoSyn: Es will klimaschädliches CO_2 als Rohstoff nutzen, um sowohl Methan als auch Vorläufer für synthetische Kraftstoffe herzustellen. Bisher kommt dafür ein Gemisch aus Wasserstoff und Kohlenmonoxid zum Einsatz. Die Nutzung von Kohlendioxid statt Kohlenmonoxid könnte die Methan- und Kraftstoffproduktion deutlich effizienter und damit klimafreundlicher gestalten.[547]

Projekt NexPlas: Wie das Projekt InnoSyn zielt auch NexPlas darauf ab, aus grünem Wasserstoff und CO_2 höherwertige Chemikalien herzustellen. Das Ziel ist die Herstellung von Methanol, einem wichtigen Rohstoff der Chemieindustrie. Dafür verbindet das Projekt ein Plasmaverfahren mit einem Membranverfahren. Plasma entsteht, indem Gas so viel Energie zugeführt wird, dass es teilweise oder sogar vollständig ionisiert und dadurch elektrisch leitfähig wird. Das kombinierte NexPlas-Verfahren kann in dem Moment eingesetzt werden, wenn im Netz gerade mehr Strom vorhanden ist, als tatsächlich gebraucht wird.[548]

Projekt CarbonCycleMeOH: Das Bundesforschungsministerium fördert bereits seit 2014 das Projekt Carbon2Chem, das sich Abgasen der Stahlindustrie widmet. Die Machbarkeitsstudie CarbonCycleMeOH richtet ihr Augenmerk jetzt aber auch auf die Chemiebranche. Im Chemiepark Bitterfeld-Wolfen wollen Partner aus Wissenschaft und Wirtschaft untersuchen, wie Abgase des Werks genutzt werden können, um aus ihnen und grünem Wasserstoff Methanol und Methanol-Folgeprodukte herzustellen.[549]

Soweit einige stellvertretende Projekte rund um die Erforschung von H_2. Doch auch in der Politik dreht sich immer mehr um das Thema Wasserstoff.

Kapitel 5

Wasserstoff und Politik

I. Deutschlands Wasserstoffstrategie

Um uns von Deutschlands Strategie in Sachen Wasserstoff ein Bild zu machen, sehen wir uns ein paar Daten an.

Juni 2020: Die alte Bundesregierung verabschiedet ihre Nationale Wasserstoffstrategie. Insgesamt 9 Milliarden Euro sollen in den nächsten Jahren in die Förderung von Wasserstofftechnologien fließen, wovon 7 Milliarden für den Aufbau einer Wasserstoffinfrastruktur in Deutschland und die restlichen 2 Milliarden für internationale Partnerschaften vorgesehen sind.[550]

Die Wasserstoffstrategie stelle die Weichen dafür, dass »Deutschland bei Wasserstofftechnologien die Nummer eins in der Welt wird«[551], verkündet der damalige Bundeswirtschaftsminister Peter Altmaier, man müsse »die Energiewende und den Klimaschutz auf eine neue qualitative Stufe heben. Und das gelingt uns mit dem Einsatz von Wasserstoff, genauer gesagt von grünem Wasserstoff in der Energieerzeugung und der Energieverwendung.«[552]

Zunächst sollen bis 2030 Erzeugungsanlagen für Wasserstoff mit bis zu 5 Gigawatt Gesamtleistung entstehen, was ungefähr zwei Dritteln der Leistung aller in Deutschland noch laufenden Kernkraftwerke entspricht, bis 2040 ist dann eine Verdopplung auf 10 Gigawatt geplant.[553] Seit Anfang 2021 sind Elektrolyseanlagen im Übrigen von der EEG-Umlage befreit, die die Herstellung des grünen Hoffnungsgases bislang unwirtschaftlich machte.[554]

23. Dezember 2021: Einen Tag vor Weihnachten gibt das Bundeswirtschaftsministerium 900 Millionen Euro für ein Projekt zur Förderung der Wasserstoffwirtschaft frei. Es heißt H2Global und wurde kurz zuvor von der EU-Kommission genehmigt, da es im Einklang mit den im »Grünen Deal« festgelegten Umwelt- und Klimazielen der EU zu einer erheblichen Verringerung der Treibhausgas-Emissionen stehe und dazu beitrage, die steigende Nachfrage nach erneuerbarem Wasserstoff in der Union zu decken.[555]

H2Global soll über das sogenannte Doppelauktionsverfahren die Vermarktung von grünem Wasserstoff voranbringen, was im Klartext heißt: Auf dem Weltmarkt günstig eingekaufter Wasserstoff wird in der EU meistbietend verkauft, womit der Fokus von H2Global auf Wasserstoff-Erzeugungskapazitäten im Ausland liegt. Das Programm soll helfen, den Import von Wasserstoff frühzeitig anzustoßen und Handelsbeziehungen mit Partnern zu etablieren, die grünen Wasserstoff zu einem niedrigen Preis bereitstellen können[556] (siehe Kapitel 6 »Wasserstofftechnologien weltweit«).

Wie schon erwähnt: Die Regierung will mit ihren Plänen bis spätestens 2040 eine Wasserstoffindustrie mit einer Elektrolyseleistung von 10 Gigawatt aufbauen. Dazu soll vorrangig grüner Wasserstoff dienen, der mithilfe von erneuerbaren Energien erzeugt wird und dann als Basis für Kraft- und Brennstoffe in Industrie und Verkehr die Nutzung von Kohle, Öl und Erdgas ablösen kann.[557] Die ersten Lieferungen nachhaltiger Energieträger auf Wasserstoffbasis nach Deutschland und Europa sind für das Jahr 2024 geplant. Aber wann angesichts der Auswirkungen des Ukraine-Krieges der – jetzt erst recht dringend gebrauchte – Wasserstoff tatsächlich geliefert wird, steht in den Sternen.

Mitte Juli 2022: Vor diesem Hintergrund haben das Bundesministerium für Bildung und Forschung (BMBF) und die Ostbayerische Technische Hochschule Regensburg (OTH Regensburg) einen Wasserstoffatlas[558] für Deutschland vorgestellt, den man im Internet aufrufen kann[559] und der auf einer interaktiven Landkarte Stand- und Verwendungsorte für grünen Wasserstoff in Deutschland anzeigt. Dabei geht es für die Politik um viel, denn Wasserstoff gilt nicht nur als Schlüsseltechnologie für ein auf erneuerbaren Energien basierendes System, sondern in der aktuellen Gaskrise auch als Alternative zu Erdgas. Im Atlas wird deutlich, wo Pilotprojekte umgesetzt werden, wo es welche Fortschritte gibt und auch wo Potenzial für den Ausbau einer Wasserstoffproduktion besteht. Die Informationen sind detailliert und flächendeckend für alle regionalen Ebenen Deutschlands verfügbar. Das Projekt wurde vom Bund gefördert und ist frei zugänglich.[560]

Auf seiner Website antwortet das BMBF auf die Frage »Warum braucht Deutschland einen Atlas für grünen Wasserstoff«? folgendermaßen: »Um Deutschlands Wirtschaft und Industrie auf Wasserstoff umzustellen, brauchen wir erst ein klares Bild davon, welche Wasserstoff-Potenziale und Kapazitäten bereits vorhanden sind – und welche Möglichkeiten in Zukunft entstehen werden. Das bedeutet: Welche Anlagen (zum Beispiel Elektrolyseure) gibt es bereits? Wo sind neue Anlagen geplant? Wo lohnt sich der Einsatz von Wasserstofftechnologien – und wo nicht? Wo können welche Potenziale zu welchen Kosten gehoben werden? Welche CO_2-Einsparungen sind wo möglich? Welche Wertschöpfungsketten sind vorhanden oder zukünftig möglich? Wo gibt es welche Beschäftigungspotenziale? All diese Fragen beantworten Forschende mit dem Wasserstoffatlas. Er bildet damit eine wissenschaftlich fundierte Basis, um Potenziale für Wirtschaft und Industrie einzuschätzen.«[561]

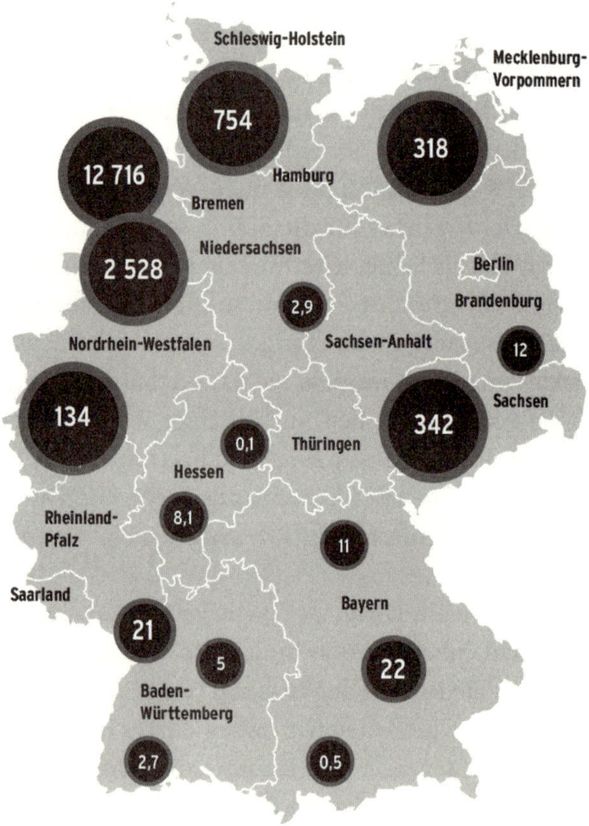

Quelle: wasserstoffatlas.de/

Auch für Unternehmen und Behörden ist der Wasserstoffatlas wichtig, denn er enthält Einschätzungen zu Verbrauch, Kosten und Emissionsminderungen der unterschiedlichen Wasserstoffanwendungen. Das soll die konkreten technischen Planungsverfahren vereinfachen. Ziel ist es, Projektplanern, Kommunen, Stadtwerken, Investoren und anderen Entscheidungsträgern ein umfassendes Bild rund um die Wasserstoffwirtschaft zu vermitteln. Außerdem werden alle Wertschöpfungsketten für grünen Wasserstoff auch regional dargestellt. So kann Wasserstoff je nach Standort direkt mit fossilen Energieträgern verglichen werden.[562]

Projektleiter Michael Sterner äußert sich zum Wasserstoffatlas folgendermaßen: »Damit befähigen wir die Regionen und ganz Deutschland, unabhängiger von importiertem Gas und Öl zu werden. Wir bringen mit dem Atlas Wissen in die Breite und erleichtern konkrete Planungen. Der Atlas zeigt das technische Wasserstoffpotenzial abzüglich des Strombedarfs vor Ort auf und macht auch den Markthochlauf sichtbar.«[563] Nach Sterners Schätzung könnte Deutschland bis 2040 jährlich bis zu 786 Terawattstunden an überschüssigem Ökostrom in Wasserstoff umwandeln.[564] Dem stimmt auch Bundesforschungsministerin Bettina Stark-Watzinger zu: »Wir wollen Deutschland zur Wasserstoffrepublik machen. In einer Zeit, in der der Gasspeicherstand so etwas ist wie der neue Inzidenzwert, ist es wichtig, über unsere Energieversorgung zu reden.«[565] Die bisherige Abhängigkeit von russischem Gas bezeichnete sie hingegen als »historischen Fehler«.[566]

Auf seiner Website[567] beantwortet das Bundesministerium für Bildung und Forschung verschiedene Fragen zum Wasserstoff. Ich habe einige davon ausgewählt, die für meine Leser interessant sein dürften und die ich wörtlich zitieren möchte:

Warum investiert die Bundesregierung in grünen Wasserstoff?

Antwort: »Grüner Wasserstoff ist zentral für das Erreichen der Pariser Klimaschutz-Ziele: Mit seiner Hilfe ist es möglich, Deutschlands größte Treibhausgas-Verursacher klimafreundlich umzugestalten und gleichzeitig den Technologiestandort Deutschland zu stärken.

Wichtigster Anwendungsbereich ist die Industrie: Grüner Wasserstoff ist die einzige Möglichkeit, bestimmte Prozesse der Chemieindustrie klimafreundlich zu gestalten und der sinnvollste Weg, Kohle in der Stahlindustrie zu ersetzen. Zudem kann Wasserstoff als alternativer Brennstoff Öfen anfeuern.

Grüner Wasserstoff kann als Kraftstoff im Verkehr eingesetzt werden – insbesondere dort, wo eine Elektrifizierung nicht sinnvoll oder möglich ist. Zusammen mit CO_2 lässt er sich zudem in andere klimafreundliche Kraftstoffe umwandeln, die Lkw, Schiffe und Flugzeuge antreiben.

Grüner Wasserstoff lässt sich dank Brennstoffzellen in Strom und Wärme umwandeln. So lassen sich Schwankungen im Stromnetz ausgleichen, Häuser beheizen und mit Elektrizität versorgen sowie Fahrzeuge antreiben. Wie und in welchem Umfang das notwendig sein wird, ist allerdings noch umstritten.«[568]

Warum setzt das Bundesforschungsministerium vor allem auf grünen Wasserstoff?

Antwort: »Nur Grüner Wasserstoff ist wirklich klimafreundlich. Denn nur Grüner Wasserstoff ist ohne fossile Rohstoffe produzierbar. Erdgas, das für Grauen, Blauen oder Türkisen Wasserstoff eingesetzt wird, muss gefördert werden. Dabei entstehen erhebliche Emissionen, da dabei kleine Mengen an Methan (CH_4) entweichen, das etwa 25-mal klimaschädlicher als CO_2 ist. Zusätzlich fallen bei der Wasserstoffproduktion CO_2-Emissionen an. Bei herkömmlichem (Grauem) Wasserstoff fallen während der Spaltung von Erdgas pro Tonne Wasserstoff rund zehn Tonnen CO_2 als Abfallprodukt an. Bei Blauem Wasserstoff wird dieses CO_2 zwar eingefangen und meist unterirdisch gespeichert – allerdings birgt die Speicherung Risiken, hohe Kosten und ist in Deutschland von der Gesellschaft nicht akzeptiert.«[569]

Warum will Deutschland in die Produktion von grünem Wasserstoff einsteigen, obwohl es keinen Strom »übrig« hat?

Antwort: »Deutschland nimmt im Bereich der Technologie-Exporte weltweit eine Führungsposition ein. Die Entwicklung für die Energiewende wegweisender Wasserstofftechnologien kann diese Position dauerhaft stärken und gegebenenfalls sogar ausbauen. Wasserstofftechnologien ›Made in Germany‹ sollen künftig in großem Stil exportiert werden. Dazu muss Deutschland entsprechende Anlagen zunächst im eigenen Land aufbauen und demonstrieren. Zudem gibt es auch in Deutschland Bereiche, in denen eigene Wasserstoff-Elektrolyseure sinnvoll eingesetzt werden können.

Der Verband Deutscher Maschinen- und Anlagenbauer gibt für deutsche Anlagenbauer im Bereich Elektrolyseure einen Weltmarktanteil von mehr als einem Sechstel an. Ziel der Bundesregierung ist es, diesen Anteil durch weitere aus Forschung und Entwicklung resultierende Innovationen zu festigen. So sollen in diesem wachsenden Wirtschaftszweig Arbeitsplätze geschaffen und Exportchancen genutzt werden.«[570]

Welche nationalen Projekte fördert das BMBF?

Antwort: Mit der Nationalen Wasserstoffstrategie stärkt die Bundesregierung die deutsche Wasserstoffforschung und bereitet Deutschlands Einstieg in die Wasserstoffwirtschaft vor. Hier lesen Sie mehr über die Förderinitiativen des BMBF.

Die Kopernikus-Projekte leisten den größten Beitrag zur bisherigen Wasserstoff-Forschung des BMBF. Insbesondere das Kopernikus-Projekt P2X erforscht Grünen Wasserstoff von der Erzeugung über die Transportierbarkeit bis hin zur Nutzung. [...] Die bisher größte Initiative des Bundesforschungsministeriums bilden mit einem Fördervolumen von 700 Millionen Euro die Wasserstoff-Leitprojekte. In den drei industriegeführten Leitprojekten entwickeln Wirtschaft und Wissenschaft gemeinsam Lösungen, um Hürden auszuräumen, die eine deutsche Wasserstoffwirtschaft noch behindern:

1. Hochskalierung und Serienfertigung von Elektrolyseuren (H2Giga)
2. Offshore-Erzeugung von Wasserstoff ohne Netzanbindung (H2Mare)
3. Technologien für den Transport von Wasserstoff (TransHyDE)

Die Wasserstoff-Leitprojekte [...] suchen Antworten auf grundlegende Fragen der Wasserstoffwirtschaft und legen so die wissenschaftliche Basis für neue Produkte und Anwendungen in fünf Themenbereichen:

1. Wasserstofferzeugung
2. Wasserstoffspeicherung
3. Wasserstofftransport
4. Wasserstoffnutzung
5. Übergreifende Wasserstoffforschung

So entwickelt beispielsweise das Projekt AEMready die edelmetallfreie AEM-Elektrolyse weiter, H2Meer untersucht die Herstellung von Wasserstoff aus Meerwasser, CORAL-HD will die Lebensdauer von Brennstoffzellen in Nutzfahrzeugen verbessern, und CarbonCycleMeOH analysiert, wie aus Abgasen eines Chemiewerks mithilfe von Wasserstoff neue Basischemikalien hergestellt werden können […].

Im März 2021 sind 16 Projekte der ersten Bewerbungsrunde gestartet, weitere 23 Projekte der zweiten Runde befinden sich derzeit in der Bewilligung, 139 der dritten Runde im Gutachterverfahren. Insgesamt wurden bisher 285 Projektskizzen eingereicht. Einreichungen für die vierte Runde sind weiterhin möglich.«[571]

Diese beim Bundesministerium für Bildung und Forschung eingereichten Projekte sind durchaus interessant. Drei davon werde ich Ihnen jetzt vorstellen

H2Giga

Wie hoch Deutschlands Bedarf an grünem Wasserstoff zukünftig genau sein wird, ist nicht sicher. Klar ist allerdings, dass er mehrere Millionen Tonnen jährlich betragen wird. Um den Bedarf decken zu können, bedarf es großer Kapazitäten an leistungsfähigen, kostengünstigen, langlebigen und skalierbaren Elektrolyseuren. Zwar sind bereits heute leistungsfähige Elektrolyseure auf dem Markt (siehe Kapitel 3.IV »Wichtiges Basiswissen«), allerdings erfolgt ihre Herstellung noch immer größtenteils in Einzelarbeit; in Serie hergestellte Elektrolyseure sind aber notwendig, um grünen Wasserstoff wettbewerbsfähig zu machen.[572]

Das Leitprojekt H2Giga verschreibt sich daher technologieoffen der Entwicklung serieller Produktion von Elektrolyseuren. Gemeinsam bringen etablierte Hersteller, Zulieferer aus verschiedenen Technologiebereichen, darunter viele mittelständische und kleine Unternehmen, sowie Forschungseinrichtungen und Universitäten Elektrolysetechnologien weiter voran. Folgende Technologien sind bereits reif für das »Fließband« oder sollen es bald werden:

- die PEM-Elektrolyse
- die alkalische Elektrolyse (AEL)
- die Hochtemperatur-Elektrolyse (HTEL)
- die Elektrolyse mit anionenleitender Membran (AEM)

All diese Verfahren können mithilfe von erneuerbarem Strom Wasser in Wasserstoff und Sauerstoff auftrennen. Dabei sind die verschiedenen Elektrolyseurtypen jeweils für spezielle Einsatzgebiete geeignet. Deshalb wird die Entwicklung und Skalierung der einzelnen Technologien mit den Branchen abgestimmt, in denen sie anschließend zum Einsatz kommen. Zudem soll das Leitprojekt einen ständigen Austausch zwischen Wirtschaft und Wissenschaft gewährleisten, wobei die Wirtschaft ihre Bedarfe und Wissenslücken an die Wissenschaft kommuniziert.[573]

So sollen nach Beschreibung des Ministeriums zeitnah effiziente Produktionsverfahren entwickelt werden, die auch Aspekte wie Recycling und einen flexiblen Betrieb berücksichtigen. Ein Innovationspool soll zudem garantieren, dass H2Giga seine Innovationsfähigkeit auch mit Blick auf die Zukunft nicht verliert. Des Weiteren will das Leitprojekt für Ausbildung sowie Weiterbildung sorgen und eine Vielzahl an Arbeitsplätzen schaffen.[574]

H2Mare

Ein weiteres Leitprojekt ist H2Mare, bei dem Wasserstoff direkt auf hoher See produziert werden soll. Denn auf See herrschen beste Bedingungen zur Erzeugung erneuerbaren Stroms (siehe dazu auch das Unterkapitel 4.VI »Wasserstoff vom Meer«). Die direkte Herstellung von grünem Wasserstoff in Offshore-Anlagen aus Windenergie ohne Netzanbindung kann die Kosten gegenüber der Erzeugung auf Land deutlich senken. Das Leitprojekt H2Mare erforscht daher die Offshore-Erzeugung von grünem Wasserstoff und anderen Power-to-X-Produkten.[575]

Wie Sie schon erfahren haben, erzeugen Windenergieanlagen auf See deutlich mehr und vor allem regelmäßiger Strom als ihre Pendants an Land. So beträgt die mittlere Nennleistung von Onshore-Windrädern an Land rund 3,5 Megawatt, diejenige von Offshore-Anlagen auf See aber 5 Megawatt. Dieses Potenzial will das Wasserstoff-Leitprojekt H2Mare nutzen. Dabei sollen die Partner den Wasserelektrolyseur direkt in eine Windkraftanlage integrieren. Diese direkte Kopplung soll die Kosten der Wasserstoffproduktion minimieren, denn wenn keine Anbindung ans Stromnetz erforderlich ist, können die Infrastrukturkosten erheblich gesenkt werden. Zudem bedeutet die Entkopplung von Elektrolyse und Netz eine Entlastung für örtliche Netzstrukturen. Ein weiterer Vorteil der Wasserstoffherstellung auf dem Meer besteht darin, dass hier weit größere potenzielle Flächen zur Erzeugung von Windenergie zur Verfügung stehen als an Land.[576]

Da die Produktion auf See zahlreiche Vorteile hat, arbeitet H2Mare auch an Lösungen, um mit dem grünen Wasserstoff direkt Folgeprodukte wie beispielsweise grünes Methanol oder grünen Ammoniak zu erzeugen – also Offshore Power-to-X. Damit dies gelingen kann, wollen die Partner zugleich zukunftsweisende Ansätze wie die Wasserdampfelektrolyse und die Meerwasserelektrolyse vorantreiben. Außerdem sollen Kohlendioxid und Stickstoff, die als Eingangsstoffe für die Power-to-X-Produkte erforderlich sind, aus der Luft oder dem Meerwasser gewonnen werden sowie

Antworten auf offene Fragen zu Sicherheit, möglichen Umweltauswirkungen, Lebenszyklusanalysen und Technologiebewertungen erarbeitet werden.[577]

TransHyDE

Jedem Verantwortlichen ist klar: Ohne eine geeignete Transportinfrastruktur kann die Wasserstoffwirtschaft auf Dauer nicht funktionieren. Besonders für den Import werden andere Lösungen als Gaspipelines benötigt. Ideen dazu gibt es viele – unklar ist jedoch, welche Lösung für welche Anwendung geeignet ist und wie diese am besten kombiniert werden. Das Leitprojekt TransHyDE hat sich daher der Entwicklung von Technologien zum Wasserstofftransport verschrieben.[578]

Denn um zur sogenannten Klimaneutralität zu gelangen, braucht Deutschland mehrere Hundert Millionen Tonnen Wasserstoff jährlich. Zwar soll ein Teil davon hierzulande selbst produziert werden, der deutlich größere Teil wird aber aus wind- und sonnenreichen Regionen importiert werden müssen (siehe Kapitel 6 »Wasserstofftechnologien weltweit«). Gut funktionierende und effiziente Transportinfrastrukturen sind in beiden Fällen notwendig, denn selten wird der Wasserstoff auch dort genutzt, wo er hergestellt wird.[579]

Es werden Transportlösungen für kurze, mittlere und lange Strecken benötigt, und über die bereits bestehenden Gasnetz- und Gasspeicherinfrastrukturen hinaus wird man auf gänzlich neue Transporttechnologien angewiesen sein. Derzeit fehlt es aber noch an geeigneten Standards, Sicherheitsvorschriften und internationalen Regelungen, und zahlreiche Transporttechnologien wurden vorerst nur in kleinem Maßstab getestet. Deshalb entwickelt das Leitprojekt TransHyDE verschiedene Transporttechnologien umfassend weiter.[580] Vier Demonstrationsprojekte werden gerade getestet:

1. Wasserstofftransport in Hochdruckbehältern
2. Wasserstofftransport in bestehenden Gasleitungen
3. Transport von in Ammoniak gebundenem Wasserstoff
4. Wasserstofftransport mittels LOHC[581]

Schon jetzt ist klar: Für einen umfassenden Markteinstieg von Wasserstoff-Transporttechnologien sind neue Standards, neue Normen und neue Zertifizierungen erforderlich. Daher widmet das Projekt diesem Themenbereich ebenso wie den Themen Materialtestung, Sensorik und Sicherheit ein eigenes Arbeitspaket. So wird sichergestellt, dass alle entwickelten Lösungen langlebig, effizient und sicher sein werden.[582] Und dies sind die TransHyDE-Projekte:

Mukran (Neuartige Speicherbehälter): Auf der Insel Rügen liegt der Mukran Port, und das ist, was nur wenige wissen, Deutschlands nordöstlichster Seehafen. Hier entwickelt das TransHyDE-Projekt Mukran einen innovativen Hochdruck-Kugelspeicher für Wasserstoff. Dieser soll im Laufe des Projekts auf hoher See zum Einsatz kommen und in die Offshore-Anlage von H2Mare (siehe oben) integriert werden, um den dort produzierten grünen Wasserstoff zwischenzeitlich zu speichern. Der Kugelspeicher soll auch auf seine Eignung getestet werden, Wasserstoff per Schiff nach Hamburg zu transportieren.[583]

Get-H2 (Umstellung von Erdgasleitungen): Ein Großteil des Wasserstofftransports wird künftig über Gasleitungen erfolgen (siehe Unterkapitel 3.IV »Ist Wasserstoff kompatibel mit der bestehenden Erdgas-Netzinfrastruktur?«). Um Materialfragen zu beantworten, investierte Get-H2 daher in ein Test- und Demonstrationsumfeld rund um eine Versuchspipeline. Außerdem werden Sicherheits- sowie Überwachungstests durchgeführt.[584]

Campfire (Ammoniak als Transportmittel für Wasserstoff): Das Projekt Campfire testet das Potenzial von Ammoniak als Wasserstoff-Transportmöglichkeit, denn besonders für die Rückgewinnung von Wasserstoff aus Ammoniak herrscht noch erheblicher Forschungsbedarf. Um diesen Schritt effizient hinzubekommen, will Campfire auf Ergebnisse aus den TransHyDE-Forschungsverbünden zurückgreifen. Ziel ist die Bindung von Wasserstoff in Ammoniak für den Transport und die anschließende Wiederauslösung.[585]

Helgoland (Wasserstofftransport mit organischen Trägerflüssigkeiten, LOHC): Dieses Projekt testet eine Wasserstoff-Logistikkette über Land und über See. Via Pipeline gelangt grüner Wasserstoff von der Offshore-Anlage des Leitprojekts H2Mare auf die Insel Helgoland. Für den weiteren Transport wird der Wasserstoff an organische Trägerflüssigkeiten, sogenannte LOHCs, gebunden. Dadurch lässt sich Wasserstoff genauso transportieren wie Öl oder Kraftstoff und kann mit der bereits bestehenden Infrastruktur verschifft werden. Dazu baut das TransHyDE-Projekt Helgoland im Hamburger Hafen eine Dehydrieranlage, die den Wasserstoff wieder vom LOHC löst.[586]

Grundlagenforschungsprojekte

Das BMBF verfolgt außerdem verschiedene Grundlagenforschungsprojekte. Ich möchte zwei von ihnen kurz vorstellen:

- **H2Meer (Wie sich grüner Wasserstoff aus Meerwasser herstellen lässt):** Zukünftig soll grüner Wasserstoff direkt aus Meerwasser hergestellt werden. Allerdings ist diese Technologie noch weit davon entfernt, praktisch umsetzbar zu sein. Daher sollen im Rahmen des Projekts H2Meer zunächst stabile Materialien und Komponenten für die Meerwasserelektrolyse entwickelt und Meerwasserelektrolyseure optimiert werden. Funktioniert die Elektrolyse von Meerwasser zukünftig in industriellem Maßstab, ließe sich auch die Wasserstoffproduktion direkt auf See kostengünstiger umsetzen. Deswegen bezieht auch das Wasserstoff-Leitprojekt zur Offshore-Produktion das Thema Meerwasseranalyse in seine Forschung mit ein.[587] Mehr dazu auch in Unterkapitel 4.VI »Wasserstoff vom Meer«.

- **H2Demo (Wie Solarmodule direkt grünen Wasserstoff herstellen können):** Bisher erfolgte die Produktion von grünem Wasserstoff in zwei Schritten:

  1. Die Energie von Wind und Sonne wird in Strom umgewandelt.
  2. Der Strom betreibt dann Wasserelektrolyseure, die Wasser in Sauerstoff und Wasserstoff aufspalten.

  Das Projekt H2Demo will diese beiden Schritte vereinen und Sonnenenergie direkt zur Wasserstofferzeugung nutzen. Dazu benötigt man Solarmodule, die eine ausreichend hohe Spannung (> 1,6 Volt) erzeugen, um Wasser direkt zerlegen zu können.[588]

II. Die »grüne« Regierung verschleppt den Einstieg in die Wasserstoffwirtschaft

Trotz der oben beschriebenen ambitionierten Wasserstoffprojekte warten Mineralölbranche und Wasserstoffwirtschaft auch im

Herbst 2022 noch auf den politischen Startschuss für den Einsatz von grünem Wasserstoff. Das Umweltministerium zögert aus vorgeschobenen Gründen, die ich weiter unten erläutern werde.[589] Denn eigentlich könnte der Einsatz von grünem Wasserstoff die CO_2-Bilanz der Rohölverarbeitung erheblich verbessern, und man würde angesichts der Auswirkungen des Ukraine-Krieges und der globalen Krisensituation gleich drei Fliegen mit einer Klappe schlagen:

1. Die CO_2-Bilanz des Raffinerieprozesses, der Verarbeitung von Rohöl und der dort produzierten Rohstoffe würde deutlich verbessert werden, weil der Wasserstoff den fossilen Energieträger Erdgas verdrängen würde.
2. Es würden Anreize für Investitionen in die Wasserstoffelektrolyse geschaffen.
3. Die Abhängigkeit von importiertem Erdgas würde sinken.[590]

Werner Diwald, Vorstandsvorsitzender des Deutschen Wasserstoff- und Brennstoffzellenverbands (DWV), klagt: »Alles spricht dafür, möglichst rasch den rechtlichen Rahmen für den Einsatz von grünem Wasserstoff in Raffinerien zu schaffen. Doch das Bundesumweltministerium vermeidet es seit Jahren, den entscheidenden Schritt zu tun.«[591] Vor dem aktuellen Hintergrund der gefährdeten Erdgasversorgung Deutschlands sei es absolut nicht nachvollziehbar, warum die Bundesregierung nicht für den erforderlichen Rechtsrahmen sorge.[592] Denn etwa 40 Prozent des in Deutschland produzierten grauen Wasserstoffs werden für die Verarbeitung von Rohöl in Raffinerien benötigt, durch den Einsatz von klimafreundlich erzeugtem Wasserstoff könnten aber je Tonne Wasserstoff 9–10 Tonnen CO_2-Emissionen vermieden werden.[593]

Das Umweltministerium vertröstet auf Ende 2022, denn zunächst müssten Entwürfe der EU-Kommission für zwei delegierte Rechtsakte verabschiedet werden. Im Anschluss werde das Ministerium dann die notwendigen Anpassungen erarbeiten und erlassen. Wie lange das aber tatsächlich dauern wird, weiß niemand.[594]

III. Die Wasserstoffstrategie der EU

Auch die EU hat eine gigantische Wasserstoffoffensive ausgerufen und will insgesamt sage und schreibe 430 Milliarden Euro investieren. In einer Studie rechnet die EU vor, dass in der Branche auf diese Weise langfristig 5,4 Millionen Arbeitsplätze geschaffen werden und ein Jahresumsatz von 800 Milliarden Euro entstehen könnten.[595] Der Wasserstoffanteil am Energiemix soll in den nächsten Jahrzehnten von aktuell rund 1 Prozent auf knapp 25 Prozent steigen. Das sind ambitionierte Ziele.[596]

Im Mai 2022 entwarf die Europäische Kommission für die Herstellung von grünem Wasserstoff außerdem neue Rahmenbedingungen. Die Mitglieder des bereits oben benannten Projekts **TransHyDE** hatten Vorschläge erarbeitet, durch welche Anpassungen eine grüne Wasserstoffwirtschaft besser unterstützt werden könnte.[597] Nach Ansicht der in TransHyDE vertretenen Mitglieder aus Industrie und Wissenschaft sind die aktuell vorgesehenen EU-Kriterien für grünen Wasserstoff zu eng gefasst, die erforderlichen Mengen könnten damit in absehbarer Zeit nicht gewährleistet werden. Daher schlugen die Verantwortlichen von TransHyDE folgende Anpassungen vor:

- Damit alle verfügbaren Kapazitäten für Strom aus regenerativen Quellen ausgeschöpft werden, sollen geförderte Anlagen für erneuerbare Energien auch für die Produktion von grünem Wasserstoff zur Verfügung stehen.

- Für die Inbetriebnahme von Anlagen zur Wasserstoffproduktion sollen bis 2030 – nicht nur 2026 – weniger strenge Kriterien gelten, was insbesondere für längere Planungs- und Genehmigungszeiten wichtig sei.
- Innerhalb der Startphase aktivierte Anlagen sollen auch nach 2030 von allen Kriterien befreit bleiben.[598]

Ein weiteres EU-Projekt trägt den Namen **IPCEI Hy2Tech**. Dieses soll für die Erzeugung, die Speicherung, den Transport und den Vertrieb von Wasserstoff sorgen und hat bereits fünfzehn EU-Länder hinter sich stehen. In der Hoffnung, dass mit den staatlichen Finanzspritzen auch die privaten Investitionen in den Wasserstoffsektor zunehmen, prognostiziert die EU bis zu 8,8 Milliarden Euro private Fördermittel, die infolge der staatlichen Unterstützung generiert werden könnten.[599]

Die für Wettbewerb zuständige EU-Kommissarin Margrethe Vestager betonte: »Wasserstoff hat ein enormes Potenzial für die Zukunft«, er sei für den »ökologischen Wandel unverzichtbar«.[600] Auch EU-Binnenmarktkommissar Thierry Breton sieht im Wasserstoff großes Zukunftspotenzial – auch hinsichtlich der Schaffung vieler neuer Arbeitsplätze. Den Erwartungen der EU zufolge würden dank der Wasserstoffindustrie allein in jenen EU-Ländern, die bei diesem Projekt mitmachen, kurzfristig etwa 20 000 neue Jobs entstehen.[601]

Beim IPCEI Hy2Tech-Projekt sind 41 Teilprojekte integriert, an denen insgesamt 35 EU-Unternehmen beteiligt sind – vier davon aus Deutschland, darunter Daimler Truck und Bosch (siehe unten). Nach eigener Aussage des Bundeswirtschaftsministeriums handelt es sich bei diesem Projekt um ein »transnationales, wichtiges Vorhaben von gemeinsamem europäischem Interesse, das mittels staatlicher Förderung einen wichtigen Beitrag zu Wachstum, Beschäftigung und Wettbewerbsfähigkeit der europäischen Industrie und Wirtschaft leistet«.[602]

Die ersten vier deutschen Projekte dürfen auf Basis einer beihilferechtlichen Genehmigung staatlich gefördert werden. Das Bundesministerium für Wirtschaft und Klimaschutz (BMWK) und das Bundesministerium für Digitales und Verkehr (BMDV) erzielen damit einen wichtigen Erfolg, der durch enge Zusammenarbeit mit den Unternehmen, der Europäischen Kommission und den weiteren beteiligten europäischen Mitgliedstaaten erreicht werden konnte.[603]

Bundeswirtschaftsminister Robert Habeck gab dazu den Kommentar ab: »Die vier deutschen Projekte leisten einen wichtigen Beitrag zur Entwicklung von Wasserstofftechnologien, der Fokus liegt auf der Entwicklung von Elektrolyseuren und Brennstoffzellen. Mich freut ganz besonders, dass wir diesen wichtigen Schritt gemeinsam mit den anderen beteiligten Staaten gehen können. Die Projekte sind bedeutsam für ganz Europa. Dennoch haben wir noch einen langen Weg vor uns: Viele weitere Projekte aus den Bereichen Industrie, Erzeugung, Infrastruktur und Mobilität stehen in den Startlöchern und müssen noch genehmigt werden, um eine echte Wasserstoffwirtschaft entwickeln zu können. In einem nächsten Schritt werden nun die konkreten Förderbescheide erstellt.«[604]

Bundesverkehrsminister Dr. Volker Wissing ergänzte: »Die Wasserstofftechnologie hat das Potenzial, Mobilität neu und ganzheitlich zu organisieren – von der Produktion der Energie über die Antriebstechnologie bis hin zur Tankinfrastruktur. Mit der IPCEI-Förderung bieten wir deutschen Unternehmen erstmals die Chance, grenzüberschreitende Projekte mit europäischen Partnern im Bereich Wasserstoff- und Brennstoffzellentechnologie umzusetzen. Damit stärken wir in einer wirtschaftlich schwierigen Zeit die Innovationsfähigkeit und globale Wettbewerbsfähigkeit und schaffen neue Arbeitsplätze in Deutschland.«[605]

Die beihilferechtliche Genehmigung erlaubt dem BMWK die Förderung von zunächst zwei der vier deutschen Projekte:

1. **BoschPowerUnits** erforscht stationäre Brennstoffzellen-Systeme auf Festoxid-Basis. Die Systeme dienen der modularen und vernetzten Erzeugung von Strom und Wärme durch Wasserstoff. Das Unternehmen will in dem Projekt letzte Forschungs- und Entwicklungsschritte auf dem Weg zur Serienfertigung gehen und soll an den Standorten in Baden-Württemberg, Bayern und im Saarland realisiert werden.

2. **Sunfire1500** der Sunfire GmbH soll Elektrolyseure der Alkali- (AEL) und der Hochtemperatur-Technologie (SOEC) in Serienfertigung bringen. Der wesentliche Investitionsstandort für die Fabriken wird Sachsen sein, für AEL auch anteilig NRW. Gleichzeitig soll die Produktion als Blaupause für die zukünftige europäische Serienproduktion dienen.[606]

Es folgten zwei weitere Projekte:

1. **Pegasus** – ein Projekt, in dem die Daimler Truck AG mithilfe der Antriebsstränge von Zugmaschinen und Anhängerkombinationen, die auf Brennstoffzellen basieren, den grenzüberschreitenden Güterverkehr auf dem Landweg dekarbonisieren will, doch ohne dabei wichtige Leistungskriterien sowie die Flexibilität der Zugmaschinen infrage zu stellen. Die Praktikabilität, Zuverlässigkeit und technische Reife dieser neuen

Antriebe soll auf mehreren großen Logistikrouten in der Zentral-EU getestet werden.

2. **NextGen HD Stack** von EKPO Fuel Cell Technologies will eine neue Generation von leistungsstarken Brennstoffzellen-Stackmodulen entwickeln und deren Kommerzialisierung vorantreiben, die zugleich auch den CO_2-Fußabdruck der Produktion deutlich reduzieren werden. Die Haupteinsatzbereiche dieser neuen Stack-Technologie sollen Nutzfahrzeuge, Busse, Schiffs- und Bahnanwendungen sowie die stationäre Stromerzeugung sein.[607]

Ein anderes Projekt der EU trägt den Namen **MOST-H2** (Novel metal-organic framework adsorbents for efficient storage of hydrogen). Es soll ein innovatives Konzept zur Wasserstoffspeicherung vom Labor bis zum Tank entwickeln.[608] Dabei kommen monolithische metallorganische Gerüstverbindungen (Metal- Organic Frameworks – MOFs) zum Einsatz, die nicht nur kosteneffizient sind, sondern auch einen geringen ökologischen Fußabdruck hinterlassen.[609] Auf dem Weg dorthin ist ein wichtiges Ziel des Projekts also die Entwicklung ultraporöser MOF-basierter Wasserstoff-Adsorptionsmittel. Das Projekt wurde Ende Juli 2022 präsentiert und soll bis zum Jahr 2024 mit einem Budget von 6 Millionen Euro gefördert werden.[610] Pläne für eine künftige Markteinführung werden ebenfalls ausgearbeitet.[611] Das MOST-H2 Konsortium vereint sechzehn Partner aus Griechenland, dem Vereinigten Königreich, Frankreich, Deutschland, Spanien, Österreich, Italien und Marokko.[612]

Doch so sehr sich die EU auch bemühen mag, in anderen Weltregionen geht alles sehr viel schneller voran. Beobachter fürchten, dass es den Europäern nicht gelingen wird, eine Vorreiterrolle in

Sachen Wasserstoff zu übernehmen. So kündigte im Juni 2022 die Regierung in Peking an, China wolle eine globale Führungsrolle beim Thema Wasserstoff einnehmen (siehe Kapitel 6.XII »China: Der Wasserstoffgigant erwacht«).[613] Wer die Chinesen kennt, weiß, dass sie das, was sie vorhaben, auch erreichen und sich über die europäischen und deutschen Bürokratiehürden ins Fäustchen lachen.

Kapitel 6

Wasserstofftechnologien weltweit

I. Wo soll der Wasserstoff herkommen?

»Wasserstoff statt russischem Gas« ist seit Mitte 2022 das Motto der politisch Verantwortlichen, denn aus der Panik heraus, dass die Deutschen im Winter frieren könnten, suchen sie verzweifelt neue Wege, um das fehlende russische Gas zu ersetzen. Eine Alternative neben Erneuerbaren, Kohle und Atomstrom ist Wasserstoff. Doch wie ich bereits klargemacht habe, kann der Bedarf nicht aus deutschen Quellen allein gedeckt werden. Wo aber soll der fehlende H_2 herkommen?

Wenn auch in ihrer Dringlichkeit gewachsen, ist diese Frage keineswegs neu, denn Deutschland hat weder genügend freie Flächen noch genügend Wind- und Sonnenenergie, wird also langfristig grünen Wasserstoff importieren müssen.[614] Daher schreibt das Bundesministerium für Bildung und Forschung (BMBF): »Grüner Wasserstoff lässt sich dort am sinnvollsten produzieren, wo genügend erneuerbare Energie zur Verfügung steht, um die Wasser-Elektrolyse zu betreiben. Das Bundesforschungsministerium setzt aus diesem Grund auf strategische Partnerschaften mit Süd- und Westafrika sowie mit Australien. Dort herrschen hervorragende Bedingungen, um Strom aus Wind und Sonne auf ungenutzten Flächen zu produzieren.«[615] Und das Bundesministerium für wirtschaftliche Zusammenarbeit und Entwicklung (BMZ) ergänzt: »Für die Herstellung von grünem Wasserstoff und PtX-Produkten [siehe Unterkapitel 4.I »Die ›grüne‹ Hoffnung: Power-to-X-Technologien«] werden große Mengen an regenerativ erzeugtem Strom benötigt. Der zukünftige Bedarf Deutschlands an klimaneutralen Kraftstoffen und Brenngasen kann jedoch nicht aus den hier bestehenden erneuerbaren Energiequellen gedeckt werden. Deshalb wird Deutschland mittel- und langfristig auf den Import von PtX-Produkten angewiesen sein.«[616]

Dass damit aber keine »Wasserstoff-Kolonisation« betrieben werden soll, sondern die Exportländer selbst davon profitieren sollen, bestätigt das Ministerium ebenfalls: »Das Bundesministerium für wirtschaftliche Zusammenarbeit und Entwicklung (BMZ) setzt auf grünen Wasserstoff als Chance für die Partnerländer der deutschen Entwicklungszusammenarbeit. Die Herstellung von grünem Wasserstoff und PtX-Folgeprodukten bietet insbesondere Entwicklungs- und Schwellenländern mit reichen Vorkommen an erneuerbaren Energien neue Chancen für wirtschaftliche Entwicklung. Es steigert die lokale Wertschöpfung und Diversifizierung der Wirtschaftsstruktur und leistet einen Beitrag zur Energiesicherheit und Schaffung von Arbeitsplätzen, auch für junge Menschen. Die Standorte werden zusammen mit den Partnerländern ausgewählt. Gleichzeitig bedeutet der Aufbau einer Wasserstoffwirtschaft vielfältige Chancen für den Anschub eines Transformationsprozesses zu einer nachhaltigen Energieversorgung vor

Ort. Für die Zusammenarbeit gilt: Das BMZ fördert nur grünen Wasserstoff, keinen Wasserstoff aus fossiler Energie.«[617]

Ich möchte nachfolgend ein paar Beispiele geben, wie Wasserstoff in anderen Ländern bereits hergestellt wird, welche Projekte bereits existieren oder welche in Planung sind.

II. Wasserstoff aus Westafrika

Grüner Wasserstoff soll auch aus Westafrika importiert werden. Um herauszufinden, welche Potenziale es für die Produktion und den Export von grünem Wasserstoff in Afrika gibt, fördert das Bundesforschungsministerium seit 2020 einen »Potenzialatlas Wasserstoff«. Er betrachtet neben den Bedingungen für die Erzeugung erneuerbarer Energien und der dafür notwendigen Infrastruktur insbesondere die Möglichkeiten einer nachhaltigen Entwicklung vor Ort.[618]

Erste Ergebnisse erwiesen, dass fünfzehn Staaten der Westafrikanischen Wirtschaftsgemeinschaft (ECOWAS) geeignet wären. Damit könnte Afrika in den nächsten Jahren ein wichtiger Partner für die deutsche Wasserstoffwirtschaft werden.[619] Allein in Westafrika ließen sich jährlich bis zu 165 000 Terrawattstunden (1 TWh = 1 Milliarde Kilowattstunden) grüner Wasserstoff herstellen. Dies entspricht der 110-fachen Menge an grünem Wasserstoff, die Deutschland 2050 voraussichtlich wird importieren müssen.[620] Von diesen 165 000 TWh Wasserstoff ließen sich jährlich rund 120 000 TWh für einen Preis unter 2,50 Euro pro Kilogramm herstellen, wobei man wissen muss, dass Studien zufolge die Kosten für 1 Kilo Wasserstoff in Deutschland auch noch im Jahr 2050 rund 3,80 Euro betragen werden.[621]

Am günstigsten lässt sich Solarenergie in den nördlichen, Windenergie in den südlichen Regionen Westafrikas erzeugen. Wegen der geringen Stromgestehungskosten von Solarenergie unter 2 Cent pro Kilowattstunde im Norden Westafrikas sind hier die Kosten für die Herstellung von grünem Wasserstoff besonders niedrig. Das liegt daran, dass die Stromgestehungskosten mit erneuerbaren Energien in Westafrika rund 30 Prozent unter jenen in Deutschland liegen,[622] wobei die gigantischen Strompreiserhöhungen, mit denen wir aufgrund der Auswirkungen des Ukraine-Krieges zu rechnen haben, noch gar nicht berücksichtigt sind.

Mit dem Aufbau einer auf grünem Wasserstoff basierenden Wirtschaft geht in Westafrika bereits jetzt ein hoher gesellschaftlicher und wirtschaftlicher Nutzen einher, und zwar sowohl in städtischen als auch ländlichen Regionen.[623]

Das Bundesministerium für Bildung und Forschung (BMBF) hat kritische Fragen, die sich in diesem Zusammenhang stellen, auf höchst aufschlussreiche Weise beantwortet, ich zitiere:

Wie wird sichergestellt, dass durch die Produktion von »Grünem Wasserstoff« in Afrika die Wasserknappheit nicht verstärkt wird?

Antwort: »Verfügbarkeit von Frischwasser für die Elektrolyse ist ein wichtiges im Atlas berücksichtigtes Kriterium. Der Potenzialatlas Wasserstoff zeigt aktuell, dass zwar in vielen Regionen Westafrikas genügend Wasser für die Produktion von Grünem Wasserstoff zur Verfügung stünde – allerdings zumeist dort, wo verhältnismäßig schlechte Bedingungen für die Erzeugung von Grünstrom herrschen. Einerseits gilt es daher, die Stärken der verschiedenen Regionen durch Kooperationen und neue

Infrastrukturen zusammenzubringen. Andererseits wird der Wasserstoff zukünftig vor Ort auch aus entsalztem Meerwasser hergestellt werden. Wenn Meerwasserentsalzung eingerechnet wird, steigt das Potenzial der Wasserstofferzeugung in Westafrika um 80 Prozent. Hierbei kommt der Potenzialatlas zu dem Ergebnis, dass die Kosten der Entsalzung den Wasserstoff-Preis in nicht erheblichem Maße erhöhen würden. Eine weitere Option wäre zudem die Herstellung von Wasserstoff direkt aus Meerwasser. Diese Technologie steht allerdings noch relativ am Anfang – und wird derzeit im BMBF-Wasserstoff-Leitprojekt H2Mare sowie im Grundlagenforschungsprojekt H2Meer weiterentwickelt.«[624]

Wie wird sichergestellt, dass die westafrikanischen Regionen tatsächlich profitieren?

Antwort: »Bedingung für die Pilotprojekte des Bundesforschungsministeriums ist zunächst die Sicherstellung der lokalen Energieversorgung – und die nachhaltige Wassernutzung. Die gemeinsame Entwicklung des Atlas war von Anfang an unser Anliegen – aus diesem Grund werden die Klimakompetenzzentren WASCAL und SASSCAL in Afrika gleichberechtigt gefördert. Zudem hat das BMBF ein Graduiertenprogramm entwickelt, um westafrikanisches Fachpersonal für den Einsatz von Wasserstofftechnologien auszubilden. Es startet noch dieses Jahr. Darüber hinaus hat Grüner Wasserstoff ›Made in Africa‹ einen gesamtgesellschaftlichen Nutzen in den Erzeugungsregionen und schafft Arbeitsplätze in Deutschland und in Afrika gleichermaßen.«[625]

Wie soll der »Grüne Wasserstoff« aus Westafrika nach Deutschland transportiert werden?

Antwort: »Grundsätzlich soll für den Wasserstofftransport möglichst bereits vorhandene Transport-Infrastruktur genutzt werden. Auch diese wird im Rahmen des Atlas untersucht und dargestellt. Durch die Bindung von Wasserstoff in flüssigen Energieträgern wie Ammoniak oder Kraftstoff oder an organische Trägerflüssigkeiten (LOHC) ließe sich Wasserstoff beispielsweise in Tankern transportieren. Zudem entwickelt das BMBF-Wasserstoff-Leitprojekt TransHyDE gerade spezielle, hochsichere Container für den Wasserstoff-Transport via Schiff – sowohl unter Hochdruck als auch tiefkalt. Welche die optimale Technologie zum Aufbau einer Wasserstoff-Transport-Infrastruktur ist, soll ebenfalls in Pilotprojekten getestet werden.«[626]

Doch um mit Sonnenenergie genügend Wasserstoff zu erzeugen, bräuchte die Europäische Union in Nordafrika eine Fläche von der Größe des Kantons Luzern (also eine Fläche von rund 1500 Quadratkilometern), die vollgepackt mit Photovoltaikanlagen wäre. Tatsächlich aber haben Algerien, Tunesien und Ägypten – alles Länder, in denen ausländische Wasserstoffprojekte diskutiert und auch schon umgesetzt werden – weniger als 10 Prozent erneuerbare Energie in ihrem Mix. Marokko ist mit knapp 20 Prozent Spitzenreiter.[627]

III. Wasserstoff aus Marokko

Marokko gilt als Vorreiter grüner Energie in Afrika. In den Bergen des Nordens drehen sich Windräder, im Süden glänzen die Photovoltaikzellen eines der größten Solarfelder der Welt in der Wüstensonne. Im Klimaschutzindex 2022 belegt das Königreich mit Platz 8 einen Spitzenrang dicht hinter Ländern wie Schweden und Norwegen. Marokko deckt schon heute mit grüner Energie aus Wasser, Wind und Sonne 20 Prozent seines Energiebedarfs. Bis 2030 sollen es 50 Prozent werden.[628]

Im Rahmen der Nationalen Wasserstoffstrategie hat das BMZ mit Marokko eine »Allianz zur Entwicklung des Power-to-X-Sektors« vereinbart. In Ouarzazate wurde mit deutscher Unterstützung bereits eines der größten Solarkraftwerke der Welt errichtet, das 1,3 Millionen Menschen mit sauberem Strom versorgt. Zudem soll in Marokko die erste Wasserstoffanlage für grünen Wasserstoff und dessen Folgeprodukte entstehen. Ziel ist die Herstellung von rund 100 Megawatt Elektrolyseleistung.[629]

Das Land will aber noch höher hinaus. So äußerte sich der marokkanische Energieexperte Rahal Lagnaoui folgendermaßen: »Es gibt mehr als 10 Stunden Sonnenschein pro Tag, manchmal 12 Stunden. Deshalb ist es auch Marokkos Ziel, den Anteil der Erneuerbaren am Stromverbrauch bis 2030 auf 52 Prozent zu erhöhen, im besten Fall sogar 86 Prozent zu erreichen. Gleichzeitig wächst der Energiebedarf in Marokko jährlich um 6 Prozent. Aber die erneuerbaren Quellen reichen aus, um sowohl die lokale als auch die Exportnachfrage zu befriedigen, insbesondere die Nachfrage aus Europa mit den Verbindungen, die wir bereits jetzt beispielsweise auf der Ebene zwischen Marokko und Spanien haben, bald vielleicht mit Portugal und Großbritannien.«[630]

Marokkos Ambitionen für das Jahr 2022 sind, zu einem Weltmarktführer in der Produktion von grünem Wasserstoff zu werden und auch Deutschland bei der Energiewende zu helfen. Denn nicht umsonst wurde ein deutsch-marokkanisches Wasserstoffabkommen geschlossen. Dieses gemeinsame Projekt liegt allerdings auch im Interesse marokkanischer Energiepolitik, wie Badr Ikken vom staatlichen Forschungsinstitut für Solarenergie und neue Energien (IRESEN) erklärte: »Mit der Produktion von grünem Wasserstoff wollen wir vor allem die nationale Nachfrage befriedigen, einen Beitrag zur Dekarbonisierung unserer Wirtschaft leisten und unsere Abhängigkeit von fossilen Brennstoffen und den Import fossiler Energie verringern – und gleichzeitig wollen wir einen Beitrag zur Dekarbonisierung der Wirtschaft von Partnerländern wie Deutschland leisten. Ein Export von grünem Wasserstoff kann auch unsere Energiewende mitfinanzieren.«[631]

Doch es gibt eine Achillesferse, und die ist das Wasser – eine der Komponenten bei der Herstellung von Wasserstoff. Denn als warmes und trockenes Land muss Marokko dieses Wasser durch Meerwasserentsalzung gewinnen. Das hat die Regierung in Rabat schon längst erkannt und baut neue Meerwasser-Entsalzungsanlagen. An solchen Projekten beteiligen sich beispielsweise auch die deutsche Gesellschaft für Internationale Zusammenarbeit (GIZ) und die deutsche Entwicklungsbank KfW.[632]

Allerdings investiert das Königreich auch weiterhin in fossile Brennstoffe. Erst 2018 wurde ein neues Kohlekraftwerk in der südwestlichen Küstenstadt Safi in Betrieb genommen. Aktuell laufen Bauarbeiten mit dem Öl- und Gasriesen Nigeria für eine Erdgaspipeline an der westafrikanischen Küste entlang. Kritiker argumentieren deshalb, dass wir zwar grünen Wasserstoff aus Marokko bekommen und damit klimaneutral werden, Marokko dafür aber umso mehr Kohle und Gas verfeuern könnte, also keineswegs klimaneutral werden würde.[633]

IV. Wasserstoff aus Algerien

Von der Fläche her ist Algerien das größte Land auf dem afrikanischen Kontinent. Drei Viertel der Bevölkerung leben in Städten, die größtenteils an oder nahe der Mittelmeerküste im Norden des

Landes liegen. Über den größeren südlichen Teil Algeriens erstreckt sich die Sahara, weshalb 80 Prozent des Landes nur dünn besiedelt sind.[634]

Die Wirtschaft und der Staatshaushalt Algeriens sind stark vom Erdöl- und Erdgasexport abhängig. Sinkende Einnahmen aus dem Geschäft mit diesen Rohstoffen und die Coronapandemie haben die Wirtschaftsprobleme des Landes in den vergangenen Jahren immer weiter verschärft, und die wirtschaftliche Entwicklung sowie das Bevölkerungswachstum belasten die natürlichen Ressourcen des Landes zunehmend. Daher ist die stärkere Diversifizierung der Wirtschaft ein erklärtes Ziel der Regierung (auf die politische Destabilität möchte ich an dieser Stelle nicht eingehen). Jedenfalls verfügt Algerien über ein großes Potenzial erneuerbarer Energien, deren Ausbau von der Regierung in Algier vorangetrieben wird.[635]

Eine Klimagovernance soll zur Verbesserung der institutionellen und rechtlichen Rahmenbedingungen auf nationaler und lokaler Ebene beitragen, damit die nationalen Klimaziele erreicht werden können. Außerdem gibt es Maßnahmen zur Anpassung an den Klimawandel im Forstsektor sowie zur Emissionsminderung im Energiesektor, Projekte für die Verbesserung der Energieeffizienz in Wirtschaft und Abfallwirtschaft sowie für die Entwicklung innovativer Instrumente zur Senkung des Energieverbrauchs.[636]

Das BMBF berät bei der Vergabe, Realisierung und Integration von Solar- und Windparks ins Stromnetz und unterstützt die Transformation des Energiesektors von erdgasbasierter zu erneuerbarer Stromproduktion. Dazu gehören auch das Pilotprojekt zur Herstellung von grünem Wasserstoff und Power-to-X-Produkten sowie eine nationale Wasserstoffstrategie für Algerien.[637]

V. Wasserstoff aus Ägypten

Nach einem Treffen mit dem ägyptischen Präsidenten Abdel Fattah al-Sisi in Berlin sagte Bundeskanzler Olaf Scholz am 20. Juli 2022, dass er beim Umstieg auf erneuerbare Energie und im Bemühen um größere Unabhängigkeit von russischen Importen auch die Kollaboration mit Ägypten ausbauen will. Das gelte gerade im Bereich Wasserstoff. Man wolle künftig eng zusammenarbeiten und gemeinsam Projekte entwickeln. Al-Sisi bekräftigte, dass er sein Land zu einem regionalen Knotenpunkt für erneuerbare Energie machen wolle.[638]

VI. Wasserstoff aus Angola

Als erstes Land des afrikanischen Kontinents soll Angola Deutschland mit grünem Wasserstoff beliefern. Der staatliche angolanische Energiekonzern Sonangol und die beiden deutschen Firmen Gauff Engineering und Conjuncta unterzeichneten Mitte Juni 2022 in Berlin eine Absichtserklärung für den Bau einer Fabrik, die ab 2024 rund 280 000 Tonnen grünes Ammoniak für den Export produzieren soll.[639]

Nach Angaben des Unternehmens Sonangol verfügt Angola über ein erhebliches Potenzial, um grünen Wasserstoff zu produzieren, und im Gegensatz zu Marokko auch über große Wasserreserven. Von den 47 Wassereinzugsgebieten werden laut Expertenmeinung derzeit nur 5 Prozent genutzt. Dementsprechend hat sich die Regierung in Luanda zum Ziel gesetzt, die Nutzung erneuerbarer Energien, deren Produktion zum Teil auch in den lokalen Markt gehen soll, bis 2025 auf 70 Prozent zu steigern. Der Minister für mineralische Ressourcen und Erdöl, Diamantino Pedro Azevedo, erklärte: »Hier zeigt sich, dass Angola großes Potenzial für die

Entwicklung von Wasserstoffprojekten hat und auch über Infrastruktur verfügt, die es uns ermöglicht, das Projekt mit einer gewissen Geschwindigkeit und Qualität zu entwickeln.«[640]

Weitere Wasserstoffprojekte deutscher Unternehmen mit afrikanischen Ländern sind mit Mauretanien, der Demokratischen Republik Kongo sowie Südafrika in Vorbereitung. Sie stellen für diese Länder eine große ökonomische Chance dar und könnten Afrika reich machen. Vielleicht entsteht sogar eine »grüne Opec« daraus,[641] denn theoretisch können viele afrikanische Länder klimafreundlichen Wasserstoff produzieren. Der Kontinent verfügt über alle nur denkbaren Energieressourcen, allen voran Sonne und Wind. Doch sie werden kaum genutzt: Im Jahr 2018 erzeugte ganz Afrika gerade mal 180 Terawattstunden Strom aus erneuerbaren Energien. Das sind weniger als 0,02 Prozent des geschätzten Potenzials.[642]

Ein erhebliches Problem ist aber der Transport nach Deutschland. Bisher gelten Schiffe als günstigste Lösung, bei kürzeren Entfernungen könnten Pipelines erheblich billiger sein. Eine westafrikanische Pipeline, die Gas aus Nigeria in die Nachbarländer Benin, Togo und Ghana transportiert, bietet zwar Potenzial für den Transport von Wasserstoff, und das kürzlich gestartete Nigeria-Marokko-Pipeline-Projekt könnte möglicherweise nach Europa verlängert werden, aber diese Projekte sind noch nicht abgeschlossen. Bis große Mengen Wasserstoff aus Afrika nach Europa exportiert werden können, muss also noch einiges passieren.[643]

VII. Wasserstoff aus Namibia

Die Bundesregierung hat Namibia 40 Millionen Euro für eine nationale Strategie zur Entwicklung von grünem Wasserstoff zugesagt.[644] Doch nicht nur Regierungen, sondern auch Privatunternehmen wollen sich in Namibia engagieren.

So soll in einer Region unweit der Hafenstadt Lüderitz, das in etwa der anderthalbfachen Fläche des Saarlandes entspricht, eines der bisher größten Wasserstoffprojekte weltweit entstehen. Früher war dieses Gebiet eine Sperrzone für den Diamantenabbau in der Wüste, jetzt sollen anstelle von Edelsteinen zwei Ressourcen genutzt werden, die es im südwestlichen Afrika zuhauf gibt: Sonne und Wind.[645] Das Konsortium Hyphen, bestehend aus dem Unternehmen Enertrag und einer Tochterfirma des britischen Infrastrukturentwicklers Nicholas Holdings, hat bereits Ende letzten Jahres von der Regierung in Windhuk den Zuschlag für den Bau eines riesigen Energieparks bekommen, der ab 2026 grünen Wasserstoff liefern soll. Windparks und Solarfelder sind vorgesehen, die im Endausbau 5000 Megawatt Ökostrom liefern können, was bei voller Leistung der Kapazität von fünf konventionellen Großkraftwerken entspricht. Außerdem sind in dieser trockenen Region eine Elektrolyseanlage zur Wasserstoffgewinnung und eine Meerwasser-Entsalzungsanlage geplant.[646]

Doch das ist noch nicht alles, denn hinzu kommt die Errichtung einer Anlage, in der aus dem dort hergestellten Wasserstoff transportable Derivate wie E-Fuels oder Ammoniak hergestellt werden, und zur Verschiffung der gasförmigen oder flüssigen Produkte soll ein neues Verladeterminal bei Lüderitz gebaut werden. Angepeilt ist eine Produktionsmenge von jährlich 300 000 Tonnen grünem Wasserstoff für den regionalen und den internationalen Markt.[647] Darüber hinaus haben die Betreiber des Konsortiums vor, die geplante Meerwasser-Entsalzungsanlage so zu dimensionieren, dass sie nicht nur die Wasserstoffproduktion gewährleisten, sondern auch den kompletten Wasserbedarf der Lüderitzer Haushalte und Gewerbe in Höhe von jährlich rund 1,1 Millionen Kubikmetern abdecken kann. Während der Bauzeit werden vorübergehend 15 000 und später dauerhaft 3000 Jobs geschaffen – in einer gerade mal 12 500-Einwohner umfassenden Stadt ein starkes Argument.[648]

Allein in das Wasserstoffprojekt investiert das Hyphen Konsortium 9,4 Milliarden US-Dollar. Berücksichtigt man den bisherigen Investitionsbestand der gesamten deutschen Wirtschaft in ganz Afrika, so ist diese Summe geradezu gigantisch. Dieser beträgt nämlich »nur« 12–13 Milliarden Dollar.[649] Wird Afrika in Zukunft also der H_2-Kontinent schlechthin?

Für diesen Titel kämen allerdings mehrere Regionen in der Welt infrage, in denen aufgrund der Sonnen- und/oder Windintensität Ökostrom billig produziert werden könnte. Experten verweisen in diesem Zusammenhang auch auf die Arabische Halbinsel, auf Australien und Chile.[650] Deshalb will die Bundesregierung im Rahmen ihrer Wasserstoffstrategie auch Partnerschaften mit Staaten wie Australien, Chile und anderen aufbauen.[651] Besonders interessant erscheint auch Arabien.

VIII. Arabien: Das neue Öl heißt Wasserstoff

Der grüne Wirtschafts- und Klimaminister Robert Habeck reiste am 20. März 2022 eigens nach Katar und machte vor Scheich Mohammed bin Hamad bin Kasim al-Abdullah Al Thani (Minister für Handel und Industrie) den Bückling. *Bild* berichtete von einem sich tief verneigenden »Bittsteller«[652] vor einem Land mit einem Staatschef, der unter anderem die Terrororganisationen Hamas und Taliban finanzieren lässt: »Doch offenbar hat Habeck auf seiner Suche nach Energie weniger Angst vor diesen Scheichs als vor Kernkraft!«[653] Ein autokratisches System wird im Denken des grünen Klimaministers also einfach ausgetauscht.

Auf Energieshopping- und -betteltour um das begehrte Gas ging die EU auch schon in Aserbaidschan, dem bereits erwähnten Algerien und Nigeria.[654] Wie allenthalben ja bekannt, überaus »demokratische« Länder – Menschenrechte scheinen jetzt nicht mehr zu interessieren. Wenn es um das eigene politische Überleben geht, kennt die Heuchelei offenbar keine Grenzen.

Gerade Habecks Reise in die Vereinigten Arabischen Emirate (VAE) war auch insofern interessant, als der Minister neben der Lieferung von Gas und Öl als Ersatz für russische Importe auch auf künftige Lieferungen von Wasserstoff als mittelfristigem Ersatz von Erdgas setzte. Schauen wir uns das einmal genauer an.

Ich habe es im ersten Kapitel mit der Überschrift »Deutsche Energiepolitik: Dümmer geht's nimmer!« bereits angesprochen: Ein verzweifelter Wirtschaftsminister Habeck, der genau wusste, dass im Herbst/Winter 2022 durch die nicht durchdachten Sanktionen gegen Russland Versorgungsprobleme auftreten würden, pilgerte Ende März 2022 buckelnd in die Vereinigten Arabischen Emirate (VAE), um eine Zusammenarbeit bei der Erforschung und Produktion von Wasserstoff zu erreichen.[655] Mit der langfristigen Aussicht, fossile Energien komplett zu ersetzen, wolle man noch bis Ende 2022 erste Lieferungen nach Deutschland möglich machen, teilte das Wirtschaftsministerium mit. Insgesamt sollten fünf Kooperationsabkommen für eine Lieferkette rund um Brennstoff unterzeichnet werden, worunter sich auch ein Vorhaben zur Herstellung von synthetischem Kerosin für die Luftfahrt befindet, denn synthetisches Kerosin stellt derzeit die einzige Möglichkeit für eine klimaneutrale Luftfahrt dar.[656] In diesem Kontext arbeiten Siemens Energy, Lufthansa und das emiratische Unternehmen Masdar bereits an einem Projekt namens Green Falcon. Und auch die Fraunhofer Gesellschaft schloss mit dem Ministerium für Energie der Emirate ein Wissenschaftsabkommen ab.[657]

In erster Linie aber geht es um mehr Tempo bei grünem Wasserstoff: »Je schneller wir mit dem Wasserstoff sind«, sagte Habeck, »umso weniger brauchen wir dann auch noch Gas.« Der Aufbau einer Wasserstoffwirtschaft könne »unter dem Druck der Zeit« sehr viel schneller als bisher geplant geschehen. Er könne zwar die Geschwindigkeit nicht vorhersagen, »aber dass die alten Pläne nicht ausreichend sind, das sieht jetzt jeder«.[658] Grüner Wasserstoff soll künftig die Dekarbonisierung (etwa in der Stahl- und Chemieindustrie) ermöglichen und langfristig fossile Energien – allen voran das russische Gas – ersetzen.

Während die Vereinigten Arabischen Emirate stark auf Solarenergie setzen,[659] ist **Katar** einer der weltweit größten Exporteure von Flüssigerdgas (LNG). Deutschland und Katar planten eine langfristige Energiepartnerschaft, wobei es bei den Gesprächen zwischen beiden Staaten vor allem darum ging, kurzfristig und dann für eine längere Periode die Gasversorgung zu diversifizieren.[660] Jahrelang hatten die Grünen LNG-Gas de facto als Teufelszeug gebrandmarkt, jetzt aber, wo die eigene »Energie-Dumm-Strategie« gescheitert ist, wirft man einmal mehr die eigene Ideologie über den Haufen. Doch sieht man mal von der politischen Diskussion ab, so hat Katar als sonnenreiche Halbinsel auch großes Potenzial, mithilfe von Solaranlagen Wasserstoff zu erzeugen, ohne dass Treibhausgase entstehen. Deutschland will den Bau zweier Terminals für Flüssiggas beschleunigen. Doch die Infrastruktur für LNG-Lieferungen benötigt enorme Investitionen. Habecks Reise hatte nach Angaben des Wirtschaftsministeriums also zum Ziel, sich einerseits von russischen Energieimporten unabhängiger zu machen und andererseits die Umstellung von konventionellem Erdgas auf grünen Wasserstoff zu beschleunigen.[661]

Doch Anfang August 2022 war klar: Habecks Bückling vor dem Scheich hatte nichts genutzt, dieser wollte nämlich nicht nur Lückenbüßer sein, sondern strebte eine langfristige Zusammenarbeit vor allen in Sachen LNG an. Doch über eine längere Zeit hinweg Flüssiggas aus Katar zu kaufen, war dann doch zu viel für den Grünen. Habeck beschönigte den sensationellen Misserfolg seiner Bittstellertour gegenüber der *Bild* mit folgenden Worten: »Die Kataris haben sich entschieden, kein gutes Angebot zu machen, und die Unternehmen, mit denen ich damals da war, haben sich im Moment woanders Gas besorgt.«[662] So sieht grüne Außenpolitik aus.

Wie oben bereits angeschnitten, sind Wasserstoffkooperationen mit Katar aber nicht nur auf Regierungsebene ein Thema, sondern auch in der Privatwirtschaft – nur um einiges erfolgreicher als im Falle des grünen Klimaministers. Der Energiekonzern Shell ist hier ebenfalls am Drücker. Das Unternehmen ging erst im Sommer 2022 eine Partnerschaft mit QatarEnergy für dessen Energieerweiterungsprojekt North Field East (NFE) ein – das bisher größte Einzelprojekt in der LNG-Geschichte[663] (LNG ist die Abkürzung für »Liquefied Natural Gas«, auf Deutsch »tiefkalt verflüssigtes Erdgas« oder »Flüssigerdgas«).[664] Dieses Projekt, das vier Mega-LNG-Züge mit einer kombinierten Kapazität von 32 Millionen Tonnen pro Jahr umfasst, soll ein wichtiges Element bei der zuverlässigen Versorgung der Welt mit sauberer Energie werden[665] und dazu beitragen, das weltweit dringend benötigte LNG mit einem geringeren CO_2-Fußabdruck bereitzustellen. Das Flüssiggas aus der Kooperation mit Shell und den Kataris wird wohl schon im Jahr 2026 ans Netz gehen. Die Hauptmärkte für Katars LNG sind bislang Südkorea, Japan und China.[666]

Aber nicht nur in Katar, auch in **Saudi-Arabien** und im Oman wird Wasserstoff immer mehr favorisiert, sodass große Produktionsstätten entstehen oder geplant sind. Dem saudischen Energieministerium zufolge will das Königreich bis spätestens 2050 der weltweit größte Exporteur von Wasserstoff werden.[667] Dabei verfolgen die Saudis ebenfalls den Ansatz, dass Wasserstoff mit Strom aus erneuerbaren Quellen produziert werden soll. Platz für Windparks und Solarkraftwerke gibt es in dem Wüstenstaat genug, Sonne und Wind sowieso. Für 4,3 Milliarden Euro baut das Königreich in Kooperation mit unter anderem der Thyssenkrupp-Tochter Uhde die nach Fertigstellung größte Wasserstofffabrik der Welt. Bereits bis Anfang der 2030er-Jahre könnte hier Wasserstoff zu einem Preis produziert werden, der mit dem von fossilen Treibstoffen konkurrieren kann.[668] Saudi-Arabien macht das natürlich nicht nur aus Gründen der Klimafreundlichkeit, sondern auch aus Eigennutz. Denn wenn die Öl- und Gasquellen irgendwann einmal versiegen werden, kann die Produktion von Wasserstoff die Volkswirtschaft retten.[669]

Wie Sie sehen, hat der Wettlauf zwischen den Golfstaaten längst begonnen. Auch das Sultanat **Oman** will im Wasserstoffgeschäft eine Spitzenposition einnehmen. So wurde mit deutschen Partnern an der Deutschen Universität im Oman schon letztes Jahr ein Wasserstoffzentrum gegründet. Das Land liegt strategisch günstig. Es gibt Wasser, Sonne und riesige Freiflächen. Bereits 2040 könnte der Oman 20 Milliarden US-Dollar mit der Erzeugung von Wasserstoff verdienen.[670]

IX. Wasserstoff aus Australien

Seit November 2020 untersuchen deutsche und australische Forschende in der Machbarkeitsstudie »HySupply«, wie grüner Wasserstoff in Australien produziert und nach Deutschland transportiert werden kann,[671] und um diese Forschungspartnerschaft zum grünen Wasserstoff zu vertiefen und auszubauen, reiste die Bundesministerin für Bildung und Forschung Bettina Stark-Watzinger Ende Mai 2022 eigens nach Australien. Die Idee ist, im Sinne der Nachhaltigkeit und Unabhängigkeit der deutschen Energieversorgung grünen Wasserstoff in einer kompletten Lieferkette per Schiff aus Australien nach Deutschland zu importieren. Dass eine Wasserstoff-Lieferkette von Australien nach Deutschland keine Zukunftsmusik ist, hat nicht nur die Machbarkeitsstudie gezeigt, sondern wurde auch in Gesprächen mit australischen Regierungsvertretern, Unternehmen und Wissenschaftlern deutlich. Schon bald können sich australischer Sonnenschein und Wind mithilfe deutscher Spitzentechnologie in Form von Wasserstoff abfüllen und verschiffen lassen.[672]

Wie bereits erwähnt, besitzt Deutschland zwar das technologische Know-how, aber nicht ausreichend Sonne und Wind, um den Bedarf an grünem Wasserstoff allein zu decken. Erneuerbarer Strom, der für grünen Wasserstoff gebraucht wird, ist und bleibt hierzulande auf absehbare Zeit ein knappes und teures Gut. Australien hingegen hat viel bessere Bedingungen, denn neben etwa der doppelten Sonneneinstrahlung und sehr guten Windverhältnissen sind auch riesige Landflächen verfügbar, um erneuerbaren Strom zu gewinnen.[673]

Die Studie *»HySupply«* wird auf deutscher Seite von der Deutschen Akademie der Technikwissenschaften (acatech) gemeinsam mit dem Bundesverband der Deutschen Industrie e.V. (BDI) koordiniert, auf australischer Seite von der University of New South Wales.[674]

Bereits im Februar 2022 hatten das BMBF und die Australian Renewable Energy Agency (ARENA) die Fördermaßnahme **HyGATE** auf den Weg gebracht – ein gemeinsames Instrument zur Unterstützung von Projekten zur Entwicklung und Demonstration von innovativen grünen Wasserstofftechnologien. Damit werden zwei grundlegende Zielsetzungen der Nationalen Wasserstoffstrategie verfolgt:

1. der Import von nachhaltigen Energieträgern
2. der Export von Klimaschutztechnologien »Made in Germany«[675]

Aber auch hier stellte sich die dringende Frage: **Auf welchem Weg kann der grüne Wasserstoff nach Deutschland transportiert werden?** Das Ministerium gibt hierzu folgende Auskunft: »Je nach Distanz und Menge des transportierten Wasserstoffs sind unterschiedliche Transportmethoden sinnvoll. Für große Mengen über kurze Distanzen sind Wasserstoff-Leitungen die beste Option. Für mittlere und längere Distanzen wie nach Afrika oder Australien bieten sich andere Methoden an, die derzeit in den Wasserstoff-Leitprojekten des BMBF erforscht werden, z. B. im Projekt TransHyDE [siehe Kapitel 5.I].«[676]

Offiziellen Berechnungen zufolge benötigt Australien rund 880 Gigawatt an neu gebauten Solaranlagen, um genauso viel Energie in Form von Wasserstoff zu exportieren wie vergleichsweise derzeit in Form von Flüssiggas. Die Solarzellen, die dafür gebraucht werden, würden eine Fläche von rund 10 400 Quadratkilometern abdecken. Das entspricht etwa der Fläche des Libanons.[677]

Aber eben nicht nur die Bundesregierung, sondern auch **private Unternehmen** haben Interesse an der Wasserstofferzeugung auf dem Roten Kontinent. So will der deutsche Energiekonzern E.ON mit seinem australischen Partner Fortescue Future Industries (FFI) grünen Wasserstoff im großen Stil nach Deutschland bringen, und die Versorger RWE und Uniper drücken bei dem Thema ebenfalls aufs Tempo. Aber auch Siemens Energy und MAN sind in Projekte in Australien eingebunden.[678] BP übernahm im Juni 2022 die Mehrheit des westaustralischen Großprojekts AREH in Pilbara. Damit wird der britische Energiekonzern eines der weltweit größten Zentren für erneuerbare Energien und grünen Wasserstoff betreiben. Der Asian Renewable Energy Hub (AREH) soll die Entwicklung von bis zu 26 Gigawatt kombinierter Solar- und Windenergiekapazität unterstützen und jährlich 1,6 Millionen Tonnen grünen Wasserstoff und/oder 9 Millionen Tonnen grünes Ammoniak für den australischen Inlandsmarkt und für den Export an internationale Großabnehmer produzieren. Damit wäre AREH eines der größten grünen Wasserstoffprojekte der Welt. Lokale Kunden in der Pilbara-Region, dem größten Bergbaugebiet der Welt, sollen außerdem mit Strom aus erneuerbaren Energien versorgt werden.[679] Das Konsortium plant, die Onshore-Wind- und Solarenergieerzeugung in mehreren Phasen auf eine Gesamtkapazität von bis zu 26 Gigawatt auszubauen, was etwa einem Drittel der gesamten Stromerzeugung in Australien entspricht. Anja-Isabel Dotzenrath, Executive Vice President für Gas und kohlenstoffarme Energie bei BP, sagte: »AREH wird eines der größten Zentren für erneuerbare und grüne Wasserstoff-Energie in der Welt sein und kann einen bedeutenden Beitrag zur Energiewende in Australien und in der gesamten asiatisch-pazifischen Region leisten. Die AREH spiegelt wider, was integrierte Energie ist – die Kombination von Solar- und Onshore-Windkraft mit der Wasserstoffproduktion und deren Nutzung zur Transformation von Sektoren und Regionen.«[680] Bei voller Kapazität könnte AREH jährlich etwa 17 Millionen Tonnen Kohlenstoff einsparen. Das entspräche etwa 0,5 Gigatonnen (500 Millionen Tonnen) während der Betriebsdauer des Projekts. Darüber hinaus könnten BP und seine Partner (InterContinental Energy, CWP Global, Macquarie Capital, Macquaries Green Investment Group) mit AREH einen Anteil von 10 Prozent an den wichtigsten Wasserstoffmärkten weltweit erreichen.[681]

Aber nicht nur BP ist in Australien engagiert, sondern auch der Elektrolysespezialist Thyssenkrupp Nucera, der im Mai 2022 ein neues Büro in Perth eröffnet hat und in den Markt für Wasserstoff einsteigen will.[682] Das Industriegebiet in Perth bietet eine ideale Infrastruktur für den Export von grünem Wasserstoff und grünen Chemikalien. Nach Einschätzung von Experten wird die Nachfrage in der Region deutlich wachsen und hat Australien bis 2030 das Potenzial, bis zu 500 000 Tonnen Wasserstoff pro Jahr zu exportieren. Vor allem nach Asien, um einen Teil der prognostizierten Nachfrage von 2 489 000 Tonnen allein in Japan und Südkorea zu decken.[683]

Insgesamt ist Australien mit einem Überfluss an Platz, Küsten und den besten Sonnen- und Windressourcen für zukünftige Exporte erneuerbarer Energien hervorragend positioniert. Thyssenkrupp Nucera zeigt sich jedenfalls optimistisch für die Zukunft.[684] Die Weichen für australischen Wasserstoffimport nach Deutschland sind also gestellt.[685]

X. Shetlandinseln: Vorreiter für Europa?

Eine wahre Klimatechnologie- und Energierevolution unter dem Motto »weg von Öl und Gas – hin zu Windkraft und Wasserstoff« soll es auf den Shetland Islands geben, denn rund um die Inseln gibt es die windigsten Plätze in ganz Europa, und zwar sowohl auf dem Land als auch vor der Küste – ideal also für Windparks.[686] Dabei geht es den Insulanern um eine komplette Umstellung der Öl- und Gasindustrie auf erneuerbare Energien. 103 Windräder von etwa 150 Metern Höhe sollen installiert werden, die eine Strommenge produzieren, mit der etwa 500 000 Haushalte versorgt werden könnten – mehr also, als gebraucht wird. Um für eine völlige Klimaneutralität auf den Shetland-Inseln zu sorgen, soll auch die Öl- und Gasförderung auf grüne Energie umgestellt und der Export von grünem Wasserstoff ermöglicht werden. Jährlich ist eine Produktion von rund 350 000 Tonnen grünem Wasserstoff aus Windkraft geplant.[687]

An dem Projekt beteiligt sind Energieriesen wie Shell, BP und Total, Technologiekonzerne wie Babcock, ABB, Hitachi sowie die Universität Glasgow und ein Technologiezentrum aus Aberdeen, das von der schottischen Regierung gefördert wird.[688]

Aber nicht alle Einwohner sind von diesem Projekt begeistert. Viele befürchten, die Natur-und Moorlandschaft werde durch die Baggerarbeiten für die Windräder nachhaltig zerstört.[689]

XI. Auch Südkorea steigt in die Wasserstoffproduktion ein

Ende Juli 2022 wurde in Pyeongtaek in der Provinz Gyeonggi-do die Fertigstellung der größten Wasserstoff-Produktionsanlage in Südkorea gefeiert. Für den Bau der Anlage, mit dem die Hauptstadtregion versorgt wird, wurden insgesamt 23 Milliarden Won (rund 18 Millionen Dollar) eingesetzt.[690]

In dieser Anlage wird aus Erdgas, das aus dem LNG-Terminal in Pyeongtaek stammt, Wasserstoff erzeugt, und zwar bis zu 7 Tonnen am Tag. Das reicht aus, um 1200 Wasserstoffautos vollzutanken.[691]

Derzeit sind allein in der Hauptstadtregion 33 Wasserstoff-Tankstellen in Betrieb, was eine ganze Menge ist, wenn man die rund 100 Tankstellen in ganz Deutschland vergleicht. Bis dahin war der Wasserstoff aus weit entfernten Regionen wie Ulsan und Yeosu geliefert worden.[692]

XII. China: Der Wasserstoffgigant erwacht

Chinas Wasserstoffambitionen im globalen Rennen um grüne Technologien

Wasserstoff spielt auch in China eine immer wichtigere Rolle. Schätzungen zufolge wird Wasserstoff bis zum Jahr 2050 etwa 10–12 Prozent des chinesischen Energieverbrauchs ausmachen.[693] Damit das bevölkerungsreichste Land der Welt dieses Ziel nachhaltig und im Einklang mit seinen Emissionszielen erreichen kann, ist eine kostengünstige und skalierbare grüne Wasserstofftechnologie erforderlich. Denn einerseits steigen die Kosten für kohlenstoffintensive Kraftstoffe, andererseits wird die Elektrolysetechnologie immer fortschrittlicher und effizienter. Die vorhersehbare Nachfrage und die Tatsache, dass heute mehrere Technologien miteinander konkurrieren, bedeutet, dass die Branche nicht nur zu einem lukrativen Markt wird, sondern dass auch mit einem intensiven internationalen Wettbewerb zu rechnen ist.[694]

Mit einer Jahresproduktion von 33 Millionen Tonnen – mehr als einem Drittel des weltweiten Bedarfs – ist China bereits heute der weltweit größte Wasserstoffproduzent. Auch hier wird Wasserstoff entweder als Energieträger (zur Bereitstellung von Wärme oder Strom in der Metallurgie) oder als Rohstoff (zum Beispiel zur Herstellung von Ammoniak) in der Chemie-, Raffinerie- und Metallindustrie eingesetzt. Während Wasserstoff ein »sauberer« Energieträger ist, kann aber seine Herstellung einen erheblichen CO_2-Fußabdruck hinterlassen. So produziert China unter Einsatz von Kohle oder Gas (60 Prozent beziehungsweise 20 Prozent der Produktion) überwiegend braunen und grauen Wasserstoff (siehe Kapitel 3.IV »Wichtiges Basiswissen«) – und dies natürlich mit hohen CO_2-Emissionen. Um die bis 2060 angestrebte CO_2-Neutralität zu erreichen, soll grüner Wasserstoff, der derzeit erst 1 Prozent der Produktion ausmacht, grauen Wasserstoff so schnell wie möglich ersetzen.[695]

Dabei sind die Aussichten der chinesischen Industrie auffallend positiv. Aktuelle Prognosen gehen davon aus, dass China bis 2030 eine Elektrolysekapazität von 38 Gigawatt erreichen wird, doch Chinas führende Wasserstoff-Lobbyorganisation hat die Regierung sogar aufgefordert, bis dahin 100 Gigawatt anzustreben. Das zeigt, dass das Land in den kommenden Jahren und Jahrzehnten auf eine massive Erhöhung der Elektrolysekapazität setzt.[696]

Chinas Pläne für Wasserstoff folgen denen anderer großer Volkswirtschaften, die in den letzten Jahren Strategien zur Entwicklung von Wasserstoff eingeführt haben. Pekings mittel- und langfristiger Plan für die Entwicklung der Wasserstoff-Energieindustrie bis 2035 wurde bereits im März 2022 veröffentlicht. Im Vergleich zu den Strategien Deutschlands sowie der EU, die grünen Wasserstoff priorisieren, ist Chinas Strategie aber vorerst farbagnostisch, denn grüner Wasserstoff soll grauen und blauen Wasserstoff erst nach 2030 überholen.[697] Gleichwohl zeigt eine Flut von Politik,

Forschungs- und Entwicklungsaktivitäten sowie Branchenentwicklungen, dass der Wettlauf um grünen Wasserstoff auch innerhalb Chinas begonnen hat. Obwohl sich das Land noch in einem frühen Stadium befindet, ist der Vorstoß der Regierung zu grünem Wasserstoff deutlich erkennbar, denn alles, was mit grünem Wasserstoff zu tun hat, also die gesamte Wertschöpfungskette von der Forschung über die Technologie bis hin zu Produktion und Anwendung, wird vom Staat stark unterstützt.[698]

Allein die Provinz Innere Mongolei will bis 2025 jährlich 500 000 Tonnen grünen Wasserstoff produzieren, das sind mehr als zweimal so viel, wie von der Nationalen Strategie (siehe unten) angestrebt. Und fast wöchentlich werden aus anderen Provinzen Ankündigungen weiterer Richtlinien, Projekte und großer Kapazitätsziele laut.[699]

China stellt bereits ein Drittel der weltweiten Produktionskapazität für Elektrolyseure, wobei es den großen Vorteil hat, dass, von wenigen Ausnahmen (insbesondere Wasserstoffventilen) abgesehen, alle wichtigen Teile im Inland hergestellt werden können. Da mit der wachsenden Zahl an Demonstrationsprojekten weitere Investitionen in die vorgelagerten Segmente der Wertschöpfungskette fließen, wird es für die chinesischen Elektrolyseurhersteller möglich, ihre Technologien zu vergrößern und zu verfeinern. Dadurch wird es zunehmend zu einer Herausforderung für ausländische Unternehmen, sich Marktanteile innerhalb und außerhalb Chinas zu sichern.[700]

Die Industrie ist ein wichtiger Treiber für die Entwicklung der chinesischen Energieindustrie. Die wirtschaftliche und industrielle Größe des Landes, die staatliche Unterstützung und die niedrigen Produktionskosten haben es chinesischen Herstellern erlaubt, globale Wettbewerber hinsichtlich des Preises und der Kapazität unter Druck zu setzen, auch wenn die Qualität nicht immer erstklassig ist. Die verstärkte politische Unterstützung und das wachsende Volumen an F&E-Investitionen beweisen, dass China in der Wasserstoffindustrie Großes vorhat.[701]

Brennstoffzellenfahrzeuge spielen eine herausragende Rolle

Ein Großteil der chinesischen Wasserstoffindustrie konzentriert sich bisher auf die Entwicklung und Demonstration von Wasserstoff-Brennstoffzellen-Fahrzeugen (HFCVs), wobei insbesondere die Dekarbonisierung des Nutzfahrzeugmarkts wohl eine starke Rolle spielt.[702] Mehrere lokale Wasserstoffpläne haben sich Ziele gesetzt, was die Anzahl der kurzfristig einzuführenden HFCVs betrifft. Peking, Shanghai und die Provinzen Hebei, Innere Mongolei und Shandong planen, bis 2025 in jeder dieser Provinzen rund 10 000 HFCVs auf ihren Straßen zu haben. Doch wird der tatsächliche Beitrag von HFCVs zu Chinas Energiewende von ihrer Versorgung mit kohlenstoffarmem Wasserstoff abhängen. Denn bisher wird, wie oben erwähnt, der größte Anteil des Wasserstoffs, der für ihren Antrieb verwendet wird, aus fossilen Brennstoffen hergestellt.[703]

Aus diesem Grund verstärkte Peking seine Wasserstoffstrategie vor ein paar Monaten mit einem weiteren politischen Konzept, das den Einsatz von 50 000 Brennstoffzellen-Fahrzeugen bis 2025 vorsieht. Dadurch soll das Land seine Abhängigkeit von Energieimporten verringern.[704] Die Nationale Entwicklungs- und Reformkommission forderte in ihrem Entwicklungsplan für den Wasserstoffenergie-Sektor sogar, dass das Land bis 2025 die zentrale Wasserstofftechnologie und den Herstellungsprozess »beherrscht«.[705]

Der weltweite Absatz von Wasserstoff-Brennstoffzellenfahrzeugen (HFCVs) belief sich laut der China Association of Automobile Manufacturers im Jahr 2021 auf rund 17 000 Einheiten, wovon nur 1586 auf China entfielen.[706] Wenn es nach den politischen Verantwortlichen geht, sind das viel zu wenige. Ein Grund dafür ist hier wie in vielen anderen Ländern auch die fehlende Tankstellen-Infrastruktur. Daher sollen bis 2030 3000 neue Wasserstoff-Tankstellen gebaut werden.[707]

Aber auch die chinesischen Autobauer setzen immer mehr auf Wasserstoff. So kündigte Great Wall Motor an, umgerechnet rund 470 Millionen US-Dollar über einen Zeitraum von 3 Jahren in Forschungen und Entwicklungen zu investieren, die mit H_2-Autos in Zusammenhang stehen.[708] Das chinesische Traditionsunternehmen Changan Automobile hingegen machte schon im Juni 2022 Nägel mit Köpfen und brachte über Deep Blue sein neues Modell SL03 auf den Markt, zunächst allerdings nur als E-Version, die Wasserstoffversion soll folgen.[709] Den SL03 soll es in vier Varianten geben: rein elektrisch, mit zwei verschiedenen Akkugrößen, als Hybrid mit erhöhter Reichweite sowie vollständig wasserstoffbetrieben. Der SL03 ist das erste Wasserstoff-Brennstoffzellen-Auto aus China, und seine Herstellung ist dic bislang größte Massenproduktion von Autos dieser Antriebsart weltweit. Der Hersteller will damit Tesla Konkurrenz machen.[710] Der Preis variiert je nach Antriebsart. Der Hersteller kündigte an, dass das Basismodell umgerechnet rund 28 000 Euro kosten werde. Ein unglaublich günstiger Preis im Vergleich zum Tesla. Die Reichweite der Wasserstoffvariante soll bei rund 700 Kilometern liegen, und mit der Hybridversion würden sich unter Idealbedingungen sogar 1200 Kilometer am Stück fahren lassen.[711] Geht der SL03 in Massenproduktion, kann sich Tesla warm anziehen.

Chinas Wasserstoffpolitik ist konservativer als die der Europäer

Derzeit konzentriert sich Pekings politische Unterstützung von Wasserstoffprojekten hauptsächlich auf die Förderung der Industrie allgemein mit einem Schwerpunkt auf der Automobilindustrie, weniger oder kaum auf Fragen der Klimaneutralität. Im Vergleich zu europäischen Strategien, die grünen Wasserstoff für eine schnelle und tiefgreifende Dekarbonisierung zu nutzen beabsichtigen, ist Chinas nationale Politik durch das Fehlen diesbezüglicher marktbasierter Mechanismen gekennzeichnet und in Bezug auf quantitative Ziele konservativ.[712] Chinas Ziel, bis 2025 jährlich 100 000–200 000 Tonnen grünen Wasserstoff zu produzieren, wird von den 1 Million Tonnen, welche die EU anstrebt, deutlich in den Schatten gestellt. Selbst Deutschlands geplante Produktionskapazität von 14 Terawattstunden im Jahr 2025 ist mehr als doppelt so hoch wie Chinas Maximalziel von 6,7 Terawattstunden.[713] Doch das kann sich zukünftig schnell ändern.

Die Provinzen treiben die Entwicklung voran

Während die nationalen Ziele Chinas konservativ sind, treiben die lokalen Regierungen die Entwicklung der Wasserstoffindustrie aktiv voran. Etwa dreißig lokale Regierungen erwähnten Wasserstoff in ihren 14. Fünfjahresplänen, und über fünfzig Städte haben Richtlinien zum Ausbau ihrer lokalen Wasserstoffindustrie erlassen. Neun Provinzen haben bisher große Entwicklungspläne für Wasserstoff und verwandte Industrien herausgegeben.[714]

Die Pläne der Provinzen unterscheiden sich sowohl in ihrem Branchenfokus als auch in dem Priorisierungsgrad von grünem Wasserstoff. Zehn Provinzen haben bereits spezifische Wasserstoffstrategien verabschiedet. Ganz besonders auf grünen Wasserstoff konzentrieren sich Hebei, die Innere Mongolei und Sichuan.[715] Es zeichnet sich ein Muster von Provinzen mit einem großen Reichtum an erneuerbaren Energien ab, die ihre Solar-, Wind- und Wasserressourcen in ihre Wasserstoffstrategien integrieren und die Entwicklung von grünem Wasserstoff und verwandten Industrien in ihren Planungen stärker berücksichtigen als andere. Dagegen bleiben die Küstenprovinzen, die sich durch fortgeschrittene Industrien auszeichnen, eher farbagnostisch und konzentrieren sich häufig auf wasserstoffbezogene Anwendungen wie HFCVs, nachgelagerte Anwendungen sowie technologische Innovationen.[716]

Die Innere Mongolei als Wasserstoff-Trendsetter in China

Die Innere Mongolei verfügt über enorme Sonnen- und Windressourcen, was sie zu einem idealen Ort für die Produktion von grünem Wasserstoff macht. So kündigte die Provinz im Jahr 2021 sieben große Wasserstoffprojekte mit einer Gesamtkapazität von 2,2 Gigawatt an, die mit Wind und Sonne betrieben werden und nach Fertigstellung 2023 jährlich 67 000 Tonnen grünen Wasserstoff produzieren sollen. Für 2025 liegt das Ziel der Inneren Mongolei bei 500 000 Tonnen und damit weit über dem nationalen Ziel.[717]

Das Energie-Forschungsnetzwerk (SOE) Jingneng hat ebenfalls Pläne zum Bau einer 5-Gigawatt-Solar-Windkraftbasis angekündigt. Damit sollen jährlich mehr als 400 000 Tonnen grüner Wasserstoff produziert werden.[718]

China als potenzieller Herausforderer in der Wasserstoffforschung

Die Unterstützung der Wasserstoffforschung und -entwicklung in China hat dort zu einem starken Anstieg der diesbezüglichen Patentanmeldungen geführt – deren Anzahl ist inzwischen höher als irgendwo sonst auf der Welt.[719]

Da die Dekarbonisierung mittel- bis langfristig festgeschrieben ist, steht die grüne Wasserstoffindustrie vor einer massiven Expansion, und Energie-SOEs[720] (staatseigene Unternehmen) werden eine Schlüsselrolle bei der Planung und Finanzierung damit verbundener Projekte spielen. Angeheizt durch Chinas rasche Einführung erneuerbarer Energien, seine wachsende Produktionskapazität für Elektrolyseure sowie die gesunkenen Kosten von Elektrolyseanlagen, steigt das Interesse rapide an. Bloomberg erwartet, dass China bis Ende 2022 über 60 Prozent der weltweiten Elektrolyseurinstallationen ausmachen wird.[721]

Erste große Wasserstoffprojekte

Derzeit gibt es in China über 120 Projekte zur Produktion von grünem Wasserstoff in unterschiedlichen Entwicklungsstadien, wobei in den letzten 2 Jahren mehrere Projekte im Gigawatt-Maßstab angekündigt wurden. Diese befinden sich hauptsächlich in Binnenregionen wie der Inneren Mongolei, Ningxia und Xinjiang, wo wie gesagt reichlich Potenzial für erneuerbare Energien vorhanden ist.[722]

Die meisten grünen Wasserstoffprojekte wurden bisher von großen Energie-SOEs finanziert. So hat beispielsweise Sinopec, das bereits eine dominierende Rolle einnimmt, angekündigt, bis 2025 auch Chinas führendes Wasserstoffunternehmen zu werden und bis 2050 (10 Jahre vor dem nationalen Ziel) Netto-Null-CO_2-Emissionen erreichen zu wollen. Das Unternehmen rechnet damit, bis 2025 jährlich 500 000 Tonnen Wasserstoff aus erneuerbaren Energiequellen zu produzieren, und plant, sein Netz von Wasserstofftransportpipelines zu erweitern. Sinopec baut Produktionsanlagen für grünen Wasserstoff in Ordos, der Inneren Mongolei, Kuqa und Xinjiang, mit geplanten jährlichen Leistungen von 10 000 beziehungsweise 20 000 Tonnen. Diese Projekte sollen bis Juni 2023 betriebsbereit sein.[723]

Doch auch private Unternehmen innerhalb der Branche der erneuerbaren Energien integrieren grünen Wasserstoff zunehmend in ihre Geschäftspläne. Der chinesische Solarprojektentwickler GCL New Energy hat angekündigt, bis 2025 etwa 100 Energiestationen mit einer jährlichen Produktionskapazität von 400 000 Tonnen grünen Wasserstoff zu bauen.[724]

Chinas Elektrolyseur-Fertigungsindustrie ist ebenfalls immer mehr auf Wettbewerb eingestellt,[725] wobei vor allem drei Unternehmen mittlerweile den chinesischen Markt für alkalische Elektrolyseure dominieren:

1. PERIC Hydrogen Technologies
2. Cockerill Jingli Hydrogen
3. Tianjin Mainland Hydrogen Equipment

Diese Unternehmen liegen zwischen dem öffentlichen und dem privaten Sektor und verfügen über bedeutende Forschungs- und Entwicklungsaktivitäten und -kapazitäten. So hat Chinas größtes staatliches Unternehmen, das Energieunternehmen State Power Investment Corporation (SPIC), bereits angekündigt, dass es in ein großes Projekt in Changchun investieren wird, um High-End-PEM-Ausrüstung einschließlich einer Produktionsstätte mit einer Jahresleistung von 40 Gigawatt zu entwickeln.[726]

In den letzten Jahren haben in China ansässige Hersteller grüner Wasserstofftechnologien den Anteil lokal bezogener Komponenten schrittweise erhöht. China versucht aktiv, importierte Teile durch einheimische Alternativen zu ersetzen, um die Sicherheit der Lieferkette in allen Sektoren zu steigern und angesichts der Auswirkungen des Ukraine-Krieges und der Coronapandemie zu gewährleisten. In den Bereichen Wasserstoffventil und PEM-Elektrolyseur bestehen nämlich Lücken, und lokale Hersteller hinken Herstellern in Europa und den Vereinigten Staaten bislang noch hinterher.[727] Doch das kann und wird sich schnell ändern.

Insgesamt muss man feststellen, dass die chinesische Wasserstofftechnologie wettbewerbsfähiger geworden ist, insbesondere was Brennstoffzellen, Membranen und die alkalische Elektrolyse betrifft. Entgegen früheren Bedenken hinsichtlich der Qualität, Zuverlässigkeit und Haltbarkeit chinesischer Hersteller verbessern sich deren Fertigungskapazitäten. Und was chinesische Technologie an Effizienz nicht bieten kann, kann sie durch den Preis ausgleichen. In China hergestellte Elektrolyseure sind bereits jetzt deutlich billiger als ausländische Geräte, und eine zusätzliche Ausweitung der Produktion in den kommenden Jahren wird sich zu Gunsten Chinas auswirken.[728]

So beabsichtigt LONGi, der Hersteller von Solarmodulen, seine Produktionskapazität für Elektrolyseure bis Ende 2022 von 500 Megawatt auf 2 Gigawatt und in den kommenden Jahren auf 5–10 Gigawatt auszubauen. SPIC plant bis 2027 eine Produktionskapazität für Elektrolyseure von 10 Gigawatt.[729]

Das Ausland im Auge

Wie zu erwarten, konzentrieren sich die in China ansässigen Hersteller von Elektrolyseuren allerdings nicht nur auf die Inlandsnachfrage, sondern haben auch den Auslandsmarkt im Visier. So haben PERIC Hydrogen Technologies, Cockerill Jingli Hydrogen und Shandong Saikesaisi bereits mit dem Export von Ausrüstung für Wasserstoffprojekte begonnen.[730]

Doch auch umgekehrt sind ausländische Unternehmen als Lieferanten und Joint-Venture-Partner in Chinas aufstrebender Industrie für grünen Wasserstoff stark eingebunden. Zu den wichtigsten gehört das belgische Unternehmen Cockerill Jingli Hydrogen, das Huaneng dabei half, den weltweit ersten alkalischen Elektrolyseur mit 1300 Normalkubikmetern pro Stunde herzustellen. Zuvor hatten die Belgier mit dem Dalian Institute of Chemical Physics bei der Weiterentwicklung der Elektrolysetechnologie zusammengearbeitet.[731] 2021 lieferte Cockerill Jingli Hydrogen Elektrolyseure für die Olympischen Spiele in Peking sowie für das PV-Wasserstoffkraftwerk von Baofeng in Ningxia. In ähnlicher Weise wurden Siemens Energy Elektrolyseure für eine Produktionsanlage im Megawatt-Maßstab bereitgestellt, die an eine Wasserstoff-Tankstelle in der Nähe von Peking im Vorfeld der Olympischen Spiele angeschlossen war.[732]

Auch andere wichtige chinesische Akteure haben Joint Ventures mit ausländischen Firmen gegründet, um fortschrittliche Technologien zu entwickeln und neue Exportmärkte zu gewinnen. Sinopec hat mit dem US-Unternehmen Cummins eine Vereinbarung über die Gründung eines 50/50-Joint Ventures getroffen, um die PEM-Elektrolysetechnologie von Cummins in China zu fördern. Die Partner werden bis zum Jahr 2023 in Foshan, Guangdong, eine Fabrik mit einer Jahreskapazität von 500 Megawatt errichten, die bis 2028 auf 1 Gigawatt hochfahren soll. HydrogenPro, Norwegens Konstrukteur und Lieferant von Wasserstoffanlagen, arbeitet mit Tianjin HQY Hydrogen Machinery zusammen. Dieses

Joint Venture beabsichtigt, in Tianjin eine Produktionsstätte für Elektrolyseure mit einer Jahreskapazität von 300 Megawatt zu errichten und Elektrolyseure weltweit zu exportieren.[733]

Folgende drei Faktoren könnten die Nachfrage in China nach grüner Wasserstofftechnologie in naher Zukunft schnell beschleunigen:

1. Die Regierung in Peking nimmt ihre Klimaziele sehr ernst, und grüner Wasserstoff ist tatsächlich ein zentraler Bestandteil der langfristigen Lösung für ein sicheres und nachhaltiges Energiesystem.
2. Die steigenden Kosten für fossile Brennstoffe und die verschiedenen in Entwicklung befindlichen CO_2-Preissysteme in den großen Volkswirtschaften treiben grünen Wasserstoff in Richtung Preisparität mit dem immer noch billigeren grauen Wasserstoff.
3. Wachsende Bedenken hinsichtlich der Energiesicherheit sorgen für zusätzliche Dynamik. Die Abkehr von importierten fossilen Brennstoffen beschleunigt sich infolge des Ukraine-Krieges weltweit. Daher scheint grüner Wasserstoff angesichts des fortgeschrittenen Zeitplans für die Dekarbonisierung, der jetzt in der EU, China und anderswo diskutiert wird, auch bei kommenden Kriegen und Energiekrisen zunehmend attraktiver und zugleich notwendiger zu werden.[734]

Fazit

Zwar hinken chinesische Unternehmen den Europäern derzeit noch etwas hinterher, doch sie holen immer schneller auf. Wenn China seine Produktion grüner Wasserstofftechnologien weiter so ausbaut wie bisher, wird es Europa ernsthaft herausfordern. Dabei können Pekings Ambitionen in Sachen Wasserstoff als Segen und

Fluch zugleich angesehen werden, denn chinesische Technologieentwickler und -produzenten werden wahrscheinlich einen wertvollen Beitrag zu den globalen Bemühungen zur Bekämpfung des Klimawandels leisten, indem sie die Kosten verwandter Technologien senken. Gleichzeitig werden sie aber auch den Wettbewerb um ausländische Akteure verstärken.[735]

Europäische Entscheidungsträger und Wirtschaftsführer sollten daher der weiteren Entwicklung der Wasserstofftechnologie in China große Aufmerksamkeit schenken und deren Auswirkungen auf die europäische Industrie sowie die Energiewende in Europa und darüber hinaus berücksichtigen. Denn unbestritten ist, dass China das Wasserstoffzeitalter im Visier hat und an der globalen Entwicklung der Industrie teilhaben will.[736]

Der Wasserstoffgigant ist erwacht.

Kapitel 7

So profitieren Sie vom Megatrend Wasserstoff

Vorbemerkung: Erfreulicherweise gibt es inzwischen immer mehr Unternehmen und Händler, die Produkte mit Wasserstoff- und Brennstoffzellen-Technologien für den Privatgebrauch anbieten. Ich bitte jedoch um Verständnis, dass ich nicht auf jedes einzelne Produkt auf dem schnelllebigen Markt eingehen kann, sondern mich auf die vielversprechendsten konzentriere.

Die Brennstoffzelle im Haushalt klingt für viele noch nach Science-Fiction. Schaut man aber nach Japan, so sorgen dort heute schon Brennstoffzellen in über 400 000 Eigenheimen für Strom und Wärme, und bis 2030 sind sogar 5 Millionen vorgesehen.[737] Während also im japanischen Alltag Brennstoffzellen bereits angekommen zu sein scheinen, wurden in Deutschland bis Ende 2020[738] nur 15 000 Brennstoffzellen-Heizungen gefördert.[739]

Doch auch in Deutschland wird an vielversprechenden Wasserstoff- und Brennstoffzellen-Lösungen für den Privathaushalt geforscht, und es gibt schon einige interessante Ergebnisse.

I. Das Minikraftwerk im Keller: wasserstoffbetriebene Blockheizkraftwerke

Laut einer Studie der Deutschen Energie Agentur (Dena) ließen sich durch die Verwendung von Wasserstoff in den Sektoren Mobilität, Strom sowie Wärme bis 2050 rund 360 Milliarden Euro einsparen.[740]

Wie schon in Unterkapitel 3.IV »Ist Wasserstoff kompatibel mit der bestehenden Erdgasnetzinfrastruktur?« beschrieben, kann H_2 in gewissen Mengen bereits heute dem bestehenden Gasnetz beigefügt werden. Der zusätzliche Wasserstoff wird dann wie Erdgas verbrannt, wobei bei der Verbrennung lediglich Wasserdampf entsteht. Darüber hinaus lässt sich aus Wasserstoff via Brennstoffzellen aber auch Wärme und Strom gewinnen – beispielsweise mit einem Blockheizkraftwerk (BHKW).[741]

Ein BHKW ist eine Heizung. Und da bei der Erzeugung der Wärme gleichzeitig Strom erzeugt wird, spricht man von Kraft-Wärme-Kopplung (siehe unten). Bei einem BHKW handelt es sich um ein relativ kleines Kraftwerk, das einzelne Häuser oder sogar eine ganze Zeile von Reihenhäusern mit Wärme und Strom versorgen kann. Diese sogenannten Mikro- oder Nano-BHKWs[742] funktionieren folgendermaßen:

- In einem Blockheizkraftwerk wird für die Erzeugung von Strom Brennstoff (Öl, Gas, Heizöl, Holz oder Wasserstoff) benötigt.
- Durch dessen Verbrennung wird ein Generator angetrieben, der Strom erzeugt.
- Die dabei entstehende Wärme wird an einen Pufferspeicher weitergeleitet, der das Haus mit Wärme (Warmwasser und Heizungen) versorgt.[743]

- Der Strom dient dazu, den Eigenbedarf zu decken.
- Der Stromüberschuss kann wieder ins Netz eingespeist werden.[744]

Ein Blockheizkraftwerk ergibt dann Sinn, wenn viel Strom für den Eigenbedarf benötigt wird und folglich produziert werden muss und/oder wenn das ganze Jahr über ein relativ hoher Wärmebedarf besteht.[745]

Hier eine schematische Darstellung der Funktionsweise eines Blockheizkraftwerkes:

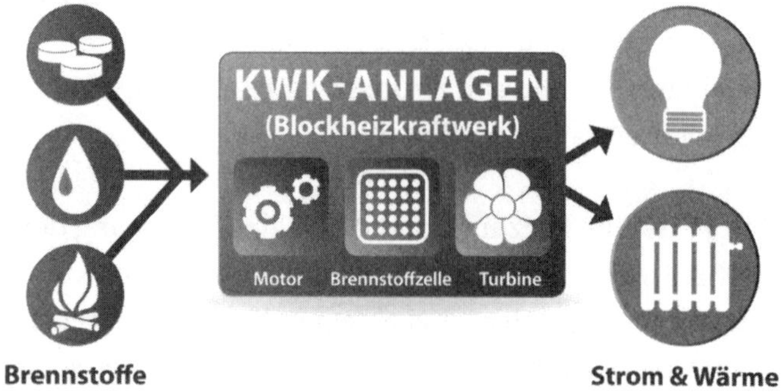

Quelle: BRN-Pixel.stock.adobe.com

Diese Minikraftwerke können nicht nur mit Erdgas und Biogas, sondern zwischenzeitlich auch mit Wasserstoff betrieben werden und eine Leistung von 20 bis zu 2000 Kilowatt (1 KW = 1000 Watt) erreichen. Die Bundesregierung hat jüngst die KWK-Förderung bis 2030 verlängert.

Das über 100 Jahre alte japanische Traditionsunternehmen Panasonic ist ein Wasserstoffpionier und hat als erster Anbieter bereits vor 10 Jahren Minikraftwerke mit Brennstoffzellen in die Haushalte gebracht.[746] In Deutschland hat sich das 1995 gegründete deutsche Unternehmen 2G Energy AG auf die Herstellung von Energieerzeugungssystemen mittels Kraft-Wärme-Kopplung (KWK) in Blockheizkraftwerken (BHKW) spezialisiert, die mit Erdgas, Biogas und Wasserstoff betrieben werden können. Mittlerweile gilt der Konzern in seiner Branche als international führend. BHKW der 2G Energie AG nutzen zur Strom- und Wärmeerzeugung auch erneuerbare Energien.[747]

Kompakt wie sie sind, lassen sich Blockheizkraftwerke meist problemlos in den Kellern größerer Gebäude unterbringen. Die Kraft-Wärme-Kopplung (KWK) kann die Energieeffizienz des eingesetzten Gases deutlich verbessern.[748] Die Energieanlagen der 2G Energy AG erbringen Leistungen in Höhe von 20 bis 4500 KW und können neben den erwähnten Brennstofflieferanten Erdgas, Biogas, Biomethan oder Wasserstoff auch mit Wind- oder Solartechnologien betrieben werden. Wetterbedingte Energieausfälle bei Solarstrom gleicht das KWK selbstständig aus, was zu einer großen Zuverlässigkeit führt.[749] So sehen die Vor- und Nachteile in der Zusammenfassung aus:

Vorteile:
- Da man seinen eigenen Strom und seine eigene Wärme produziert, ist man von Energieversorgern unabhängig.
- Die laufenden Kosten sind sehr gering und gleichen über eine lange Laufzeit die Anschaffungskosten aus.[750]
- Mit einem Wirkungsgrad von bis zu 90 Prozent kann fast die gesamte Energie verwertet werden, die im Brennstoff gespeichert ist.[751]
- Der gewonnene Strom kann selbst verbraucht oder ins öffentliche Netz eingespeist werden. Für die Einspeisung ins öffentliche Netz erhält man eine Vergütung.[752]
- Die Wahl des Brennstoffes steht einem frei.[753]

Nachteile:

- Kommt in BHKWs nicht Wasserstoff, sondern fossiles Brennstoffmaterial zum Einsatz, wird sehr viel CO_2 ausgestoßen.
- Wie bei jeder Nutzung fossiler Brennstoffe besteht eine Abhängigkeit hinsichtlich Kosten und Verfügbarkeit der Ressourcen.
- Die Anschaffungskosten für ein BHKW sind sehr hoch.[754] Sie betragen je nach Leistung bis zu 20 000 Euro oder mehr.[755]

II. Brennstoffzellen-Heizungen

Der Heizungsbauer Viessmann hat sich bereits im September 2020 für eine stärkere Nutzung von Wasserstoff in privaten Haushalten ausgesprochen. Demzufolge könnte bereits heute dem Erdgas im bestehenden Netz bis zu 20 Prozent Wasserstoff beigemischt werden[756] und nicht nur – wie aktuell erlaubt – 10 Prozent. Viessmann warb dafür, das Gasnetz als Energiespeicher und Wasserstoff zur Wärmegewinnung zu nutzen, denn der Wärmemarkt stehe derzeit für bis zu 50 Prozent der CO_2-Emissionen und sei damit der relevanteste Sektor der Energiewende. Zudem könne das Gasnetz als Speicher für erneuerbare Energien genutzt werden, wenn der überschüssige Strom über Power-to-Gas-Anlagen in Wasserstoff umgewandelt werden würde.[757]

Eine Brennstoffzellen-Heizung funktioniert wie ein Miniblock-Heizkraftwerk, nur dass hier Wasserstoff, der mit Sauerstoff reagiert, als Brennstoff fungiert.[758] So entstehen Gleichstrom und Wärme. Anschließend wird der generierte Gleichstrom in nutzbaren Wechselstrom umgewandelt, und die so entstandene Wärme kann zum Heizen oder für das Erhitzen von Wasser verwendet werden (Kraft-Wärme-Kopplung). Da die Herstellung von reinem Wasserstoff sehr aufwendig und noch nicht wirtschaftlich ist, muss der Brennstoffzelle Gas zugeführt werden. Aus dem Biomethan wird der benötigte Wasserstoff gewonnen. Die Verbrennung läuft anschließend weitestgehend CO_2-neutral ab.[759] Brennstoffzellen-Heizungen gelten als robust, wartungsarm und geräuschlos.[760]

Geeignet ist diese Form der Heizung, die zusätzlich Strom erzeugt, für alle Gebäude mit einem höheren Wärme- und/oder Stromverbrauch. Das ist vor allem bei größeren Immobilien, Mehrfamilienhäusern, Krankenhäusern oder Schwimmbädern der Fall – Gebäuden also, die das gesamte Jahr über viel Wärme und einen Großteil des erzeugten Stroms selbst benötigen.[761] Doch auch für Käufer eines Altbaus mit hohem Heizbedarf könnte die Brennstoffzellen-Heizung eine Alternative zur Öl- und Gasheizung sein.[762]

Für eine Brennstoffzellen-Heizung müssen folgende Komponenten vorhanden sein:

- ein Gasanschluss
- eine zentrale Heizungsanlage
- ein Wärmespeicher[763]

Auch hier gibt es Vor- und Nachteile:

Vorteile:
- Es lassen sich Energiekosten von bis zu 40 Prozent einsparen.
- Die Brennstoffzellen-Heizung hat einen hohen Wirkungsgrad und ist daher sehr effizient.
- Strom und Wärme können vor Ort genutzt werden.
- Die Heizung benötigt kaum Platz.

- Die laufenden Kosten (etwa für die Wartung) sind gering.
- Die Heizung hat einen bis zu 50 Prozent geringeren CO_2-Ausstoß.[764]
- Durch die Nutzung der Wärmeenergie können für den Gesamtwirkungsgrad Werte von über 95 Prozent erreicht werden.[765]
- Eine solche Heizung besitzt eine verhältnismäßig lange Lebensdauer.[766]
- Viele Modelle sind vibrationsarm.[767]

Nachteile:

- Für die Wärme- und Stromerzeugung ist Erdgas nötig, woraus sich eine Abhängigkeit hinsichtlich Verfügbarkeit und Preis des Brennstoffs ergibt, da die Technologie derzeit noch nicht vollends ausgereift ist.
- Bei der Verbrennung wird CO_2 freigesetzt (siehe oben).
- Die Kosten einer Brennstoffzellen-Heizung und deren Installation können verhältnismäßig hoch sein (25 000 Euro bis 35 000 Euro oder mehr),[768] wobei diese Heizungen in Deutschland allerdings bezuschusst werden.[769] Bei Kosten von etwa 35 000 Euro können Hausbesitzer mit einer Förderung in Höhe von bis zu 14 000 Euro rechnen.[770]

Großflächig eingebaute Brennstoffzellen-Heizungen können also durchaus ein Baustein sein, um die Energiewende zu meistern.[771]

III. Photovoltaik, Wasserturbinen und Wasserstoff

Schon heute ist es möglich, mit Solar auf dem Dach und Elektrolyse im Keller weitgehend energieautark zu leben, denn in den sonnenstarken Monaten produzieren Photovoltaik-Anlagen oft mehr Strom als man braucht. Mithilfe der Elektrolyse kann diese Energie in Wasserstoff gespeichert und für die kalten Monate aufbewahrt werden[772] (siehe auch das Folgekapitel 7.IV »Ihre eigene Energiewende: Wasserstoff selbst erzeugen und sich im Winter mit autarkem Strom versorgen«).

Hierzu möchte ich zwei Beispiele anführen:

Beispiel 1: Wer an einem Gebirgsbach wohnt, hat es gut, vorausgesetzt, man hat das nötige Kleingeld und den Willen, autark leben zu wollen. Denn dann kann man sein Haus renovieren und eine innovative Technologie darin verbauen, die ein autarkes Leben ermöglicht. Dabei wird die Energie aus einer Wasserturbine gespeichert und durch Elektrolyse zu Wasserstoff verarbeitet, der allerdings nicht wie üblich gasförmig in Stahlflaschen gespeichert, sondern in Metallpellets gepresst wird. Dadurch wird diese leicht entzündliche Verbindung vor Reaktionen geschützt. Bei Bedarf wandelt eine Brennstoffzelle diese Pellets dann in Strom und Wärme um.[773]

Eine solche maßgefertigte Anlage für den Hausgebrauch hat bislang aber noch den stattlichen Preis von einer halben Million Euro.[774]

Beispiel 2: Etwas günstiger ist eine Anlage, die den Strom aus Solarzellen gewinnt. Dank der Wasserstoffelektrolyse als Speicher überschüssiger Solarenergie kann man damit ebenfalls autark leben.

In einer Brennstoffzelle wird im Winter aus Wasserstoff Strom erzeugt, und mit der Abwärme dieses Prozesses wird das Haus geheizt. Der Kostenpunkt dieser Wasserstoffanlage liegt im Moment zwischen 60 000 und 90 000 Euro. Hinzu kommt jedoch eine Photovoltaik-Anlage, denn für eine autarke Versorgung ist eine Energiequelle nötig, die mindestens 10 000 kWh Strom im Jahr erzeugt.[775]

IV. Ihre eigene Energiewende: Wasserstoff selbst erzeugen und sich im Winter mit autarkem Strom versorgen

Im vorangegangenen Kapitel habe ich bereits verschiedene Modelle der privaten Wasserstoffgewinnung skizziert. Doch es gibt noch weitere Möglichkeiten, von denen ich Ihnen eine vorstellen möchte.

Der Anbieter HPS Home Power Solutions gibt mit seinen Picea-Systemen jedem Eigenheimbesitzer die Möglichkeit, sommerlichen Überschussstrom aus dem Solargenerator per Elektrolyse in Form von Wasserstoff zu speichern. Die Systeme werden im Einfamilienhaus installiert und versorgen den Nutzer das ganze Jahr über mit CO_2-freiem Strom. Angetrieben wird das System von der Sonne und zwar über Photovoltaik-Module auf dem Dach. Der Solarstrom ist dann als grüner Wasserstoff nutzbar, man vollzieht sozusagen seine eigene Energiewende. Und dies bietet zu 100 Prozent Schutz vor steigenden Strompreisen, absehbaren CO_2-Steuern sowie Stromausfällen.[776]

Um Strom genau zu dem Zeitpunkt verfügbar zu machen, in dem er gebraucht wird, nutzt Picea zwei Technologien:

1. **Kurzzeitspeicher Tag/Nacht:** Tagsüber wird die Batterie von der Sonne aufgeladen und der Solarstrom gespeichert, damit er abends genutzt werden kann.
2. **Langzeitspeicher Sommer/Winter:** Um den im Winter fehlenden Solarertrag auszugleichen, verwendet Picea Wasser-

stoff und nutzt sommerliche Stromüberschüsse, um aus Wasser Wasserstoff zu produzieren. Im Winter wird dieser Prozess umgekehrt und aus Wasserstoff wieder Strom gewonnen. Die Speicherung und Nutzung erfolgt komplett emissionsfrei.[777]

Im **Sommer** funktioniert dies folgendermaßen: Das System wandelt den Gleichstrom vom Dach in den gängigen Wechselstrom um, der Lampen, Computer und Waschmaschine antreibt. Die Energie, die nicht direkt verbraucht wird, wird in einer Batterie gespeichert. Sobald diese voll ist, produziert der Elektrolyseur aus den übrigen Stromüberschüssen Wasserstoff und lagert ihn für den Winter ein. Im **Winter** hat die Sonne normalerweise nicht genug Kraft, um die Batterie zu laden und das Haus vollständig zu versorgen, oder aber die Photovoltaik-Module sind mit Schnee bedeckt. Doch das System soll laut Hersteller im Sommer ausreichend Wasserstoff gewonnen und gespeichert haben, damit daraus im Winter mittels der Brennstoffzelle wieder Strom erzeugt werden kann, der die fehlende Sonneneinstrahlung kompensiert. Wasserstoff versorgt nun das Haus und lädt die Batterie. Das Haus wird weiter mit 100 Prozent selbst erzeugtem und CO_2-freiem Strom versorgt.[778]

Doch das Picea-System kann noch mehr, denn es macht auch Abwärme nutzbar, die beim Umwandeln von Energien entsteht. Diese Abwärme steht dem Haushalt zur Verfügung und hilft Heizkosten sowie CO_2 einzusparen. Dadurch entsteht ein Nutzungsgrad von bis zu 90 Prozent oder anders ausgedrückt: Man nutzt fast die gesamte Sonnenenergie entweder als Strom oder als Wärme.[779]

Weitere Vorteile bestehen erstens darin, dass das Brauchwasser durch den im Sommer erzeugten Wasserstoff erwärmt werden kann und damit die Sommerwärme als warmes Heizwasser bereitgestellt wird, und zweitens darin, dass die Wärme, die durch die winterliche Rückverwandlung von Wasserstoff in Strom gewonnen wird, für die Unterstützung der Wärmeversorgung des Hauses sorgt. Hinzu kommt, dass ein Lüftungsgerät integriert ist, was für Gebäude mit Lüftungsanlage bedeutet, dass die Wärme gefiltert und befeuchtet über den Luftstrom zur Verfügung gestellt wird.[780] Und da die Leistungselektronik für verschiedene Betriebsarten mit oder ohne Netz vorgesehen ist, muss das System auch nicht mit dem Netz gekoppelt sein, sondern kann ein Wohngebäude auch als autarke Insel versorgen.[781]

Die Energiezentrale kann im Keller oder im Hauswirtschaftsraum stehen und benötigt nur 1,5 Quadratmeter. Darin integriert sind:

- eine Wasseraufbereitung und ein Elektrolyseur für die Wasserstofferzeugung
- eine Brennstoffzelle für die Rückverstromung des Wasserstoffs
- eine Batterie mit einer Kapazität von 20 Kilowattstunden für die Kurzzeitspeicherung
- ein Wechselrichter und ein Solarladeregler für den Anschluss an eine Photovoltaik-Anlage
- ein Lüftungssystem mit Wärmerückgewinnung zur Verbesserung des Wohnklimas und zur Heizungsentlastung[782]

Der Wasserstoffspeicher wird außerhalb des Hauses aufgestellt. Er erfordert zwischen 3 und 7 Quadratmetern Grundfläche, gegebenenfalls im Carport, in einem kleinen Anbau oder im Erdreich. Der Speicher wird wie ein üblicher Flüssiggastank installiert und ist etwa mannshoch.[783] Installiert werden je nach Bedarf ein bis zwei Flaschenbündel, und die Größe des Speichers wird individuell angepasst. All diese Komponenten werden durch ein intelligentes Energiemanagement gesteuert und durch Fernwartung überwacht, der Betrieb ist unkompliziert und automatisiert.[784]

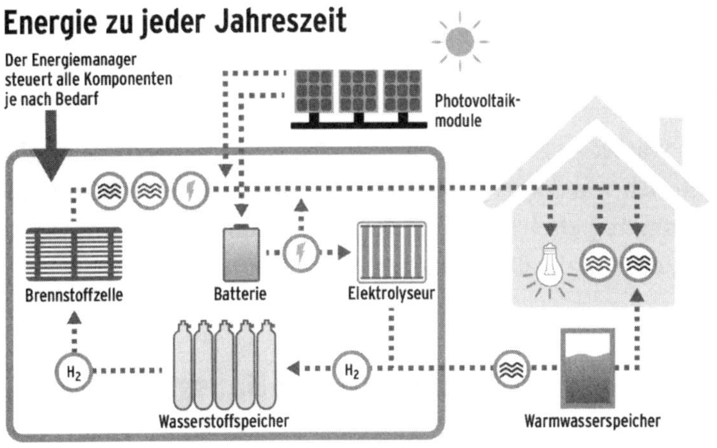

Quelle: www.moz.de/nachrichten/wirtschaft/energie-brandenburger-erzeugt-eigenen-strom-mit-wasserstoff-50383121.html

Der Hersteller gibt an, Picea sei in Zusammenarbeit mit dem TÜV entwickelt worden, und garantiert mit seinem patentierten Sicherheitssystem »unter allen denkbaren Umständen Sicherheit«[785]. Die Stahlflaschen seien absolut dicht und extrem widerstandsfähig. Außerdem sei Picea verfahrensfrei und könne ohne besondere Zulassungen oder Anmeldungen im Wohnhaus installiert werden.[786]

Zu den Kosten schreibt der Hersteller auf seiner Website: »Gemeinsam mit Ihnen ermitteln wir zuerst Ihren ganz persönlichen Bedarf. Daraus resultierend entsteht ein Angebot, welches in der Regel zwischen 85 000 und 125 000 Euro liegt. Sprechen Sie unsere Kundenberater gern auf Spartipps und Fördermöglichkeiten an. Der Liefertermin wird mit Ihnen individuell abgestimmt.«[787] Und über Förderungsmöglichkeiten: »Die KfW bietet mit dem Programm 433 eine attraktive Unterstützung in Höhe von 15 050 Euro beim Kauf einer Picea an. Wir unterstützen Sie gern bei der Beantragung und Abwicklung mit unseren Experten und vorgefertigten Antragsunterlagen. Darüber hinaus prüfen wir jederzeit individuell, ob es regionale Förderprogramme gibt, die Sie nutzen können.«[788]

Das Wasserstoff- und Brennzellensystem bietet also eine Möglichkeit, sich von der irren Strom- und Gaspolitik der grün-roten Regierung zu befreien, die uns in den nächsten Jahren noch viel kosten oder um die Ohren fliegen wird.

V. Wasserstoffflaschen für den Hausgebrauch

Grünen Wasserstoff aus erneuerbarer Energie kann man auch in Flaschen kaufen, die man zur Not zum Auftanken eines Wasserstoffautos oder für anderes verwendet kann, beispielsweise für

- Brennstoffzellen
- Campinggas
- Kochen
- Heizen
- Wasserstoffbrenner
- Wärmebehandlung
- Saisonalspeicher
- Wasserstofffahrrad und anderes mehr[789]

Vor ein paar Monaten gab das internationale Planungsbüro Green Energy Scout den Bau eines 12-Volt-Elektrolyseurs bekannt, der ausschließlich grünen Wasserstoff herstellen kann. Die dazu erforderliche Windkraft wird mithilfe eines Helixrotors und Sonnenstrahlung über Photovoltaik in Strom umgewandelt. Durch den Verzicht auf ineffizienten Wechselstrom und den Einsatz von Gleichstromtechnik sind die Anlageverluste gering. Das Wasserstoffsystem soll in Fahrzeugen, Schiffen, Tiny Houses, Werkstätten oder Ein- und Mehrfamilienhäusern für die Speicherung erneuerbarer Energien wie Photovoltaik angepasst werden. Der in Stahlflaschen gespeicherte grüne Wasserstoff soll ab Ende 2022 käuflich erworben werden können.[790] Die Preise für die einzelnen Chargen werden noch bekannt gegeben.

Auch bei Linde-Gas und vergleichbaren Firmen kann man Wasserstoffflaschen kaufen. Eine Flasche für die Versorgung von Brennstoffzellen kostet bei Linde-Gas beispielsweise rund 100 Euro für 10 Liter (200 bar) und knapp 120 Euro für 50 Liter.[791]

VI. Eine Wasserstofffabrik für den eigenen Garten

Neben großen Fabriken könnte Wasserstoff zukünftig auch mit Miniwindrädern im eigenen Garten hergestellt werden. Die Technik dafür wird gerade erprobt.[792]

Wer jetzt schon ein Brennstoffzellenauto besitzt und sich seinen grünen Wasserstoff selbst herstellen will, braucht Wind- oder Solarstrom, dazu einen Elektrolyseur, der mit dem grünen Strom Wasser spaltet, und einen Tank, der den Wasserstoff dann speichert. Der erneuerbare Strom könnte zum Beispiel von einem Miniwindrad kommen, dessen Rotorblatt 1,5 Meter lang ist und auf einen 10 Meter hohen Mast gesetzt wird.

Ingenieure vom Fraunhofer-Institut für Angewandte Polymerforschung in Wildau bei Berlin arbeiten seit einiger Zeit an einer

Wasserstofffabrik für den Garten.[793] Deren Rotorblätter bestehen aus Glasfasern mit Kohlenstoffverstärkung. Eines dieser Rotorblätter wiegt circa 2,5 Kilogramm und wird zum Teil per 3-D-Druck gefertigt. Durch raffinierte Aerodynamik und eine relativ große Angriffsfläche soll er schon bei niedrigen Windstärken wie 3 statt 5 Metern pro Sekunde laufen, wie es bei anderen Miniwindrädern der Fall ist.[794]

Windenergie ist in der Regel eine gute Wahl für die Energiegewinnung, denn im Winter scheint weniger Sonne, und der Wind in den Herbst- und Frühlingsmonaten kann die fehlende Sonne gut kompensieren.[795]

Die kleine Wasserstofffabrik lässt sich natürlich auch mit einer Photovoltaik-Anlage oder mit einer Kombination von beidem betreiben. Das Miniwindrad kann bis zu 2,5 Kilowatt Energie erbringen. Diese speisen dann einen kleinen Elektrolyseur, der Wasserstoff erzeugt, welcher dann unter Hochdruck in einem Spezialtank gespeichert wird.[796]

Um die Sicherheit zu erhöhen, soll ein Sensorkonzept integriert werden, das vorrangig aus einem kleineren Sensor besteht, der mittels gedruckter Elektronik integriert wird. Er identifiziert Stöße, sehr starke Beschleunigungen sowie Temperaturwechsel und Druckanstiege. Ein weiterer Sensor soll Alarm auslösen, falls es in der Kohlefaser zu Schäden kommt. Sechs bis sieben dieser Drucktanks sollten für einen Haushalt reichen. Damit könnte man mehrere Kilogramm Wasserstoff speichern, was in etwa für die Tankfüllung eines Brennstoffzellen-Autos reicht. Die Tanks sollen so konstruiert sein, dass sie sich direkt in ein Auto einsetzen lassen. Statt zu tanken, würde man also einfach einen leeren Tank durch einen vollen ersetzen. Der verbleibende Wasserstoff lässt sich speichern und für den übrigen Energiebedarf im Haushalt – etwa für eine Brennstoffzellen-Heizung – verwenden.[797]

Prototypen des Miniwindrads hat das Fraunhofer-Team bereits getestet. Die komplette Pilotanlage aus Windrad, Elektrolyseur und Speicher soll 2023 fertig werden. Wenn alles nach Plan läuft, will ein kleines Unternehmen aus Brandenburg das System ein Jahr später oder sogar noch etwas früher auf den Markt bringen. Ein Schnäppchen wird die eigene Wasserstofffabrik für den Garten allerdings nicht sein, denn der Gesamtpreis soll um die 50 000 Euro liegen.[798] Allerdings können sich Investoren durch das KfW-Förderprogramm 433 bis zu einer Summe von 34 000 Euro finanzieren lassen.[799]

Für weiter abgelegene Regionen könnte sich das kleine Windrad lohnen, für dicht besiedelte Gebiete wahrscheinlich weniger, denn die dortigen Haushalte könnten Wasserstoff aus dem Gasnetz beziehen.[800] Alleinstellungsmerkmal bei diesem Konzept ist also die autarke Energieversorgung für all jene Orte, an denen kein Anschluss an bestehende Netze vorhanden ist oder wo man vor schwierigen Umweltbedingungen steht, aber auch bei Katastrophensituationen und Erdbeben.[801]

Gleichwohl stellt diese Technologie künftig jedem Haushalt die Möglichkeit zur Verfügung, seinen eigenen Wasserstoff emissionsfrei herzustellen und eine autarke Energieversorgung aufzubauen.[802]

VII. Wasserstoff aus Sonnenenergie

Der Rostocker Forschungsverbund Light2Hydrogen beschäftigt sich seit 5 Jahren mit der photokatalytischen Herstellung von

Wasserstoff. Ziel ist es, mithilfe von Sonnenlicht Wasserstoff zu gewinnen und in ersten technischen Umsetzungen elektrische Energie zu erzeugen. Unter der Koordination des Rostocker Leibniz-Institutes für Katalyse e. V. (LIKAT) arbeitet das interdisziplinäre Netzwerk aus sieben Partnereinrichtungen mit international führenden Forschergruppen aus Berlin, Potsdam, Stralsund und Greifswald zusammen. Die Light2Hydrogen-Wissenschaftler betreiben ihre Grundlagenforschungen in Form von verschiedenen Teilprojekten, die der Theorie, der Modellierung sowie den Mechanismen der Wasserspaltung, der Katalyse, der chemischen Speicherung von Wasserstoff und schließlich der anwendungsorientierten Entwicklung eines Prototyps gewidmet sind.[803]

So steht mitten in Berlin auf dem Dach der Technischen Universität ein rund 1 Quadratmeter großer Demonstrator zur Erzeugung von Wasserstoff aus Wasser. Unter der Glasfläche bildet sich dank Sonnenlicht Wasserstoff, der abperlt und in einem Gasometer aufgefangen wird. Ein Sensor misst die Intensität des Sonnenlichtes. Wird eine Kapazität von 400 Watt überschritten, fängt der Demonstrator an zu produzieren. Die Erwartungen von Projektleiter Professor Reinhard Schomäcker haben sich bisher erfüllt: »Was mich am meisten freut ist, dass wir das Ergebnis, das wir jetzt haben, genau vorhersagen konnten. Bei unseren Laboruntersuchungen haben wir gesagt, wir gewinnen am Tag je nach Sonnenkraft pro Stunde 100 bis 300 Milliliter. Und genau das hat er gemacht.«[804]

Ein zweiter Testreaktor des Light2Hydrogen-Konsortiums ist ein tragbares Tischgerät zur Herstellung von Wasserstoff, das mit einem Sonnensimulator betrieben wird. Eine Brennstoffquelle wandelt die Energie des erzeugten Wasserstoffs in elektrische Energie um. Der vorgestellte Demonstrator hat einen USB-Anschluss und ist in der Lage, Strom für Kleingeräte zu erzeugen. Das farb- und geruchlose Gas ist ein hervorragender Energiespeicher.[805]

Die photokatalytische Herstellung von Wasserstoff hat im Vergleich zu vielen anderen Verfahren den Vorteil, weder Kohlendioxid noch andere Umweltschadstoffe zu erzeugen. Damit steht dieses Verfahren für eine saubere Energieversorgung der Zukunft.[806]

VIII. Mini-Wasserstofftankstellen für zu Hause?

Wie in Kapitel 4.II »Wasserstoff und Brennstoffzellen im Verkehr« beschrieben, gilt die Brennstoffzelle als idealer Antrieb für Autos. Mithilfe einer neuen Technologie könnten Haushalte den benötigten Kraftstoff nun selbst herstellen und speichern.

Bereits 2019/2020 haben Wissenschaftler der Polytechnischen Hochschule im schweizerischen Lausanne (EPFL) das System Hyco entwickelt, das emissionsfreier Mobilität zum Durchbruch verhelfen soll. Es hat die Größe eines Kühlschranks, verwandelt die heimische Garage in eine Ökozapfanlage und soll Hausbesitzern eines Tages die Möglichkeit geben, das energiereiche Gas nicht nur zu speichern, sondern selbst zu produzieren.[807]

Ebenfalls in Kapitel 4.II erfuhren wir, dass Brennstoffzellen-Fahrzeuge mit reinem Wasserstoff völlig schadstofffrei und klimaneutral fahren können, wenn dieser per Elektrolyse mit Wind- oder Solarstrom erzeugt wird. Bezogen auf das Gewicht enthält er fast dreimal mehr Energie als Benzin, und im Gegensatz zu einer Batterie kommt es bei einer Brennstoffzelle im Laufe der Zeit nicht zu einer Selbstentladung, sondern der Wasserstoff lässt sich über einen fast unbegrenzten Zeitraum hinweg speichern, ohne dass Energie entweicht. Das System ist geschlossen, es geht kein Wasserstoff verloren. Die Kehrseite ist, dass Wasserstoff seiner extrem geringen Dichte wegen viel Raum benötigt. Ein Kilogramm hat ein Volumen von etwa 12 Kubikmetern. Um ihn speichern, transportieren und tanken zu können, muss er daher stark komprimiert oder verflüssigt werden, was sehr aufwendig ist und eine Menge Strom verbraucht.[808]

Die Schweizer Forscher wollen mit ihrer Technologie helfen, die fehlenden Wasserstoff-Tankstellen zu ergänzen. Das Herzstück des neu entwickelten Systems ist ein Metallhydrid, das die Wasserstoffmoleküle wie ein Schwamm aufnimmt. Wenn man Wärme zuführt, erhöht sich der Gasdruck im Speicher, sodass der Wasserstoff komprimiert wird. Auf diese Weise lässt sich jenes Druckniveau herstellen, das für das Betanken der Fahrzeuge nötig ist. Der Druck nimmt mit steigender Temperatur, die durch einen Heizkessel erreicht wird, exponentiell zu. Ein Elektrolyseur sorgt für ständigen Wasserstoffnachschub. Die Anlagen benötigen lediglich Strom und Wasser. Das Metallhydrid, das in den Prototypen eingesetzt wird, kann rund 5 Kilogramm Wasserstoff aufnehmen. Das wäre genug, um einen standardisierten Autotank zu füllen. Zudem bestätigen die Forscher, das Hydrid reiche für 40 000 Zyklen, und zwar ganz ohne Wartung.[809]

Für die EPFL-Experten ist der Wasserstoffspeicher aber nicht nur für den Verkehr interessant, sondern könnte auch als Langzeitspeicher für Solar- und Windenergie dienen und mit einer Brennstoffzellen-Heizung gekoppelt werden (siehe Kapitel 7.II »Brennstoffzellen-Heizungen«). Wie es um die Chancen steht, Hyco zu einer ernsthaften Alternative für den Endverbraucher zu machen, wird aber nicht zuletzt davon abhängen, ob er zu vertretbaren

Preisen auf den Markt kommt. Der Ansatz, private Minitankstellen zu einer sinnvollen Ergänzung öffentlicher Wasserstoff-Tankstellen werden zu lassen, ist jedenfalls lobenswert. Dadurch könnte der grüne Treibstoff deutlich an Popularität gewinnen.[810] Bis das Schweizer System auf den Markt kommt, kann es jedoch noch dauern.[811]

IX. Kommt bald das Wasserstoff-E-Bike?

Niederländische Designer entwickeln zurzeit ein Lastenrad mit Wasserstoffantrieb namens LAVO. Das dürfte besonders die Grünen freuen, die Lastenräder ja nahezu heiligsprechen. Statt eines Akkus verfügt das Rad über eine Brennstoffzelle, denn herkömmliche E-Bikes haben gewisse Nachteile:[812]

- Batterien mit hoher Kapazität für eine lange Reichweite erhöhen das Gewicht.
- Sie erreichen selten mehr als 100 Kilometer Reichweite.
- Ist der Akku einmal leer gefahren, dauert das Aufladen etwa 4 Stunden.[813]

Hier könnte das LAVO Abhilfe schaffen, denn hier ersetzt ein leichter Wasserstofftank die schweren Batterien von E-Bikes. Das darin gespeicherte Gas treibt eine Brennstoffzelle an, die elektrische Energie für den Antriebsmotor erzeugt. Eine Tankfüllung soll für 150 Kilometer reichen, und das Nachtanken dauert nur ungefähr 10 Minuten. Zur Erhöhung der Reichweite kann ein zusätzlicher Wasserstofftank am Rad angebracht werden, der mit 1,2 Kilogramm wesentlich leichter ist als eine vergleichbare 6 Kilogramm schwere Batterie.[814]

Ein weiterer Vorteil besteht darin, dass die Bauteile des LAVO modular aufgebaut sind und wie Legobausteine unterschiedlich zusammengefügt werden können, sodass sich unterschiedliche Fahrradtypen kreieren lassen. Und da die Technik in den Rahmen integriert ist, können Anpassungen der Anbauteile einfach und schnell vorgenommen werden. Ladestationen zu Hause oder im öffentlichen Raum sollen über Solarzellen und Elektrolyse ebenfalls Wasserstoff erzeugen. Über die Markteinführung ist in dieser frühen Entwicklungsphase naturgemäß noch nichts bekannt.[815]

X. Kommt bald das Wasserstoffmotorrad?

Wasserstoffautos trifft man bereits vereinzelt an, doch ein Wasserstoffmotorrad in Serie gibt es noch nicht. Die drei jungen Designer Anton Brousseau, Anton Guzhov und Andre Taylforth entwickelten zusammen das sogenannte Hydra Bike. Dabei handelt es sich um ein futuristisches Motorradkonzept mit alternativem Antrieb: Elektrisch, aber nicht akkuabhängig, denn der Strom wird von einer Brennstoffzelle aus Wasserstoff erzeugt.[816]

Das Grundkonzept der Designer ist variabel einsetzbar. Beim ersten Entwurf des Hydra Bikes handelt es sich um einen Power Roadster, doch denkbar sind auf dieser Basis auch Motorräder anderer Kategorien.[817]

Die Branchengrößen halten sich zum Thema Wasserstoffmotorrad allerdings bisher bedeckt. Dabei könnte die Brennstoffzelle dem Motorrad den Weg aus der Nische ebnen. Denn damit Elektromotorräder halbwegs zufriedenstellende Reichweiten und Fahrleistungen bieten, werden schwere Akkus benötigt. Und selbst damit eignen sich die teuren Einspurstromer in der Regel nur für Kurztrips oder den Einsatz im Stadtverkehr. Vor allem lange Ladezeiten[818] machen die Verwendung von E-Motorrädern unattraktiv.

Mit der Brennstoffzellen-Technik ließe sich das Gewicht-Reichweite-Dilemma bei E-Motorrädern in ein besseres Verhältnis rücken. Die Speicherung des Wasserstoffs ist allerdings ein Problem. Doch auch in diesem Bereich sind die Chinesen schon eine Spur voraus. Eine Lösung könnte nämlich das Speichern des leicht flüchtigen Gases in kompakten Kartuschen sein, die sich mit wenigen Handgriffen auswechseln lassen, und ein solches Konzept hat Segway, das Tochterunternehmen des chinesischen Elektronik-Riesen Xiaomi, bereits 2021 mit dem angeblich seriennahen Motorrad Apex H2 vorgestellt. Dieses Motorrad soll über einen 60 kW/82 PS starken E-Antrieb verfügen und den Sprint aus dem Stand auf 100 Stundenkilometer in 3 Sekunden und maximal 150 Stundenkilometer schaffen.[819]

Das futuristisch anmutende Wasserstoffmotorrad soll im Jahr 2023 zu Preisen ab umgerechnet 9000 Euro auf den Markt kommen. Den zur Energiegewinnung notwendigen Wasserstoff führt die Apex H2 in einer Art von Patronen mit, die beim Nachtanken einfach ausgetauscht werden. Den Verbrauch beziffert der Hersteller auf 1 Gramm Wasserstoff je Kilometer.[820] Motorradfans dürfen also gespannt sein.

XI. Kommt bald der Wasserstoffroller?

Doch nicht nur Wasserstofffahrräder und Wasserstoffmotorräder werden derzeit erforscht, sondern auch H2-Roller. Einer der größten Märkte dafür ist Indien, und ganz vorne mit dabei ist BMW beziehungsweise der indische Partner der Münchner Firma, die TVS Motor Company.[821]

Die neueste Errungenschaft in dem gigantischen Land soll ein Wasserstoffroller mit Brennstoffzelle werden, die Weiterentwicklung des Elektrorollers iQube. Auch hier ist als großer Vorteil das Betanken innerhalb weniger Minuten vorgesehen, sodass das stundenlange Akku-Aufladen entfällt, was im quirligen Indien von besonderer Wichtigkeit ist.[822]

Der Wasserstoffroller soll zwei Gasbehälter nahezu senkrecht unter dem Lenker transportieren, die durch eine Kunststoffverkleidung abgedeckt sind, und die Brennstoffzelle steckt horizontal unter der Sitzbank. Hinzu kommen eine kleine Batterie für die Bordelektrik sowie zur Pufferung des elektrochemisch erzeugten Stroms und ein Elektromotor nahe am angetriebenen Hinterrad.[823]

Wichtig ist dem Hersteller vor allem, dass der Roller einfach zu montieren und zu reparieren ist, denn nur dann hat die neue Technologie überhaupt eine Chance, von den Indern akzeptiert zu werden.[824] Der Markt ist jedenfalls gigantisch, denn in dem bitterarmen Land können sich die wenigsten Menschen ein Auto und teuren Sprit leisten. Wenn der H2-Roller allerdings eine »Rolle« spielen will, muss ein flächendeckendes Tankstellennetz für Wasserstoff gebaut werden,[825] und das könnte noch viele Jahre dauern.

XII. Selbst erzeugter Solarwasserstoff

Australier können mithilfe von Solarzellen und einer Wasserleitung schon seit letztem Jahr Wasserstoff selbst herstellen und später zu Strom umwandeln. Das heimische Unternehmen Lavo hat eine Wasserstoffalternative zu Lithium-Akkus entwickelt.[826]

Das Lavo Green Energy Storage System ist knapp 1,70 Meter hoch, gut 1,20 Meter breit und 40 Zentimeter tief. Um mehr als 5 Kilowatt (5000 Watt) als Dauerleistung zu erzielen, können mehrere Systeme parallel betrieben werden. Sie lassen sich an der Hauswand anbringen und können tagsüber überschüssige Solarenergie als Wasserstoff speichern. Eine Brennstoffzelle verwandelt diesen später wieder zu Strom.[827]

Dazu wird das System an den (Hybrid-)Solar-Wechselrichter und an eine Wasserleitung angeschlossen. Wenn die Solarzellen mehr Strom liefern als benötigt wird, elektrolysiert das System Wasser, indem der Sauerstoff aus Wassermolekülen freigesetzt und der Wasserstoff in einem patentierten Metallhydrid-Schwamm bei einem Druck von 30 bar gespeichert wird.[828]

Der erste Wasserstoff-Akku für Privathäuser, der 2021 auf den Markt gekommen ist, soll doppelt so lange halten wie vergleichbare Akkus und ohne giftige Chemikalien auskommen. Überdies verzichtet dieser Energiespeicher (von einem 5-Kilowattstunden-Puffer-Akku abgesehen) auf das Element Lithium. So speichert das Lavo Green Energy Storage System etwa 40 Kilowattstunden Energie, was ausreicht, um einen durchschnittlichen Haushalt 2 Tage lang zu versorgen. Bei höherem Energiebedarf, wie ihn etwa Firmen haben, können mehrere Anlagen parallel betrieben und so ein »intelligentes virtuelles Kraftwerk«[829] gebildet werden. Außerhalb Australiens möchte Lavo sein System ab Ende 2022 anbieten. Der Preis soll weniger als 20 000 Euro betragen, wobei die Solarzellen nicht mitgerechnet sind.[830]

XIII. 2,4 Liter Wasser können einen ganzen Haushalt mit Strom versorgen!

Das in Berlin und Saerbeck ansässige Start-up-Unternehmen Enapter[831] glaubt, den Schlüssel gefunden zu haben, um Wasserstoff tatsächlich für alle zugänglich zu machen.[832] Es hat eine Anionenaustauschmembran-Elektrolyse (einen speziellen Wasserstoffgenerator) entwickelt und patentiert, die bereits in über hundert Projekten in 33 Ländern eingesetzt wird. Die innovative Technologie wandelt erneuerbaren Strom in emissionsfreies Wasserstoffgas um. Der AEM-Elektrolyseur treibt bereits Autos und Flugzeuge an, versorgt die Industrie mit Strom und heizt Häuser.[833]

So vermag das Modul EL 4.0 beispielsweise Wasserstoff für die Notstromversorgung und für Heimspeicherlösungen zu produzieren. Mit stapelbaren Modulen können einzelne Elektrolyseure für die Herstellung kleinerer Mengen Wasserstoff oder mehrere aneinandergereihte Einheiten zur Produktion im Megawattbereich genutzt werden. Bis zu siebzig Elektrolyseure können so in einem 6-Meter-Container gestapelt werden, was für größere Tankstellen und den industriellen Gebrauch ideal ist.[834]

Nach Angaben von Enapter dürfte ein solcher Elektrolyseur ausreichen, um einen Haushalt energieautark zu machen. Die halbe Menge des Wassers, das für eine Toilettenspülung (etwa 5 Liter) verwendet wird, könnte ein ganzes Haus mit Strom versorgen, denn laut Enapter verbraucht sein Elektrolyseur nur etwa 2,4 Liter Wasser, um mehrere Tage lang genug Wasserstoff für einen Zweipersonenhaushalt zu erzeugen. Die genaue Anzahl der Tage hängt von der Speicherkapazität ab. Das Unternehmen will im Jahr 2023 mit der Massenproduktion von Wasserstoffgeneratoren beginnen und verfolgt das ehrgeizige Ziel, bis 2050 10 Prozent des weltweiten Wasserstoffs zu produzieren.[835]

Das Modell EL 4.0 ist in insgesamt vier Versionen bestellbar, luftgekühlt oder wassergekühlt, und ermöglicht die Produktion von 1,0785 Kilogramm hochreinem Wasserstoff pro Tag. Die Leistungsaufnahme liegt bei maximal 3,0 Kilowatt bei einem Wasserverbrauch von 0,4 Litern pro Stunde. Die Abmessungen betragen 482 × 635 × 266 Millimeter mit einem Gewicht von 38 Kilogramm. Da der EL 4.0 sich noch nicht in der Massenproduktion befindet, hält sich das Unternehmen noch bedeckt, was das Preisniveau angeht.[836]

Kapitel 8

Wasserstoff-Aktien: Für und Wider

Während meiner Recherchen wurde ich oft gefragt, ob es Sinn macht, in Wasserstoff-Aktien zu investieren. Die Antwort auf diese Frage überlasse ich zunächst meinem früheren Kollegen und Aktienanalysten Rolf Morrien. Trotz des aktuellen Konfliktszenarios erwartet er in den kommenden Jahren und Jahrzehnten einen Wasserstoffboom. Zwar steckt die Wasserstoff- und Brennzellentechnologie noch in den Kinderschuhen, aber sie ist gerade als junge, wachstumsstarke Branche für Investments interessant. Allerdings sollte, wer in Aktien investieren will, vorsichtig sein, denn die Mondpreise einiger Wasserstoff-Aktien deuten auf eine spekulative Blasenbildung hin.[837]

Bei einem solchen Investment geht es nicht nur um die Wasserstoffproduzenten selbst, sondern auch um Unternehmen, die am Aufbau einer entsprechenden Infrastruktur (zum Beispiel der Konzeption von Tankstellen und Pipelines) oder an der Integration von Wasserstoff und Brennstoffzellen in ihre Produkte beteiligt sind. Für konservative Investoren empfiehlt es sich, Wasserstoff-Aktien als einen Baustein unter anderen zu betrachten und zunächst einmal Wasserstoffhersteller anzuvisieren, denn Unternehmen, die Produkte mit Wasserstoff-Brennstoffzellen verkaufen, sind zwar wachstumsstärker, aber auch spekulativer.[838]

Beispiele für erfolgreiche Unternehmen auf dem Wasserstoffmarkt sind Air Liquide und Air Products. Das französische Unternehmen **Air Liquide** liefert nicht nur Wasserstoff, sondern auch die dafür erforderliche Infrastruktur. Um der Wasserstofftechnologie schneller zum Durchbruch zu verhelfen, hat Air Liquide zusammen mit Linde, Daimler, OMV, Shell und Total die H2 Mobility GmbH gegründet. Denn ohne Betankungsanlagen und ähnliche Einrichtungen kann sich die Brennstoffzelle beziehungsweise Wasserstoff nicht flächendeckend durchsetzen[839] (siehe dazu 4.II »Wasserstoff und Brennstoffzellen im Verkehr«). Der amerikanische Industriegashersteller **Air Products** (siehe das Unterkapitel 4.IV »Der Rotterdamer Hafen ist Vorreiter in Sachen Klimaneutralität«) wurde vor 80 Jahren gegründet, hat aber schon seit rund 60 Jahren Erfahrung mit Wasserstoff. Als einer der weltweit größten Wasserstoffhersteller ist Air Products auch Marktführer bei der Wasserstoffbetankung. In Deutschland beliefert Air Products mit der H2 Mobility Deutschland ein ganzes Wasserstoff-Tankstellennetzwerk.[840]

Wie häufig auf dem Aktienmarkt herrscht auch bei den Wasserstoff-Aktien ein ständiges Auf und Ab. Und so haben nach einem Zwischenhoch viele Wasserstoff-Aktien ihre Gewinne wieder abgegeben,[841] denn noch ist Wasserstoff teuer und nicht überwiegend nachhaltig. Für die Brennstoffzellen- und Wasserstoffhersteller selbst bedeutet dies, dass ihr Geschäftsmodell gewissermaßen eine Wette auf die künftige Nachfrage ist.[842] Auch wenn also der Blick auf die langfristige Wertentwicklung zeigt, welche enormen Zuwächse die meisten Unternehmen in den letzten Jahren erreichen konnten, muss man aufrichtig zugeben, dass Aktien von Unternehmen, die ausschließlich in der Wasserstoffwirtschaft und Brennzellenproduktion aktiv sind, ein gewisses Investmentrisiko darstellen. Dazu gehören insbesondere die Wasserstoffproduzenten und die Brennstoffzellenhersteller, deren Technik Fahrzeuge wie Lkw oder Schiffe antreiben.[843] Gleichwohl wird der Wasserstofftrend anhalten. Nach Angaben von BloombergNEF werden die staatlichen Mittel für grüne Wasserstoffprojekte bis 2030 voraussichtlich 100 Milliarden US-Dollar übersteigen.[844]

Meiner Einschätzung nach wird umweltfreundlich hergestellter Wasserstoff früher oder später eine Schlüsselrolle bei der Energiewende spielen. Ist die grüne Produktion gewährleistet, so ist das Potenzial des Energieträgers, wie ich im Verlauf dieses Buches aufgezeigt habe, gigantisch.

Schon längst können Anleger auch über Finanzprodukte in Wasserstoff investieren. Hier eine **Auswahl von Wasserstoffunternehmen, die Aktien ausgeben*:**[845]

- Ballard Power
- Bloom Energy
- PowerCell
- Plug Power
- SFC Energy
- Nikola
- Nel ASA
- ITM Power

---

* Es handelt sich bei dieser Auflistung nur um Beispiele, die nicht nach irgendwelchen Kriterien gewichtet sind.

- FuelCell Energy
- Enapter
- Linde
- Air Liquide

Die Entscheidung, ob ein Anleger in Wasserstoff-Aktien investieren will oder nicht, liegt bei jedem selbst. Wie so oft bedeutet die Investition in eine vielversprechende neue Branche, dass diese ebenso viele Chancen und Möglichkeiten bietet, wie sie Risiken birgt.

Meiner Meinung nach können Wasserstoff-Aktien in einem Portfolio sinnvoll sein, wenn sie nicht der einzige Baustein sind. Nicht mehr und nicht weniger. Denn auch hier gilt die alte Börsenweisheit: Legen Sie nicht alle Eier in einen Korb!

Kapitel 9

Ausblick

Deutschlands Weg zur Klimaneutralität ist im Klimaschutzgesetz vorgezeichnet. Mit dem europäischen Klimaziel für das Jahr 2030 und dem Beschluss des Bundesverfassungsgerichts vom 29. April 2021 vor Augen hat die Bundesregierung das Klimaschutzgesetz am 12. Mai 2021 geändert. Es wurde daraufhin im Bundestag und im Bundesrat beschlossen.[846]

Der Beschluss des Bundesverfassungsgerichts verpflichtet den Staat, aktive Vorbeugung zu betreiben, sodass es in Zukunft nicht zu »unverhältnismäßigen Einschränkungen der Freiheitsgrundrechte« der jüngeren Bevölkerung (eventuell einem »Klimalockdown«) kommt. Dem geänderten Klimaschutzgesetz gemäß werden die Zielvorgaben für eine CO_2 Emissionsverminderung noch weiter angehoben, das **Minderungsziel für 2030** steigt um 10 Prozentpunkte auf **mindestens 65 Prozent**. Deutschland soll also bis zum Ende des laufenden Jahrzehnts seinen Treibhausgasausstoß gegenüber dem Jahr 1990 um 65 Prozent verringert haben. Diese Zielsetzungen wirken sich natürlich auch auf die CO_2-Minderungsvorgaben in den einzelnen Sektoren aus, also in der

Energiewirtschaft und Industrie, in der Landwirtschaft, im Verkehr und Gebäudebereich.[847]

Für das Jahr 2040 gilt ein Minderungsziel von **mindestens 88 Prozent**. Auf dem Weg dorthin sieht das Gesetz in den 2030er-Jahren konkrete jährliche Senkungen vor. **Bis zum Jahr 2045** soll Deutschland dann die sogenannte **Treibhausgas-Neutralität** erreicht haben, womit ein Gleichgewicht zwischen Treibhausgas-Emissionen und deren Abbau gemeint ist. Nach 2050 strebt die Bundesregierung sogar **negative Emissionen** an. Dann soll Deutschland mehr Treibhausgase in natürlichen Senken (beispielsweise Wälder und Moore) einbinden, als es ausstößt.[848] Insgesamt bedeutet dies, dass der gesamte Primärenergiebedarf bis 2045 durch grünen Wasserstoff, Windkraft- und Solaranlagen ersetzt werden soll.[849]

Doch das Ziel der Klimaneutralität basierte auf russischem Erdgas. Angela Merkel, die gefeierte Klimakanzlerin, ist im Rahmen des von ihr 2011 begonnenen weltweit einzigartigen Experiments einer Energiewende von Erdgas/Erdöl/Kohle/Atom hin zu Wind/Sonne[850] (das die rot-grüne Regierung dann freudig übernommen hat) verantwortlich dafür, dass Deutschland jetzt am Rand eines Energie-GAUs steht. Denn im Zuge der Energiekrise erkennen wir schmerzhafter als je zuvor, dass Erdgas als Brückentechnologie unverzichtbar ist.

Der großteils fossile Primärenergiebedarf von Deutschland beträgt zur Zeit 3600 Terawattstunden pro Jahr,[851] wobei der Erdgasanteil 900 Terawattstunden ausmacht, der Stromanteil 600,[852] und der Rest aus Kohle, Holz und Heizöl besteht. Würden Windkraftanlagen in Zukunft nur zur Erzeugung von grünem Wasserstoff verwendet, so wären für jährliche 600 Terawattstunden zehnmal so viele Anlagen erforderlich wie bisher. Doch es würden immer noch 3000 Terawattstunden fehlen, die bisher durch fossile Energie geliefert wurden, aber bis 2045 durch grünen Wasserstoff ersetzt werden sollen.[853] Da dies aber absolut nicht zu realisieren ist, muss, wie schon in Kapitel 6.I (»Wo soll der Wasserstoff herkommen?«) beschrieben, der Hauptanteil an grünem Wasserstoff importiert werden.

Schon jetzt ist absehbar, dass die viel bejubelte unilaterale Energiewende zu Inflation, Verarmung und Deindustrialisierung führen wird und nur am Rande zu einer Auswirkung auf das Klima. Denn Deutschland verliert massiv an Produktivität und Wettbewerbsfähigkeit, was unweigerlich Arbeitsplätze, soziale Sicherheit und Wohlstand kosten wird. Und wenn die Melkkuh Deutschland nicht mehr zur Verfügung steht, steht der Euro auf dem Spiel.

Die ebenso irrsinnige wie dumme Sanktionspolitik Deutschlands und der EU gegen Russland ist gescheitert und fällt jetzt auf jeden Einzelnen von uns zurück. Putin dagegen verdient mit seinen Gas- und Ölverkäufen so viel Geld wie nie zuvor. Dabei ist unser kleines Land von billigen Rohstoffen und deren Verfügbarkeit abhängig. Doch während wir durch die unselige Politik unter der Flagge der grünen Ideologie gerade die Grundlage für unsere Wirtschaft und Versorgungssicherheit verlieren, kaufen andere Länder wie Indien, China, Brasilien und Türkei die wichtigen Rohstoffe in Russland ein.[854] Anders formuliert: Während unsere vergrünte Regierung alles abschalten will, wollen andere Länder alles wieder anschalten. Als dann die EU mit ihrer Taxonomie Gas und Atom auch noch den grünen Stempel aufdrückte, war das ein weiterer Schlag ins Gesicht der grün-roten Klimaschisten. Ich wiederhole: Dümmer geht's nimmer!

Die von Olaf Scholz Ende Februar 2022 heraufbeschworene »Zeitenwende« ist also in vollem Gang. Doch diese Wende entpuppt sich als die größte Krise seit dem Zweiten Weltkrieg und wird uns um Jahrzehnte zurückkatapultieren. Doch das Schlimmste daran ist, dass sie von den grünen Ideologen und ihren Genossen selbst verschuldet ist.

Hoffen wir also auf den »Megatrend Wasserstoff«. Er kann uns zwar nicht vor den politischen Irrfahrern am Ruder der deutschen Regierung retten, aber eine aussichtsreiche Alternative für die zukünftige Energieversorgung bieten. Gelingt die H2-Wende, so wird sich Wasserstoff tatsächlich als die Chance für eine klimaneutrale Zukunft schlechthin erweisen.

Quellenverzeichnis

Sämtliche Links in den Quellenangaben waren bei Redaktionsschluss online zugänglich. Möglicherweise haben Seitenbetreiber in der Zwischenzeit Links hinter einer Paywall versteckt. Dies liegt nicht im Verantwortungsbereich von Autoren und Verlag. Für Links, die nach der Veröffentlichung von den Seitenbetreibern gelöscht oder verändert wurden, übernehmen Autor und Verlag keine Verantwortung. Manche verlorenen Links können mithilfe der Wayback Machine im Internet Archive aufgefunden werden: *https://archive.org/web/*.

1 Verne, Jules: *Die geheimnisvolle Insel*, Berlin 1979.

2 *www.zeit.de/wirtschaft/2020-06/wasserstofftechnologie-bundeskabinett-wasserstoff-strategie-energiewende-klimaschutz-foerderprogramm-oekobilanz.*

3 *www.youtube.com/watch?v=145xUZHVHhk.*

4 *www.bmbf.de/bmbf/shareddocs/pressemitteilungen/de/2022/07/180722-Wasserstoffatlas.html.*

5 *www.handelsblatt.com/meinung/gastbeitraege/gastkommentar-serie-zukunft-wasserstoff-auch-kleinere-projekte-haben-in-der-zukuenftigen-wasserstofflandschaft-grosses-potenzial/28197102.html#:~:text=Die%20Bundesregierung%20sieht%20bis%202030,%2D%20und%20Onshore%2DEnergiegewinnung%20entstehen.*

6 *www.tagesschau.de/wirtschaft/unternehmen/bosch-wasserstoff-101.html.*

7 Ebd.

8 *Der Spiegel*, 10/22, S. 38.

9 *www.zdf.de/nachrichten/wirtschaft/nordstream-1-gas-stopp-russland-ukraine-krieg-100.html.*

10 *Der Spiegel*,10/22, S. 54 ff.

11 *Der Spiegel*, 10/22, S. 38 ff.

12 Ebd.

13 Ebd., S. 40.

14 *Der Spiegel*, 9/22, S. 63.

15 *de.rt.com/inland/143451-bundesnetzagentur-monatliche-zahlungen-fuer-gas-werden-sich-verdreifachen/.*

16 Vgl. das »Ersatzkraftwerkebereithaltungsgesetz«.

17 *www.bild.de/politik/inland/politik-inland/alte-kraftwerke-werden-reaktiviert-jetzt-kommt-die-kohle-80638250.bild.html.*

18 Ebd.

19 Ebd.

20 *www.welt.de/wirtschaft/article239888725/Habecks-Klimasofortprogramm-scheitert-vorerst-Wirtschafts-und-Bauministerium-muessen-nachsitzen-in-den-Sommerferien.html.*

21 *www.rnd.de/wirtschaft/energiesparen-per-gesetz-was-plant-robert-habeck-A4AMIHNSXBH7PN2CSGT3B7II3I.html.*

22 Ebd.

23 *www.tagesschau.de/ausland/europa/eu-gas-notfallplan-energiekrise-russland-ukraine-101.html.*

24 *de.rt.com/wirtschaft/145734-eu-und-grossbritannien-kohle-embargo-gegen-russland/.*

25 *www.bild.de/politik/inland/politik-inland/alte-kraftwerke-werden-reaktiviert-jetzt-kommt-die-kohle-80638250.bild.html.*

26 *www.berliner-zeitung.de/news/arbeitgeberpraesident-werden-wohlstand-den-wir-jahrelang-hatten-verlieren-li.246536.*

27 *germany.representation.ec.europa.eu/news/repowereu-kommission-will-abhangigkeit-von-fossilen-brennstoffen-aus-russland-schnell-verringern-2022-05-18_de*.

28 *www.schroders.com/de/de/institutionelle/insights/maerkte/wie-wird-sich-die-energiewende-auf-unser-zuhause-auswirken/.*

29 Ebd.

30 Ebd.

31 *www.autobild.de/artikel/e-auto-co2-bilanz-ausstoss-rucksack-batterieherstellung-3729677.html.*

32 *www.br.de/radio/bayern1/inhalt/experten-tipps/umweltkommissar/umwelt-elektroauto-benzin-diesel-100.html.*

33 *www.bild.de/ratgeber/2019/ratgeber/zum-weltumwelttag-7-ueberraschende-fakten-zum-klimawandel-62410590.bild.html.*

34 *www.auto-motor-und-sport.de/tech-zukunft/elektroauto-batterieproduktion-co2-rucksack-emissionen-akku-produktion-nachhaltigkeit/.*

35 Buchal, Christoph, Karl, Hans-Dieter, Sinn, Hans-Werner: »Kohlemotoren, Windmotoren und Dieselmotoren: Was zeigt die CO_2-Bilanz?« in: *www.ifo.de/DocDL/sd-2019-08-sinn-karl-buchal-motoren-2019-04-25.pdf.*

36 Ebd. Siehe auch: *www.heise.de/autos/artikel/Ifo-Institut-E-Autos-erhoehen-CO2-Ausstoss-4401639.html.*

37 *www.autobild.de/artikel/e-auto-co2-bilanz-ausstoss-rucksack-batterieherstellung-3729677.html.*

38 Ebd.

39 *www.autozeitung.de/elektroautos-hybridantrieb-umwelt-studie-gutachten-40981.html.*

40 »The Life Cycle Energy Consumption and Greenhouse Gas Emissions from Lithium-Ion Batteries. A Study with Focus on Current Technology and Batteries for light-duty vehicles« in: *www.ivl.se/download/18.5922281715bdaebede9559/1496046218976/C243+The+life+cycle+energy+consumption%20%20%20%20%20%20%20%20%20+and+CO2+emissions+from+lithium+ion+batteries+.pdf.*

41 »The Life Cycle Energy Consumption and Greenhouse Gas Emissions from Lithium-Ion Batteries. A Study with Focus on Current Technology and Batteries for light-duty vehicles« in: *www.ivl.se/download/18.5922281715bdaebede9559/1496046218976/C243+The+life+cycle+energy+consumption%20%20%20%20%20%20%20%20+and+CO2+emissions+from+lithium+ion+batteries+.pdf.*

42 *www.vdi.de/ueber-uns/presse/publikationen/details/vdi-studie-oekobilanz-von-pkws-mit-verschiedenen-antriebssystemen.*

43 *www.handelsblatt.com/politik/deutschland/klimaschutz-im-verkehrssektor-batterie-verhagelt-e-autos-die-co2-bilanz/26575906.html?ticket=ST-5840361-cg1DPsJybIblXHau2wHD-cas01.example.org.*

44 *www.kreiszeitung.de/lokales/niedersachsen/kaelte-legt-autos-lahm-fuenf-tricks-fuer-mehr-reichweite-im-winter-szrn-zr-91148274.html.*

45 *www.kreiszeitung.de/stories/voellig-willkuerlich-doppelter-strompreis-an-ladestationen-fuer-autos-szrn-91254494.html.*

46 Ebd.

47 Ebd.

48 Ebd.

49 *business.yougov.com/de/content/40034-kaufgrunde-fur-e-fahrzeuge-umweltschutz-ist-aussch;* siehe auch: *business.yougov.com/de/sektoren/automotive/electric-car-market-innovation-report-2021?utm_medium=website&utm_source=article&utm_campaign=WC-2021-11-DACH-Car-Market-Report-2021.*

50 *www.inside-digital.de/news/e-auto-davor-fuerchten-sich-die-deutschen-beim-kauf-besonders.*

51 *www.inside-digital.de/news/e-auto-ist-dem-untergang-geweiht-einer-der-groessten-autobauer-warnt-vor-zusammenbruch.*

52 Ebd.

53 Ebd.

54 Ebd.

55 *www.kreiszeitung.de/stories/tschuess-auto-energie-krise-bringt-wasserstoff-antrieb-nach-vorn-91417789.html.*

56 *www.tagesschau.de/wirtschaft/wasserstoff-technologie-101.html.*

57 Ebd.

58 Ebd.

59 Ebd.

60 Ebd.

61 Ebd.

62 *www.tagesschau.de/wirtschaft/technologie/tuerkiser-wasserstoff-basf-101.html.*

63 *www.dw.com/de/wundermittel-wasserstoff-bringt-die-saubere-energie-mehr-klimaschutz/a-59644612.*

64 *www.tagesschau.de/wirtschaft/finanzen/wasserstoff-energie-investitionen-101.html.*

65 Ebd.

66 Ebd.

67 Ebd.

68 *download.investor-praemien.de/gevestor/die-wasserstoff-aktien.pdf.*

69 Ebd.

70 *hydrogencouncil.com/en/faq/.*

71 *hydrogencouncil.com/en/hydrogen-insights-2021/.*

72 Ebd.

73 Ebd.

74 *www.wasserstoff-muenster.de/.*

75 Michelet, Henri: *L'Inventeur Isaac de Rivaz,* Paris 1965; *books.google.com.br/books?id=Wf-nrnUaZxAC&printsec=frontcover&redir_esc=y#v=onepage&q&f=false;* sowie Michelet, Henri: *Catalogue des manuscrits relatifs aux recherches et aux travaux de l'inventeur Isaac de Rivaz (1752-1828), doc.rero.ch/record/21452?ln=it.*

76 *www.wasserstoff-muenster.de/*; sowie Bossel, Ulf: *The Birth of the Fuel Cell (1835–1845). Complete Correnspondence between*

Christian Friedrich Schoenbein and William Robert Grove, European Fuel Cell Forum, Oberrohrdorf, 2000.

77 Nolte, Peter: *Ein Leben für die Chemie. 200 Jahre Christian Friedrich Schönbein*, 1799–1999. Metzingen 1999.

78 *www.tuev-nord.de/explore/de/entdeckt/was-ist-wasserstoff-einfach-erklaert/#:~:text=Wasserstoff%3A%20Schl%C3%BCsselelement%20der%20Energiewende%3F&text=Wasserstoff%20wird%20heute%20als%20Wundermittel,mit%20dem%20vielversprechenden%20Gas%20besch%C3%A4ftigt.*

79 Ebd.

80 *www.aktiv-online.de/news/norddeutsche-wasserstoffstrategie-immer-mehr-projekte-starten-15855.*

81 Ebd.

82 *www.tagesschau.de/wirtschaft/unternehmen/bosch-wasserstoff-101.html.*

83 *www.tuev-nord.de/explore/de/entdeckt/was-ist-wasserstoff-einfach-erklaert/#:~:text=Wasserstoff%3A%20Schl%C3%BCsselelement%20der%20Energiewende%3F&text=Wasserstoff%20wird%20heute%20als%20Wundermittel,mit%20dem%20vielversprechenden%20Gas%20besch%C3%A4ftigt.*

84 *www.aerotelegraph.com/wasserstoff-flugzeug-luftfahrt-einfaches-molekuel-kniffliger-umgang.*

85 *www.ecoreporter.de/artikel/studie-gr%C3%BCner-wasserstoff-soll-ab-2025-bezahlbar-sein/.*

86 *www.tagesschau.de/wirtschaft/wasserstoff-technologie-101.html.*

87 *www.tuev-nord.de/explore/de/entdeckt/was-ist-wasserstoff-einfach-erklaert/#:~:text=Wasserstoff%3A%20Schl%C3%BCsselelement%20der%20Energiewende%3F&text=Wasserstoff%20wird%20heute%20als%20Wundermittel,mit%20dem%20vielversprechenden%20Gas%20besch%C3%A4ftigt.*

88 *www.tuev-nord.de/explore/de/entdeckt/was-ist-wasserstoff-einfach-erklaert/#:~:text=Wasserstoff%3A%20Schl%C3%BCsselelement%20der%20Energiewende%3F&text=Wasserstoff%20wird%20heute%20*

als%20Wundermittel,mit%20dem%20vielversprechenden%20 Gas%20besch%C3%A4ftigt.

89 Ebd.

90 *www.aktiv-online.de/news/norddeutsche-wasserstoffstrategie-immer-mehr-projekte-starten-15855.*

91 *www.iwr.de/ticker/atomkraftwerke-lindners-roter-wasserstoff-aus-franzoesischen-kernkraftwerken-ist-eine-luftnummer-artikel4528.*

92 *www.tuev-nord.de/explore/de/entdeckt/was-ist-wasserstoff-einfach-erklaert/#:~:text=Wasserstoff%3A%20Schl%C3%BCsselelement%20der%20Energiewende%3F&text=Wasserstoff%20wird%20heute%20als%20Wundermittel,mit%20dem%20vielversprechenden%20 Gas%20besch%C3%A4ftigt.*

93 *www.tagesschau.de/wirtschaft/unternehmen/bosch-wasserstoff-101.html.*

94 *www.ecoreporter.de/artikel/nachhaltige-wasserstoff-aktien-das-sind-die-besten/.*

95 *www.tagesschau.de/wirtschaft/unternehmen/bosch-wasserstoff-101.html.*

96 *download.investor-praemien.de/gevestor/die-wasserstoff-aktien.pdf.*

97 Ebd.

98 Ebd.

99 *www.ecoreporter.de/artikel/nachhaltige-wasserstoff-aktien-das-sind-die-besten/.*

100 *download.investor-praemien.de/gevestor/die-wasserstoff-aktien.pdf.*

101 *www.shell.com/media/news-and-media-releases/2022/shell-to-start-building-europes-largest-renewable-hydrogen-plant.html.*

102 Ebd.

103 Ebd.

104 Ebd.

105 *www.finanzen.net/nachricht/aktien/klimawandel-shell-aktie-shell-geht-mit-ceres-kooperation-im-bereich-gruener-wasserstoff-ein-11503118.*

106 Ebd.
107 Ebd.
108 Ebd.
109 Ebd.
110 Ebd.
111 *download.investor-praemien.de/gevestor/die-wasserstoff-aktien.pdf.*
112 *www.br.de/nachrichten/deutschland-welt/wasserstoff-bayerns-groesste-elektrolyseanlage-vor-dem-start,TAB8xEW.*
113 *www.zfk.de/energie/gas/100-megawatt-elektrolyseur-ineos-erhaelt-foerderzusage-fuer-wasserstoff-projekt.*
114 Ebd.
115 *download.investor-praemien.de/gevestor/die-wasserstoff-aktien.pdf.*
116 *www.ecoreporter.de/artikel/nachhaltige-wasserstoff-aktien-das-sind-die-besten/.*
117 *download.investor-praemien.de/gevestor/die-wasserstoff-aktien.pdf.*
118 *www.ecoreporter.de/artikel/nachhaltige-wasserstoff-aktien-das-sind-die-besten/.*
119 *download.investor-praemien.de/gevestor/die-wasserstoff-aktien.pdf.*
120 Ebd.
121 Ebd.
122 Ebd.
123 *www.bmbf.de/bmbf/shareddocs/kurzmeldungen/de/wissenswertes-zu-gruenem-wasserstoff.html.*
124 *h2.bayern/infothek/faqs/.*
125 *www.merkur.de/politik/energiekrise-ukraine-russland-krieg-wasserstoff-abkommen-deutschland-australien-oel-gas-zr-91693563.html.*
126 *h2.bayern/infothek/faqs/.*
127 *www.bmbf.de/bmbf/shareddocs/kurzmeldungen/de/wissenswertes-zu-gruenem-wasserstoff.html.*

128 Ebd.

129 Kilowattstunde pro Kilogramm.

130 *h2.bayern/infothek/faqs/.*

131 Ebd.

132 Ebd.

133 *www.bmbf.de/bmbf/shareddocs/kurzmeldungen/de/wissenswertes-zu-gruenem-wasserstoff.html.*

134 *h2.bayern/infothek/faqs/.*

135 Ebd.

136 Ebd.

137 Ebd.

138 Ebd.

139 *www.scinexx.de/news/energie/wasserstoff-unschaedlich-fuer-erdgas-leitungen/.*

140 Ebd.

141 Ebd.

142 *h2.bayern/infothek/faqs/.*

143 Ebd.

144 *www.autobild.de/artikel/wasserstoffauto-brennstoffzelle-fuel-cell-technik-technologie-20492755.html.*

145 *h2.bayern/infothek/faqs/.*

146 Ebd.

147 *www.tuev-nord.de/explore/de/entdeckt/wasserstoffauto-alternative-zum-batteriemobil/.*

148 *www.bmbf.de/bmbf/shareddocs/kurzmeldungen/de/wissenswertes-zu-gruenem-wasserstoff.html.*

149 *h2.bayern/infothek/faqs/.*

150 *www.tuev-nord.de/explore/de/entdeckt/was-ist-wasserstoff-einfach-erklaert/#:~:text=Wasserstoff%3A%20Schl%C3%BCsselelement%20der%20Energiewende%3F&text=Wasserstoff%20wird%20heute%20*

als%20Wundermittel,mit%20dem%20vielversprechenden%20 Gas%20besch%C3%A4ftigt.

151 *www.tagesschau.de/wirtschaft/unternehmen/ bosch-wasserstoff-101.html.*

152 Ebd.

153 *h2.bayern/infothek/faqs/.*

154 *www.tuev-nord.de/explore/de/entdeckt/gruener-stahl-durch-wasserstoff/.*

155 Ebd.

156 *www.tagesschau.de/wirtschaft/unternehmen/ bosch-wasserstoff-101.html.*

157 Ebd.

158 Ebd.

159 Ebd.

160 Ebd.

161 *um.baden-wuerttemberg.de/de/service/presse/pressemitteilung/ pid/landesregierung-und-robert-bosch-gmbh-unterzeichnen-absichtserklaerung-zur-staerkung-der-wasserstoff/.*

162 Ebd.

163 Ebd.

164 Ebd.

165 Ebd.

166 Ebd.

167 Ebd.

168 Ebd.

169 *www.tagesschau.de/wirtschaft/technologie/ stahlindustrie-wasserstoff-klimaschutz-101.html.*

170 Ebd.

171 Ebd.

172 Ebd.

173 *www.tagesschau.de/wirtschaft/technologie/stahlindustrie-wasserstoff-klimaschutz-101.html.*

174 Nucera ist der neue Name der Thyssenkrupp-Tochter Uhde Chlorine Engineers (UCE). Er setzt sich aus den Wörtern new, UCE und era zusammen; siehe auch *www.tagesschau.de/wirtschaft/unternehmen/thyssenkrupp-wasserstoff-boersengang-101.html.*

175 Ebd.

176 Ebd.

177 *industriemagazin.at/news/stahlwerk-arcelormittal-setzt-auf-wasserstoff/.*

178 Ebd.

179 Ebd.

180 *www.tagesschau.de/wirtschaft/technologie/gruener-wasserstoff-georgsmarienhuette-stahl-101.html.*

181 Ebd.

182 Ebd.

183 *www.tagesschau.de/wirtschaft/technologie/stahlindustrie-wasserstoff-klimaschutz-101.html.*

184 Ebd.

185 Ebd.

186 Ebd.

187 Ebd.

188 *energietechnik-bb.de/de/themen/wasserstoff-energietraeger-der-zukunft.*

189 Ebd.

190 *www.b-tu.de/researchschool/gefoerderte-forschungsaktivitaeten/btu-bam-graduiertenkolleg-trustworthy-hydrogen.*

191 Ebd.

192 *www.tuev-nord.de/explore/de/entdeckt/gruener-stahl-durch-wasserstoff/.*

193 *www.tagesschau.de/wirtschaft/technologie/tuerkiser-wasserstoff-basf-101.html.*

194 Ebd.

195 Ebd.

196 *www.tuev-nord.de/explore/de/entdeckt/gruener-stahl-durch-wasserstoff/.*

197 *www.pv-magazine.de/2022/07/04/power-to-x-technologien-verlassen-die-nische/.*

198 Ebd.

199 Ebd.

200 *www.bmbf.de/bmbf/de/forschung/energiewende-und-nachhaltiges-wirtschaften/energiewende/kopernikus-projekte-fuer-die-energiewende/p2x-erneuerbare-energie-umwandeln-und-speichern.html.*

201 Ebd.

202 Ebd.

203 Ebd.

204 *www.tagesschau.de/wirtschaft/wasserstoff-technologie-101.html.*

205 *www.bmbf.de/bmbf/de/forschung/energiewende-und-nachhaltiges-wirtschaften/energiewende/kopernikus-projekte-fuer-die-energiewende/p2x-erneuerbare-energie-umwandeln-und-speichern.html.*

206 *www.tuev-nord.de/explore/de/entdeckt/gruener-stahl-durch-wasserstoff/.*

207 Ebd.

208 Ebd.

209 Ebd.

210 Ebd.

211 Ebd.

212 *www.kreiszeitung.de/stories/tschuess-auto-ein-drittel-der-deutschen-will-mit-wasserstoff-fahren-szrn-91386288.html.*

213 *www.autobild.de/artikel/wasserstoffauto-brennstoffzelle-fuel-cell-technik-technologie-20492755.html.*

214 *www.kreiszeitung.de/stories/tschuess-auto-ein-drittel-der-deutschen-will-mit-wasserstoff-fahren-szrn-91386288.html.*

215 *www.tuev-nord.de/explore/de/a-z/brennstoffzellenfahrzeug/.*

216 *www.autobild.de/artikel/wasserstoffauto-brennstoffzelle-fuel-cell-technik-technologie-20492755.html.*

217 Ebd.

218 Ebd.

219 *www.toyota.de/elektromobilitaet/wasserstoff/brennstoffzellenautos.*

220 Ebd.

221 Ebd.

222 *www.giga.de/artikel/wasserstoff-treibstoffalternative-fuer-autos/.*

223 Ebd.

224 Ebd.

225 *www.toyota.de/elektromobilitaet/wasserstoff/brennstoffzellenautos.*

226 *www.toyota.de/elektromobilitaet/wasserstoff/fragen-und-antworten/was-ist-der-unterschied-zwischen-einem-wasserstoff-und-einem-elektroauto.*

227 *www.toyota.de/elektromobilitaet/wasserstoff/brennstoffzellenautos.*

228 *www.toyota.de/elektromobilitaet/wasserstoff/fragen-und-antworten/sind-wasserstoffautos-teuer-im-unterhalt.*

229 *www.toyota.de/elektromobilitaet/wasserstoff/fragen-und-antworten/wie-lange-halten-wasserstoff-brennstoffzellen.*

230 *www.toyota.de/elektromobilitaet/wasserstoff/fragen-und-antworten/sind-wasserstoffautos-sicher.*

231 *www.toyota.de/elektromobilitaet/wasserstoff/brennstoffzellenautos.*

232 Ebd.

233 Ebd.

234 *insideevs.de/news/574056/wasserstoffautos-absatzsteigerung-zahlen/.*

235 *www.kreiszeitung.de/stories/starten-wasserstoffauto-massenproduktion-tschuess-autos-chinesen-91596064.html.*

236 *www.elektroauto-news.net/2022/hyundai-verschiebt-nexo-wasserstoff-suv-auf-2024.*

237 Ebd.

238 Ebd.

239 *www.tuev-nord.de/explore/de/entdeckt/wasserstoffauto-alternative-zum-batteriemobil/.*

240 Ebd.

241 *insideevs.de/news/574056/wasserstoffautos-absatzsteigerung-zahlen/.*

242 *insideevs.de/news/574056/wasserstoffautos-absatzsteigerung-zahlen/.*

243 *vision-mobility.de/galerien/stellantis-startet-ins-brennstoffzellenzeitalter-165877.html.*

244 *insideevs.de/news/586797/renault-scenic-vision-kompaktwagen-brennstoffzellensystem/.*

245 *efahrer.chip.de/news/500-ps-1000-km-reichweite-das-ist-der-tesla-der-wasserstoff-welt_105239.*

246 Ebd.

247 Ebd.

248 *www.adac.de/rund-ums-fahrzeug/autokatalog/marken-modelle/mercedes-benz/mercedes-glc-fuel-cell/.*

249 *www.heise.de/hintergrund/Vergaloppiert-Wasserstoff-Auto-BMW-Hydrogen-7-4987226.html.*

250 *ecomento.de/2022/03/10/wasserstoff-bmw-ix5-hydrogen-durchlaeuft-finale-wintererprobung-am-polarkreis/.*

251 Ebd.

252 Ebd.

253 Ebd.

254 Ebd.

255 *www.lifepr.de/pressemitteilung/opel-automobile-gmbh/Opel-Vivaro-e-HYDROGEN-erhaelt-KS-Energie-und-Umwelt-*

preis-2022/boxid/906627#:~:text=Vollgetankt%20kann%20der%20Vivaro%2De,Zuladung%20sowie%201.000%20Kilogramm%20Anh%C3%A4ngelast.

256 Ebd.

257 *www.elektroauto-news.net/2022/batterie-vs-wasserstoff-kein-entweder-oder-sondern-ein-sowohl-als-auch.*

258 *www.kreiszeitung.de/stories/tschuess-auto-energie-krise-bringt-wasserstoff-antrieb-nach-vorn-91417789.html.*

259 Ebd.

260 Ebd.

261 *www.merkur.de/wirtschaft/mobilitaet-vw-volkswagen-elektroauto-strategie-wasserstoff-brennstoffzellen-produktion-zr-91357915.html.*

262 Ebd.

263 Ebd.

264 *www.kreiszeitung.de/stories/tschuess-auto-energie-krise-bringt-wasserstoff-antrieb-nach-vorn-91417789.html.*

265 *www.audi.com/de/innovation/alternative-drive-systems/h-tron.html.*

266 Ebd.

267 *www.audi.com/de/innovation/concept-cars/audi-h-tron-quattro.html.*

268 Ebd.

269 Ebd.

270 *ecomento.de/2021/10/20/audi-chef-bekraeftigt-batterie-fokus-wasserstoff-fuer-pkw-schlicht-absurd/.*

271 Ebd.

272 Ebd.

273 *www.kreiszeitung.de/stories/deutsche-forscher-entwickeln-wasserstoff-hybrid-auto-mit-1000-km-reichweite-91430516.html.*

274 Ebd.

275 *www.elektroauto-news.net/2022/uber-fokus-elektro-wasserstoff-flotten-in-deutschland.*

276 Ebd.

277 Ebd.

278 *www.autobild.de/artikel/namx-huv-wasserstoff-suv-prototyp-21486459.html.*

279 Ebd.

280 Ebd.

281 Ebd.

282 *www.tuev-nord.de/explore/de/entdeckt/wasserstoffauto-alternative-zum-batteriemobil/.*

283 *www.tagesschau.de/wirtschaft/technologie/elektro-wasserstoff-technologie-101.html.*

284 Ebd.

285 Ebd.

286 Ebd.

287 Ebd.

288 Ebd.

289 Ebd.

290 Ebd.

291 Ebd.

292 Ebd.

293 Ebd.

294 *h2.bayern/infothek/faqs/.*

295 Ebd.

296 *www.tuev-nord.de/explore/de/entdeckt/wasserstoffauto-alternative-zum-batteriemobil/.*

297 *www.tagesschau.de/wirtschaft/unternehmen/bosch-wasserstoff-101.html.*

298 *www.autobild.de/artikel/wasserstoffauto-brennstoffzelle-fuel-cell-technik-technologie-20492755.html.*

299 *industrie.de/wasserstoff/wasserstofftankstellen-betreiber-fordern-strategie-der-bundesregierung-soll-verkehr-mehr-beruecksichtigen/.*

300 Ebd.

301 Ebd.

302 *www.autobild.de/artikel/wasserstoff-auto-tankstelle-modell-joint-venture-zukunft-21742143.html.*

303 Ebd.

304 *www.tagesschau.de/wirtschaft/unternehmen/bosch-wasserstoff-101.html.*

305 Ebd.

306 *www.plattform-zukunft-mobilitaet.de/news/tankstellen-ihren-kraftstoff-kuenftig-direkt-selbst-herstellen-koennten/.*

307 Ebd.308 *insideevs.de/news/591331/wasserstoff-preis-tankstelle-h2mobility/.*

309 Bei einem durchschnittlichen Verbrauch von 0,8 kg/100 km liegen die Wasserstoffkosten laut H_2 Mobility nun bei 10,28 Euro/100 km. Mit Benzin oder Diesel und einem angenommenen Verbrauch von 6,6 Litern und Spritkosten von 1,90 Euro werden dagegen 12,54 Euro fällig, und bei einem Elektroauto mit einem Verbrauch von 19 kWh/100 km fallen bei einem Preis von 59 Cent/kWh Stromkosten von 11,21 Euro an. Anmerkung am Rande: Bei Ionity kostet eine Kilowattstunde sogar 79 Cent, Haushaltsstrom ist mit durchschnittlich etwa 32 Cent aber deutlich günstiger.

310 Ebd.

311 *www.tagesschau.de/wirtschaft/boerse/wasserstoff-lkw-101.html.*

312 Ebd.

313 Ebd.

314 *download.investor-praemien.de/gevestor/die-wasserstoff-aktien.pdf.*

315 Ebd.

316 Ebd.

317 Ebd.

318 *www.automobil-produktion.de/technologie/hyundai-liefert-erste-wasserstoff-lkw-in-deutschland-aus-773.html.*

319 *download.investor-praemien.de/gevestor/die-wasserstoff-aktien.pdf.*

320 Ebd.

321 Ebd.

322 Nachdem sich der Daimler-Konzern im Dezember 2021 aufgespalten hat, ist die Bus- und Trucksparte separat an der Börse gelistet. Nach 125 Jahren unter dem Dach von Daimler ist das Geschäft mit Lkw (und Bussen) jetzt eigenständig.

323 Morrien, Rolf: »Schlussgong«, E-Mail vom 28. Juni 2022, Archiv Grandt.

324 *www.eurotransport.de/artikel/daimler-mit-fluessigem-wasserstoff-tanken-bei-minus-253-grad-11210098.html.*

325 Ebd.

326 Ebd.

327 *logistik-heute.de/news/wasserstoff-db-schenker-will-lkw-flotte-mit-brennstoffzellen-antrieb-aufbauen-37357.html.*

328 Ebd.

329 Ebd.

330 *www.auto-motor-und-sport.de/elektroauto/toyota-hino-fcv-truck-wasserstoff-antrieb-brennstoffzelle/.*

331 *www.iwr.de/news/ballard-power-legt-bei-wasserstoff-bussen-in-china-nach-news32109.*

332 *www.elektroauto-news.net/2022/arthur-zeigt-besonders-effizienten-wasserstoff-bus#:~:text=Arthur%2C%20ein%20Start%2Dup%20f%C3%BCr,pro%20100%20Kilometer%20verbrauchen%20soll.*

333 Ebd.

334 Ebd.

335 Ebd.

336 *www.tagesschau.de/ausland/europa/frankreich-wahlkampf-energiepolitik-101.html.*

337 *download.investor-praemien.de/gevestor/die-wasserstoff-aktien.pdf.*

338 *www.blick.ch/auto/news_n_trends/lufttaxis-mit-wasserstoff-rolls-royce-und-hyundai-spannen-zusammen-id17678211.html.*

339 *download.investor-praemien.de/gevestor/die-wasserstoff-aktien.pdf.*

340 Ebd.

341 *www.kreiszeitung.de/deutschland/bahnfahren-bald-emissionsfrei-neue-wasserstoff-zuege-fuer-oepnv-91640877.html.*

342 *www.fnp.de/lokales/hochtaunus/bad-homburg-ort47554/infrastruktur-fuer-wasserstoff-bahnen-steht-91641437.html.*

343 *www.tuev-nord.de/explore/de/entdeckt/wasserstoffauto-alternative-zum-batteriemobil/.*

344 Ebd.

345 *www.tuev-nord.de/explore/de/entdeckt/diesellos-in-die-zukunft/#:~:text=2023%20sollen%20die%20ersten%20Zweikraftloks,besonders%20gro%C3%9Fe%20Leistung%20ben%C3%B6tigt%20wird.*

346 Ebd.

347 Ebd.

348 Ebd.

349 *www.tuev-nord.de/explore/de/entdeckt/was-ist-wasserstoff-einfach-erklaert/#:~:text=Wasserstoff%3A%20Schl%C3%BCsselelement%20der%20Energiewende%3F&text=Wasserstoff%20wird%20heute%20als%20Wundermittel,mit%20dem%20vielversprechenden%20Gas%20besch%C3%A4ftigt.*

350 Ebd.

351 Ebd.

352 Ebd.

353 *www.tuev-nord.de/explore/de/entdeckt/diesellos-in-die-zukunft/#:~:text=2023%20sollen%20die%20ersten%20Zweikraftloks,besonders%20gro%C3%9Fe%20Leistung%20ben%C3%B6tigt%20wird.*

354 Ebd.

355 *h2.bayern/infothek/faqs/.*

356 Ebd.

357 *www.tuev-nord.de/explore/de/entdeckt/diesellos-in-die-zukunft/#:~:text=2023%20sollen%20die%20ersten%20Zweikraftloks,besonders%20gro%C3%9Fe%20Leistung%20ben%C3%B6tigt%20wird.*

358 Ebd.

359 Morrien, Rolf: »Meine Wasserstoffgewinne (Gevestor)«, E-Mail, 27. Juni 2022, Archiv Grandt.

360 *www.tuev-nord.de/explore/de/entdeckt/diesellos-in-die-zukunft/.*

361 Ebd.

362 Ebd.

363 Ebd.

364 Ebd.

365 *www.tuev-nord.de/explore/de/entdeckt/sauberer-auf-see/.*

366 *www.welt.de/wirtschaft/article182508956/Tempolimit-Wie-der-Klimaschutz-die-Schifffahrt-veraendern-wird.html.*

367 Ebd.

368 *www.tuev-nord.de/explore/de/entdeckt/was-ist-wasserstoff-einfach-erklaert/#:~:text=Wasserstoff%3A%20Schl%C3%BCsselelement%20der%20Energiewende%3F&text=Wasserstoff%20wird%20heute%20als%20Wundermittel,mit%20dem%20vielversprechenden%20Gas%20besch%C3%A4ftigt.*

369 Ebd.

370 Ebd.; sowie *de.statista.com/statistik/daten/studie/1079540/umfrage/bestand-an-lng-betriebenen-und-bestellten-sowie-lng-ready-schiffen-weltweit/#:~:text=Bestand%20an%20LNG%2Dbetriebenen%20und%20bestellten%20sowie%20LNG%20ready%20Schiffen%20weltweit%202019&text=Im%20Jahr%202019%20gab%20es,gas%20und%20ist%20ein%20Fl%C3%BCssigerdgas.*

371 Ebd.

372 *theicct.org/publication/the-climate-implications-of-using-lng-as-a-marine-fuel/.*

373 Ebd.

374 *www.lng-info.de/fileadmin/docs/20200204_Maritime_LNG_Plattform_Stellungnahme_zum_ICCT-Working_Paper.pdf.*

375 *www.tuev-nord.de/explore/de/entdeckt/sauberer-auf-see/.*

376 Ebd.

377 Ebd.

378 *idw-online.de/de/news797689.*

379 Ebd.

380 Ebd.

381 Ebd.

382 Ebd.

383 Ebd.

384 Ebd.

385 *www.tuev-nord.de/explore/de/entdeckt/sauberer-auf-see/.*

386 Ebd.

387 Ebd.

388 Ebd.

389 *www.welt.de/wirtschaft/article182508956/Tempolimit-Wie-der-Klimaschutz-die-Schifffahrt-veraendern-wird.html.*

390 Ebd.

391 Ebd.

392 Ebd.

393 Obwohl die Tanker bei der Einfahrt in bestimmte weltweit definierte Zonen (wozu auch die Nord- und Ostsee gehören) auf sogenannten Marinediesel umstellen müssen, der weniger Schadstoffe beim Verbrennen freisetzt, haben diese schweren Schiffe einen hohen Verbrauch. Da sie überdies, während sie im Hafen liegen, ihre Maschinen weiterlaufen lassen, damit die Stromversorgung gesichert ist, stoßen sie weiterhin große Mengen Schadstoffe aus, darunter auch Stickoxid. Siehe auch *www.welt.de/wirtschaft/article175789125/Dieselfahrverbote-Emissionen-werden-wegen-Schiffsabgasen-nicht-ausreichend-sinken.html.*

394 Ebd.

395 Ebd.

396 Ebd.

397 *www.tuev-nord.de/explore/de/entdeckt/sauberer-auf-see/.*

398 Ebd.

399 Ebd.

400 *www.welt.de/wirtschaft/article182508956/Tempolimit-Wie-der-Klimaschutz-die-Schifffahrt-veraendern-wird.html.*

401 *www.presseportal.de/pm/164214/5267131.*

402 Ebd.

403 Ebd.

404 Ebd.

405 Ebd.

406 Ebd.

407 Ebd.

408 Ebd.

409 Ebd.

410 Ebd.

411 Ebd.

412 *www.chemietechnik.de/anlagenbau/rotterdam-schiebtzahlreiche-projekte-fuer-produktion-und-import-an-576.html.*

413 *www.presseportal.de/pm/164214/5267131.*

414 Ebd.

415 Ebd.

416 Ebd.

417 Ebd.

418 *www.zdf.de/nachrichten/wirtschaft/klima-wasserstoff-verkehrswende-100.html.*

419 Ebd.

420 *www.tuev-nord.de/explore/de/entdeckt/klimafreundlicher-auf-10000-metern/.*

421 Ebd.

422 *www.zdf.de/nachrichten/wirtschaft/klima-wasserstoff-verkehrswende-100.html.*

423 *www.tuev-nord.de/explore/de/entdeckt/klimafreundlicher-auf-10000-metern/.*

424 Ebd.

425 Ebd.

426 *www.tuev-nord.de/explore/de/entdeckt/was-ist-wasserstoff-einfach-erklaert/#:~:text=Wasserstoff%3A%20Schl%C3%BCsselelement%20der%20Energiewende%3F&text=Wasserstoff%20wird%20heute%20als%20Wundermittel,mit%20dem%20vielversprechenden%20Gas%20besch%C3%A4ftigt.*

427 *www.tuev-nord.de/explore/de/entdeckt/klimafreundlicher-auf-10000-metern/.*

428 Ebd.

429 *www.aerotelegraph.com/wasserstoff-flugzeug-luftfahrt-einfaches-molekuel-kniffliger-umgang.*

430 Ebd.

431 Ebd.

432 Ebd.

433 *www.handelsblatt.com/unternehmen/handel-konsumgueter/flugzeugbauer-airbus-und-linde-kooperieren-bei-wasserstoff-versorgung-an-flughaefen/28449472.html.*

434 *www.aerotelegraph.com/airbus-will-2025-erstmals-mit-wasserstofftanks-abheben.*

435 *www.aerotelegraph.com/airbus-testet-wasserstoff-mit-a380.*

436 Ebd.

437 *www.handelsblatt.com/unternehmen/handel-konsumgueter/flugzeugbauer-airbus-und-linde-kooperieren-bei-wasserstoff-versorgung-an-flughaefen/28449472.html.*

438 Ebd.

439 *www.aerotelegraph.com/neue-amerikanische-airline-bestellt-75-wasserstoff-flieger.*

440 Ebd.

441 Ebd.

442 Ebd.

443 *www.aerotelegraph.com/rolls-royce-testet-loesungen-mit-wasserstoff.*

444 Ebd.

445 *www.blick.ch/auto/news_n_trends/wasserstoff-flugzeug-ab-2025-startklar-fliegen-wir-bald-klimaneutral-in-die-ferien-id17692149.html.*

446 Ebd.

447 Ebd.

448 *www.stern.de/digital/technik/die-rueckkehr-der-hindenburg--luftschiff-fliegt-mit-explosivem-wasserstoff-32493020.html.*

449 *goingreen.ran.de/h2-clipper-zeppelin-mit-wasserstoff.*

450 Ebd.

451 *gagadget.com/de/140157-h2-clipper-ist-ein-wasserstoff-luftschiff-das-154000-kg-fracht-mit-einer-geschwindigkeit-von-280-kmh-uber-eine-distanz-vo/.*

452 Ebd.

453 *www.stern.de/digital/technik/die-rueckkehr-der-hindenburg--luftschiff-fliegt-mit-explosivem-wasserstoff-32493020.html.*

454 *gagadget.com/de/140157-h2-clipper-ist-ein-wasserstoff-luftschiff-das-154000-kg-fracht-mit-einer-geschwindigkeit-von-280-kmh-uber-eine-distanz-vo/.*

455 *www.aktiv-online.de/news/norddeutsche-wasserstoffstrategie-immer-mehr-projekte-starten-15855.*

456 Ebd.

457 *www.offshorewind.biz/2022/02/10/tuv-sud-joins-aquaventus-membership-roster/.*

458 Ebd.

459 Ebd.

460 *www.fr.de/wissen/wasserstoff-windkraft-gelingt-energiewende-13448070.html.*

461 *www.offshorewind.biz/2022/02/10/tuv-sud-joins-aquaventus-membership-roster/.*

462 *www.tuev-nord.de/explore/de/entdeckt/wasserstoff-elektrolyse-ahoi/.*

463 *www.fr.de/wissen/wasserstoff-windkraft-gelingt-energiewende-13448070.html.*

464 Ebd.

465 *www.tuev-nord.de/explore/de/entdeckt/wasserstoff-elektrolyse-ahoi/.*

466 Ebd.

467 Ebd.

468 Ebd.

469 Ebd.

470 Ebd.

471 *www.ndr.de/nachrichten/info/Warum-eine-Oel-Raffinerie-im-Norden-auf-gruenen-Wasserstoff-setzt,gruenerwasserstoff100.html.*

472 Ebd.

473 *www.zfk.de/energie/gas/wasserstoff-pipeline-in-stuttgart-geht-an-den-start.*

474 Ebd.

475 Ebd.

476 Ebd.

477 Ebd.

478 Thyssengas GmbH mit Sitz in Dortmund ist ein unabhängiger Gasnetzbetreiber und zählt zu den führenden deutschen Erdgas-transportnetzgesellschaften.

479 *www.wasserstoff-muenster.de/.*

480 *www.wn.de/muenster/wasserstoff-pipeline-muenster-2593482.*

481 Ebd.

482 Ebd.

483 *www.ecoreporter.de/artikel/forscher-entwickeln-wasserstoff-batterie-aus-ameisens%C3%A4ure-und-mangan/.*

484 Ebd.

485 Ebd.

486 Ebd.

487 *www.auto-motor-und-sport.de/tech-zukunft/leibniz-institut-katalyse-wasserstoff-batterie/.*

488 Ebd.

489 Ebd.

490 Ebd.

491 Ebd.

492 Ebd.

493 *efahrer.chip.de/news/wasserstoff-ohne-strom-erzeugen-so-produzieren-pflanzen-h2-fuer-uns_108587.*

494 Ebd.

495 Ebd.

496 Ebd.

497 Ebd.

498 Dietrich, Helge M., Righetto, Ricardo D., Kumar, Anuj, Wietrzynski, Wojciech, Trischler, Raphael, Schuller, Sandra K., Wagner, Jonathan, Schwarz, Fabian M., Engel, Benjamin D., Müller, Volker, Schuller, Jan M.: »Membrane-anchored HDCR nanowires drive hydrogen-powered CO2 fixation« in: *Nature*, 2022; doi.org/10.1038/s41586-022-04971-zr; sowie *aktuelles.uni-frankfurt.de/forschung/bakterienforschung-elektronen-highway-fuer-wasserstoff-und-kohlendioxid-speicherung-entdeckt/.*

499 Ebd.

500 Ebd.

501 *www.uni-jena.de/220322-photosystem.*

502 *onlinelibrary.wiley.com/doi/10.1002/anie.202202079.*

503 *www.uni-jena.de/220322-photosystem.*

504 Ebd.

505 Ebd.

506 *www.scinexx.de/news/energie/wasserstoffspeicher-aus-metallschrott/.*

507 Ebd.

508 Ebd.

509 Ebd.

510 Ebd.

511 Ebd.; sowie: *Journal of Magnesium and Alloys*, 2022; *doi: 10.1016/j.jma.2021.12.005.*

512 *efahrer.chip.de/news/australier-feiern-durchbruch-wasserstoff-kann-als-pulver-gespeichert-werden_108726.*

513 Ebd.

514 Ebd.

515 Ebd.

516 *www.pv-magazine.de/2022/04/12/bosch-praesentiert-wasserstofftaugliches-stationaeres-brennstoffzellensystem/.*

517 Ebd.

518 Ebd.

519 Ebd.

520 Ebd.

521 Ebd.

522 *www.sonnenseite.com/de/wissenschaft/gruener-wasserstoff-aus-pflanzenresten/.*

523 Ebd.

524 Ebd.

525 Ebd.

526 *www.ipa.fraunhofer.de/de/Publikationen/studien/I-H2-Hub-BW.html.*

527 *www.sonnenseite.com/de/wissenschaft/gruener-wasserstoff-aus-pflanzenresten/.*

528 *edison.media/umwelt/biogas-aus-klaerschlamm-wird-zu-wasserstoff/25228714/.*

529 Ebd.

530 Ebd.

531 Ebd.

532 Ebd.

533 Ebd.

534 *www.sehnde-news.de/region_hannover/aha-mit-gruenem-wasserstoff-in-die-zukunft-erstes-fahrzeug-uebergeben/?utm_source=rss&utm_medium=rss&utm_campaign=aha-mit-gruenem-wasserstoff-in-die-zukunft-erstes-fahrzeug-uebergeben.*

535 Ebd.

536 Ebd.

537 Ebd.

538 *www.pharma-food.de/markt/gruener-ab-wasserstoff-393.html.*

539 Ebd.

540 Ebd.

541 Ebd.

542 Ebd.

543 *efahrer.chip.de/news/solarspeicher-der-zukunft-schweden-nutzt-riesige-hoehle-fuer-gruenen-wasserstoff_108670.*

544 Ebd.

545 Ebd.

546 Ebd.

547 *www.wasserstoff-leitprojekte.de/grundlagenforschung/wasserstofffolgeprodukte.*

548 Ebd.

549 Ebd.

550 *www.tuev-nord.de/explore/de/entdeckt/gruener-stahl-durch-wasserstoff/.*

551 Ebd.

552 *www.tagesschau.de/wirtschaft/technologie/wasserstoff-strategie-energiewende-101.html.*

553 *www.zeit.de/wirtschaft/2020-06/wasserstofftechnologie-bundeskabinett-wasserstoff-strategie-energiewende-klimaschutz-foerderprogramm-oekobilanz.*

554 *www.tuev-nord.de/explore/de/entdeckt/gruener-stahl-durch-wasserstoff/.*

555 *www.tagesschau.de/inland/innenpolitik/foerderung-wasserstoff-101.html.*

556 Ebd.

557 Ebd.

558 *wasserstoffatlas.de/.*

559 Ebd.

560 *www.energiezukunft.eu/wirtschaft/gruener-wasserstoff-fuer-die-energiewende/.*

561 *www.bmbf.de/bmbf/shareddocs/faq/wasserstoffatlas-deutschland.html.*

562 *www.energiezukunft.eu/wirtschaft/gruener-wasserstoff-fuer-die-energiewende/.*

563 Ebd.

564 Ebd.

565 Ebd.

566 Ebd.

567 *www.bmbf.de/bmbf/shareddocs/kurzmeldungen/de/wissenswertes-zu-gruenem-wasserstoff.html.*

568 Ebd.

569 Ebd.

570 Ebd.

571 *www.bmbf.de/bmbf/shareddocs/kurzmeldungen/de/gruener-wasserstoff-welche-projekte-foerdert-das-bmbf.html.*

572 *www.wasserstoff-leitprojekte.de/leitprojekte/h2giga.*

573 Ebd.

574 Ebd.

575 *www.wasserstoff-leitprojekte.de/leitprojekte/h2mare.*

576 Ebd.

577 Ebd.

578 *www.wasserstoff-leitprojekte.de/leitprojekte/transhyde.*

579 Ebd.

580 Ebd.

581 Ebd.

582 Ebd.

583 Ebd.

584 Ebd.

585 Ebd.

586 Ebd.

587 *www.wasserstoff-leitprojekte.de/grundlagenforschung/h2_produktion.*

588 Ebd.

589 *app.handelsblatt.com/politik/gruener-wasserstoff-china-rennt-deutschland-bremst-berlin-verschleppt-den-einstieg-in-die-wasserstoffwirtschaft/28464784.html.*

590 Ebd.

591 Ebd.

592 Ebd.

593 Ebd.

594 Ebd.

595 *www.ndr.de/nachrichten/info/Warum-eine-Oel-Raffinerie-im-Norden-auf-gruenen-Wasserstoff-setzt,gruenerwasserstoff100.html.*

596 *download.investor-praemien.de/gevestor/die-wasserstoff-aktien.pdf.*

597 *www.wasserstoff-leitprojekte.de/aktuelles/news/transhyde-feedbackpapier.*

598 Ebd.

599 *www.tagesschau.de/wirtschaft/eu-energie-wasserstoff-101.html.*

600 Ebd.

601 Ebd.

602 Ebd.

603 *w3.windmesse.de/windenergie/pm/41424-europaische-kommission-wasserstoff-brussel-ipcei-margrethe-vestager-genehmigung-deutschland-eu-grossprojekt-ruckenwnd.*

604 Ebd.

605 Ebd.

606 Ebd.

607 Ebd.

608 Metallorganische Gerüste beziehungsweise metallorganische Gerüstverbindungen (auf Englisch »metal-organic frameworks« – »MOFs«) sind mikroporöse Materialien, die aus anorganischen Baueinheiten, den sogenannten »Inorganic building units« (»IBUs«) und organischen Molekülen als Verbindungselementen zwischen den anorganischen Baueinheiten aufgebaut sind. Siehe: Bauer, Sebastian, Stock, Norbert: »MOFs – Metallorganische Gerüststrukturen. Funktionale poröse Materialien« in: *Chemie in unserer Zeit*. Band 42, Nr. 1, Februar 2008, S. 12 ff.

609 *idw-online.de/de/news799109.*

610 Ebd.

611 Ebd.

612 Ebd.

613 *app.handelsblatt.com/politik/gruener-wasserstoff-china-rennt-deutschland-bremst-berlin-verschleppt-den-einstieg-in-die-wasserstoffwirtschaft/28464784.html.*

614 *www.wasserstoff-leitprojekte.de/partner_projekte/potenzialatlas.*

615 *www.bmbf.de/bmbf/shareddocs/kurzmeldungen/de/wissenswertes-zu-gruenem-wasserstoff.html.*

616 *www.bmz.de/de/entwicklungspolitik/wasserstoff.*

617 Ebd.

618 *www.wasserstoff-leitprojekte.de/partner_projekte/potenzialatlas.*

619 Ebd.

620 Ebd. Nach dem Bundesverband wird Deutschland im Jahr 2030 an erneuerbaren Energien »nur« etwa 745 Terawattstunden benötigen. Siehe: *www.dw.com/de/deutschland-angola-wasserstoff-fabrik-energie/a-62168746.*

621 *www.wasserstoff-leitprojekte.de/partner_projekte/potenzialatlas.*

622 Ebd.

623 Ebd.

624 Ebd.

625 Ebd.

626 Ebd.

627 *www.woz.ch/-c87a.*

628 *www.swr.de/swr2/wissen/statt-gas-aus-russland-eher-wasserstoff-aus-marokko-100.html.*

629 *www.bmz.de/de/entwicklungspolitik/wasserstoff.*

630 *www.swr.de/swr2/wissen/statt-gas-aus-russland-eher-wasserstoff-aus-marokko-100.html.*

631 Ebd.

632 Ebd.

633 Ebd.

634 *www.bmz.de/de/laender/algerien.*

635 *www.bmz.de/de/laender/algerien/kernthema-klima-energie-105738.*

636 Ebd.

637 Ebd.

638 *www.ecoreporter.de/artikel/%C3%A4gypten-wird-deutscher-wasserstoff-partner/.*

639 *www.dw.com/de/deutschland-angola-wasserstoff-fabrik-energie/a-62168746.*

640 Ebd.

641 *www.klimareporter.de/energiewende/wasserstoff-aus-der-wueste.*

642 *www.dw.com/de/deutschland-angola-wasserstoff-fabrik-energie/a-62168746.*

643 Ebd.

644 Ebd.

645 *www.klimareporter.de/energiewende/wasserstoff-aus-der-wueste.*

646 Ebd.

647 Ebd.

648 Ebd.

649 Ebd.

650 Ebd.

651 *www.tuev-nord.de/explore/de/entdeckt/gruener-stahl-durch-wasserstoff/.*

652 *www.bild.de/geld/wirtschaft/wirtschaft/robert-habeck-auf-fluessiggas-einkaufstour-der-bittsteller-von-katar-79515682.bild.html.*

653 Ebd.

654 *Der Spiegel,* 10/22, S. 40.

655 *www.tagesschau.de/wirtschaft/technologie/vae-wasserstoff-kooperation-habeck-101.html.*

656 Ebd.

657 Ebd.

658 Ebd.

659 Ebd.

660 Ebd.

661 Ebd.

662 *www.bild.de/politik/inland/politik-inland/sommertour-auf-habeck-warten-ueberall-sorgen-und-demonstranten-80859254.bild.html.*

663 *www.shell.com/media/news-and-media-releases/2022/shell-to-start-building-europes-largest-renewable-hydrogen-plant.html.*

664 *www.dvgw.de/themen/gas/gase-und-gasbeschaffenheit/liquefied-natural-gas-lng#:~:text=LNG%20ist%20verfl%C3%BCssigtes%20Erdgas%2C%20das,C%20fl%C3%BCssig%20%E2%80%93%20also%20zu%20LNG.*

665 *www.shell.com/media/news-and-media-releases/2022/shell-to-start-building-europes-largest-renewable-hydrogen-plant.html.*

666 Ebd.

667 *www.tagesschau.de/wirtschaft/weltwirtschaft/wasserstoff-golfstaaten-101.html.*

668 Ebd.

669 Ebd.

670 Ebd.

671 *www.bmbf.de/bmbf/shareddocs/kurzmeldungen/de/2022/05/wasserstoff-australien-energiewende-deutschland.html.*

672 Ebd.

673 Ebd.

674 Ebd.

675 Ebd.

676 Ebd.

677 *www.merkur.de/politik/energiekrise-ukraine-russland-krieg-wasserstoff-abkommen-deutschland-australien-oel-gas-zr-91693563.html.*

678 Ebd.

679 *www.chemietechnik.de/markt/bp-uebernimmt-mehrheit-von-australischem-grossprojekt-fuer-gruenen-wasserstoff-580.html.*

680 Ebd.

681 Ebd.

682 *www.iwr.de/ticker/elektrolyseure-thyssenkrupp-nucera-expandiert-in-strategischen-wasserstoff-markt-artikel4452#:~:text=Das%20Unternehmen%20hat%20in%20Perth,%2DStandard%2DElektrolyseurmoduls%20deutlich%20steigern.*

683 Ebd.

684 Ebd.

685 *www.merkur.de/politik/energiekrise-ukraine-russland-krieg-wasserstoff-abkommen-deutschland-australien-oel-gas-zr-91693563.html.*

686 *www.tagesschau.de/wirtschaft/weltwirtschaft/shetland-inseln-windkraft-101.html.*

687 Ebd.

688 Ebd.

689 Ebd.

690 *world.kbs.co.kr/service/news_view.htm?lang=g&Seq_Code=92249.*

691 Ebd.

692 Ebd.

693 Vgl.: Brown Alexander, Gruenberg, Nis: »China's nascent green hydrogen sector: How policy, research and business are forging a new Industry«, 28. Juni 2022; ich habe die Studie frei übersetzt, weshalb die von mir übernommenen Textstellen nicht mit Anführungszeichen versehen wurden. Das Original ist abzurufen unter: *merics.org/en/report/chinas-nascent-green-hydrogen-sector-how-policy-research-and-business-are-forging-new#msdynttrid=kpn2DD3Fpf912V6Hd6jE_2xvvo7XNmbYMa4f-bXiVYg.*

694 Ebd.

695 Ebd.

696 Ebd.

697 Ebd.

698 Ebd.

699 Ebd.

700 Ebd.

701 Ebd.

702 Ebd.

703 Ebd.

704 *https://www.elektroauto-news.net/2021/china-will-deutlich-mehr-wasserstoff-fahrzeuge-auf-der-strasse-sehen.*

705 *german.beijingreview.com.cn/Wirtschaft/202203/t20220324_800280468.html.*

706 *www.kreiszeitung.de/stories/in-massenproduktion-tschuess-auto-chinesen-bringen-wasserstoffauto-raus-91596064.html.*

707 *www.tuev-nord.de/explore/de/entdeckt/wasserstoffauto-alternative-zum-batteriemobil/.*

708 Ebd.

709 *www.hzwei.info/blog/2022/07/26/changan-startet-massenproduktion/.*

710 *www.kreiszeitung.de/stories/starten-wasserstoffauto-massenproduktion-tschuess-autos-chinesen-91596064.html.*

711 Ebd.

712 *merics.org/en/report/chinas-nascent-green-hydrogen-sector-how-policy-research-and-business-are-forging-new#msdynttrid=kpn2DD3Fpf912V6Hd6jE_2xvvo7XNmbYMa4f-bXiVYg.*

713 Ebd.

714 Ebd.

715 Ebd.

716 Ebd.

717 Ebd.

718 Ebd.

719 Ebd.

720 SOEs = »State-owned enterprises«, auf Deutsch: staatseigene Unternehmen.

721 *merics.org/en/report/chinas-nascent-green-hydrogen-sector-how-policy-research-and-business-are-forging-new#msdynttrid=kpn2DD3Fpf912V6Hd6jE_2xvvo7XNmbYMa4f-bXiVYg.*

722 Ebd.

723 Ebd.

724 Ebd.

725 Ebd.

726 Ebd.

727 Ebd.

728 Ebd.

729 Ebd.

730 Ebd.

731 Ebd.

732 Ebd.

733 Ebd.

734 Ebd.

735 Ebd.

736 Ebd.

737 Morrien, Rolf: »Schlussgong (Gevestor)«, E-Mail vom 27. Juni 2022, Archiv Grandt.

738 Neuere Zahlen liegen noch nicht vor.

739 *www.ikz.de/medien/ikz-haustechnik/heftarchiv/jahrgang-2021/ausgabe-12/news/detail/brennstoff-zellenheizungen-eine-zwischenbilanz/.*

740 *www.sueddeutsche.de/wirtschaft/energie-privathaushalte-umweltfreundlich-mit-wasserstoff-heizen-dpa.urn-newsml-dpa-com-20090101-200921-99-647355.*

741 *www.bmbf.de/bmbf/shareddocs/kurzmeldungen/de/wissenswertes-zu-gruenem-wasserstoff.html.*

742 *utopia.de/ratgeber/alternativen-zu-waermepumpen-diese-moeglichkeiten-hast-du/.*

743 *ratgeber.immowelt.de/a/oel-und-gasheizung-umruesten.html#c43576.*

744 *utopia.de/ratgeber/alternativen-zu-waermepumpen-diese-moeglichkeiten-hast-du/.*

745 Ebd.

746 Ebd.

747 Morrien, Rolf: »Schlussgong (Gevestor)«, E-Mail vom 27. Juni 2022, Archiv Grandt.

748 *www.ecoreporter.de/artikel/energiekrise-in-deutschland-an-blockheizkraftwerken-f%C3%BChrt-kein-weg-vorbei-interview/.*

749 Morrien, Rolf: »Schlussgong (Gevestor)«, E-Mail vom 27. Juni 2022, Archiv Grandt.

750 *ratgeber.immowelt.de/a/oel-und-gasheizung-umruesten.html#c43576.*

751 *utopia.de/ratgeber/blockheizkraftwerk-funktion-vor-und-nachteile-des-heizsystems/.*

752 Ebd.

753 *utopia.de/ratgeber/alternativen-zu-waermepumpen-diese-moeglichkeiten-hast-du/.*

754 Ebd.

755 *ratgeber.immowelt.de/a/oel-und-gasheizung-umruesten.html#c43576.*

756 *www.sueddeutsche.de/wirtschaft/energie-privathaushalte-umweltfreundlich-mit-wasserstoff-heizen-dpa.urn-newsml-dpa-com-20090101-200921-99-647355.*

757 Ebd.

758 *ratgeber.immowelt.de/a/oel-und-gasheizung-umruesten.html#c43576.*

759 Ebd.

760 Ebd.

761 Ebd.

762 *ratgeber.immowelt.de/a/oel-und-gasheizung-umruesten.html#c43576.*

763 Ebd.

764 *utopia.de/ratgeber/alternativen-zu-waermepumpen-diese-moeglichkeiten-hast-du/.*

765 *earthbound.report/2017/08/11/why-have-i-never-heard-of-the-ene-farm/.*

766 *efahrer.chip.de/news/wasserstoff-heizung-warum-sie-aktuell-nicht-die-loesung-ist_108731.*

767 Ebd.

768 *utopia.de/ratgeber/alternativen-zu-waermepumpen-diese-moeglichkeiten-hast-du/; /ratgeber.immowelt.de/a/oel-und-gasheizung-umruesten.html#c43576; www.kesselheld.de/wasserstoffspeicher/.*

769 *www.kfw.de/inlandsfoerderung/Privatpersonen/Bestandsimmobilie/F%C3%B6rderprodukte/Energieeffizient-Bauen-und-Sanieren-Zuschuss-Brennstoffzelle-(433)/.*

770 *www.kesselheld.de/wasserstoffspeicher/.*

771 *www.tuev-nord.de/explore/de/entdeckt/wasserstoffauto-alternative-zum-batteriemobil/.*

772 *efahrer.chip.de/news/autark-mit-photovoltaik-eine-neue-wasserstoff-technik-soll-helfen_104901.*

773 Ebd.

774 Ebd.

775 Ebd.

776 *www.homepowersolutions.de/produkt/.*

777 Ebd.

778 Ebd.

779 Ebd.

780 Ebd.

781 *www.haustec.de/energie/so-erzeugen-sie-selbst-wasserstoff-und-heizen-damit.*

782 *www.homepowersolutions.de/produkt/.*

783 *www.haustec.de/energie/so-erzeugen-sie-selbst-wasserstoff-und-heizen-damit.*

784 Ebd.

785 Ebd.

786 *www.homepowersolutions.de/produkt/.*

787 *www.homepowersolutions.de/faq/* (Stand Juli 2022).

788 Ebd.

789 *green-energy-scout.de/grunen-wasserstoff-herstellen-grunen-wasserstoff-kaufen-wasserstoff-verkaufen/.*

790 Ebd.

791 *www.linde-gas.de/shop/de/de-ig/gase-kaufen/schneid-und-schwei%C3%9Fgase/wasserstoffe/wasserstoff-30-wasserstoff-30.*

792 *www.deutschlandfunk.de/wasserstofffabrik-fuer-den-garten-100.html.*

793 *www.fraunhofer.de/de/presse/presseinformationen/2021/mai-2021/wasserstoffkraftwerk-fuer-den-garten.html.*

794 *www.deutschlandfunk.de/wasserstofffabrik-fuer-den-garten-100.html.*

795 Ebd.

796 Ebd.

797 Ebd.

798 Ebd.

799 Ebd.

800 *tenor.bethmannbank.de/das-mini-wasserstoff-kraftwerk-im-garten/.*

801 *www.deutschlandfunk.de/wasserstofffabrik-fuer-den-garten-100.html.*

802 *tenor.bethmannbank.de/das-mini-wasserstoff-kraftwerk-im-garten/.*

803 *www.innovation-strukturwandel.de/strukturwandel/de/report/_documents/artikel/g-i/herstellung-von-wasserstoff-mit-hilfe-von-sonnenenergie.*

804 Ebd.

805 Ebd.

806 Ebd.

807 *www.spiegel.de/wissenschaft/technik/wasserstoff-schweizer-entwickeln-wasserstoff-tankstelle-fuer-zuhause-a-1292625.html.*

808 Ebd.

809 *www.elektroauto-news.net/2020/eine-wasserstoff-tankstelle-die-in-eine-garage-passt.*

810 Ebd.

811 *www.spiegel.de/wissenschaft/technik/wasserstoff-schweizer-entwickeln-wasserstoff-tankstelle-fuer-zuhause-a-1292625.html.*

812 *efahrer.chip.de/e-bikes/nach-dem-akku-jetzt-die-brennstoffzelle-dieses-e-bike-faehrt-mit-wasserstoff_106309.*

813 Ebd.

814 Ebd.

815 Ebd.

816 *www.motorradonline.de/ratgeber/zukunftsvision-hydra-bike/?utmsource%3Dupday%26utmmedium%3Dsyn=&utmmedium=referral&utmsource=upday.*

817 Ebd.

818 *www.handelsblatt.com/mobilitaet/elektromobilitaet/erste-konzepte-bock-mit-brennstoffzelle-wasserstoff-koennte-auch-motorraeder-antreiben/27833288.html.*

819 Ebd.

820 *www.motorradonline.de/elektro/segway-apex-h2/.*

821 *www.motorradonline.de/ratgeber/bmw-partner-tvs-entwickelt-wasserstoff-roller/.*

822 Ebd.

823 Ebd.

824 Ebd.

825 Ebd.

826 *www.heise.de/news/Selbst-gemachter-Solar-Wasserstoff-ist-Stromquelle-fuer-zu-Hause-5035579.html.*

827 *lavo.com.au/#specs.*

828 *www.heise.de/news/Selbst-gemachter-Solar-Wasserstoff-ist-Stromquelle-fuer-zu-Hause-5035579.html.*

829 Ebd.

830 Ebd.

831 *www.enapter.com/de.*

832 *de.euronews.com/green/2021/11/08/gruener-wasserstoff-unternehmen-enapter.*

833 Ebd.

834 *www.enapter.com/de/aem-electrolyser.*

835 *de.euronews.com/green/2021/11/08/gruener-wasserstoff-unternehmen-enapter.*

836 *www.pv-magazine.de/2022/03/01/enapter-bringt-plugplay-elektrolyseur-fuer-gruenen-wasserstoff-auf-den-markt/.*

837 Morrien, Rolf: »Schlussgong (Gevestor)«, E-Mail vom 27. Juni 2022, Archiv Grandt.

838 *download.investor-praemien.de/gevestor/die-wasserstoff-aktien.pdf.*

839 Ebd.

840 Ebd.

841 Zum Zeitpunkt der Drucklegung dieses Buches.

842 *www.ecoreporter.de/artikel/nachhaltige-wasserstoff-aktien-das-sind-die-besten/.*

843 Ebd.

844 *www.godmode-trader.de/artikel/erdgas-runter-gruener-wasserstoff-rauf,11148312.*

845 *www.ecoreporter.de/artikel/nachhaltige-wasserstoff-aktien-das-sind-die-besten/.*

846 *www.bundesregierung.de/breg-de/themen/klimaschutz/klimaschutzgesetz-2021-1913672.*

847 Ebd.

848 Ebd.

849 *www.welt.de/wirtschaft/article239693531/Energiekrise-Zoelle-Homeoffice-Notstrom-die-Furcht-vor-dem-Erdgas-GAU-waechst.html.*

850 Ebd.

851 1000 Megawattstunden = 1 Gigawattstunde (GWh); 1000 Gigawattstunden = 1 Terawattstunde (TWh).

852 *www.welt.de/wirtschaft/article239693531/Energiekrise-Zoelle-Homeoffice-Notstrom-die-Furcht-vor-dem-Erdgas-GAU-waechst.html.*

853 Ebd.

854 *www.cash-online.de/ukraine-krieg/2022/deutschlands-geschaeftsmodell-ist-am-ende/602677/.*